精彩案例欣赏

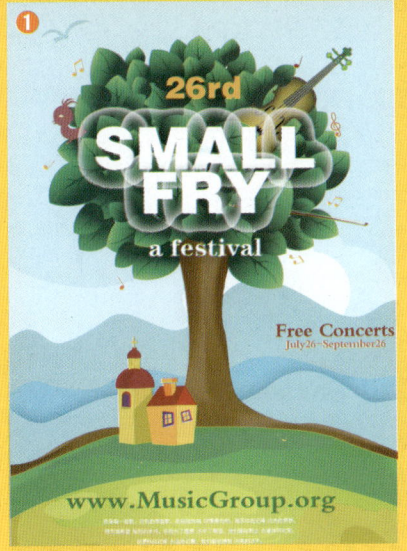
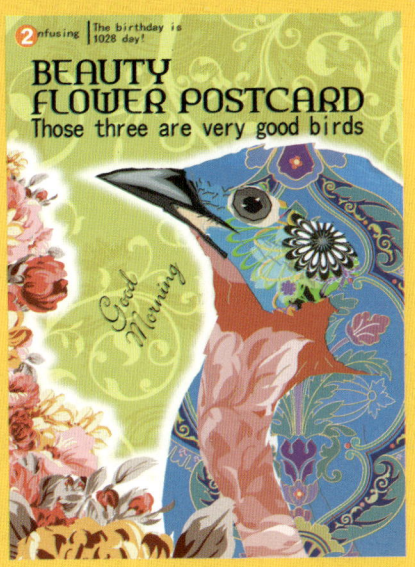

❶ 环保POP宣传广告　❷ 艺术联盟POP宣传广告　❸ CG杂志装帧效果　❹ 化妆品广告

❺ 企业画册效果图　❽ 品牌服饰杂志广告
❻ 数码产品DM单　❾ 应用光晕工具添加光晕
❼ 艺术机构画册

最新 Illustrator CS5 中文版艺术设计高级教程

 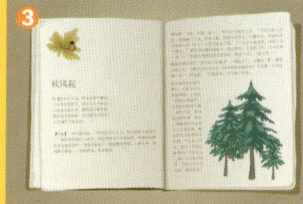

❶ 应用"扩散亮光"滤镜调整对象　　　　❹ 汽车俱乐部海报
❷ 应用"收缩和膨胀"滤镜调整对象　❸ 载入并绘制符号

❺ 数码产品造型　❻ 通讯服务海报　❼ 创意品牌杂志广告
❽ 为3D对象贴图　❾ 创建路径和区域文字　❿ 文学书籍装帧效果

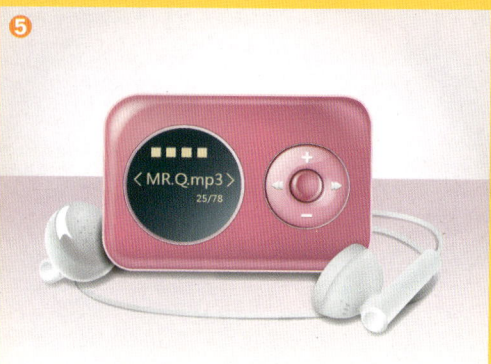  

21世纪数字艺术精品课程规划教材

精彩案例欣赏

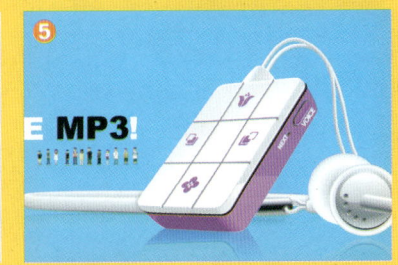

❶ 迷人香水瓶造型　　❷ 音乐书籍装帧效果
❸ 个性饮料包装　　❹ 牛奶包装　　❺ MP3造型
❻ 极品跑车造型　　❽ 咖啡馆海报
❼ 传媒品牌画册

21世纪数字艺术精品课程规划教材

最新 Illustrator CS5 中文版艺术设计高级教程

❶ 卡通插画　　❸ 童话世界插画
❷ 忧郁CG插画　❹ 梦幻精灵插画　❺ 儿童乐园吉祥物

❻ 日用产品杂志广告　❼ DM单效果图　❽ 画册设计-1
　　　　　　　　　　　　　　　　　　❾ 画册设计-2

21世纪数字艺术精品课程规划教材

最新中文版 Illustrator CS5
艺术设计高级教程

张会锋　高扬　张勇正/主　编
吴华堂　郑仲元　李长久/副主编

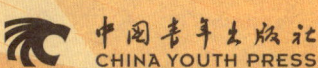

律师声明

北京市邦信阳律师事务所谢青律师代表中国青年出版社郑重声明：本书由著作权人授权中国青年出版社独家出版发行。未经版权所有人和中国青年出版社书面许可，任何组织机构、个人不得以任何形式擅自复制、改编或传播本书全部或部分内容。凡有侵权行为，必须承担法律责任。中国青年出版社将配合版权执法机关大力打击盗印、盗版等任何形式的侵权行为。敬请广大读者协助举报，对经查实的侵权案件给予举报人重奖。

侵权举报电话：
全国"扫黄打非"工作小组办公室　　中国青年出版社
010-65233456　65212870　　　　　010-59521012
http://www.shdf.gov.cn　　　　　　E-mail: cyplaw@cypmedia.com　MSN: cyp_law@hotmail.com

图书在版编目（CIP）数据

最新 Illustrator CS5 中文版艺术设计高级教程 / 张会锋，高扬，张勇正主编．— 北京：中国青年出版社，2010.12
ISBN 978-7-5006-9744-2
Ⅰ.①最… Ⅱ.①张… ②高… ③张… Ⅲ.①图形软件，Illustrator CS5 — 教材 Ⅳ.① TP391.41
中国版本图书馆 CIP 数据核字（2010）第 244627 号

最新Illustrator CS5中文版艺术设计高级教程
张会锋　高　扬　张勇正　主编

出版发行： 中国青年出版社
地　　址：北京市东四十二条21号
邮政编码：100708

电　　话：（010）59521188 / 59521189
传　　真：（010）59521111
企　　划：中青雄狮数码传媒科技有限公司

责任编辑：肖　辉　丁　伦
封面制作：邱　宏

印　　刷：北京时尚印佳彩色印刷有限公司
开　　本：787×1092　1/16
印　　张：15.5
版　　次：2011年1月北京第1版
印　　次：2015年1月第4次印刷
书　　号：ISBN 978-7-5006-9744-2
定　　价：49.90元（附赠1CD，含电子教案）

本书如有印装质量等问题，请与本社联系　电话：（010）59521188 / 59521189
读者来信：reader@cypmedia.com
如有其他问题请访问我们的网站：www.21books.com

"北大方正公司电子有限公司"授权本书使用如下方正字体。
封面用字包括：方正兰亭黑系列

前言

随着计算机技术的迅猛发展，与之相关的图书也层出不穷，但由于受传统出版思路和教学方法的影响，市面上相当一部分图书都存在理论讲解与案例操作无法完全融合的尴尬，使得读者在学习过程中感到了知识的不连贯性，表现为往往在学习完理论知识后，实际操作软件时还是会遇到不知如何下手的困惑。基于此，我们考虑以知识改革为核心，在图书的内容和结构上做一些突破，运用比较成熟的案例教学方法，策划出版一批真正让读者所学即可所用的实战案例型图书，从而使每一位读者学完后均可达到一定的职业技能水平。

———— 作者

软件简介

Illustrator 是美国 Adobe 公司推出的矢量绘图软件，集矢量图形设计、编辑、合成和高品质输出功能于一体，具有十分完善而强大的功能。Illustrator CS5 是目前该系列的最新版本，它在以往版本的基础上延续整合了软件绘图和编辑功能，并且新增了一些应用功能，以及优化了相关的操作环境，从而为用户带来更优质的服务。

内容导读

本书以最新的 Illustrator CS5 版本为载体，将理论知识与实际运用相结合为读者进行讲解。全书在内容上分为两个部分，跨越理论知识和行业应用两大板块。第一部分为理论知识篇，从软件的基础知识和操作入手，按照逐渐深入的学习顺序，从易到难、循序渐进地对软件的功能进行讲解，从而让读者充分熟悉软件的各大功能。第二部分为行业应用篇，结合 Illustrator CS5 软件在各行各业的实际应用进行了案例展示和制作，让读者更进一步地加强自身动手操作能力，辅导其将真实的绘图技巧运用到实际的设计工作中去。

体例特色

本书体例结构完整，集知识与应用为一体，是一本讲述和展示 Illustrator CS5 各项重要功能及其创意应用的高级教程。第一部分划分为 9 个章节，对基础知识和具体操作等方面的知识进行了全方位讲解，其间穿插"动手操作"部分，对章节中的重要知识点进行操作运用，并结合"课后练习"对各章节中重要内容进行回顾和应用，检验读者的学习效果。第二部分则围绕 Illustrator CS5 软件在 VI 系统设计、吉祥物造型设计、招贴设计、杂志广告设计、画册设计、POP 宣传广告、插画设计、书籍装帧设计、产品造型设计和包装设计这 10 个行业方面的实际应用进行了相关介绍和典型案例的制作展示；此外，还对案例的设计思想和设计要点进行了分析总结；同时，在各章节最后还通过"拓展项目实训"进行了知识的提示和扩充，从而进一步完善学习体系，满足读者多方面以及更深层次的学习需求。

本书在书稿的的编写和对行业实例的制作过程中力求严谨，但由于时间关系与作者水平的限制，书中难免出现疏漏与不妥之处，敬请广大读者批评指正。

目录 Contents

Part 01　软件知识篇

Chapter 01　Illustrator CS5 基础知识

1.1　初识 Illustrator CS5 ……012
　1.1.1　Illustrator CS5 简介 ……012
　1.1.2　Illustrator 软件的应用领域 ……012
1.2　图像处理基础原理 ……014
　1.2.1　认识图像 ……014
　1.2.2　图像分辨率 ……015
　1.2.3　图像的颜色模式 ……015
　1.2.4　图像常用文件格式 ……016
1.3　认识 Illustrator CS5 工作界面 ……016
　1.3.1　启动和关闭 Illustrator CS5 ……016
动手操作——启动和关闭 Illustrator CS5 ……016
　1.3.2　Illustrator CS5 的工作界面 ……017
1.4　Illustrator CS5 新增功能 ……018
　1.4.1　透视绘图 ……018
　1.4.2　优美的描边 ……018
　1.4.3　使用 Flash Catalyst 实现
　　　　　往返编辑 ……018
　1.4.4　针对 Web 和移动设备的
　　　　　精致图形 ……019
　1.4.5　毛刷画笔 ……019
　1.4.6　形状生成器工具 ……019
　1.4.7　增强的多个画板功能 ……019
　1.4.8　绘图增强功能 ……019
　1.4.9　Adobe CS Review ……019
　1.4.10　分辨率独立效果 ……019
课后练习 ……020

Chapter 02　Illustrator CS5 基本操作

2.1　文档窗口的基本操作 ……021
　2.1.1　认识"新建文档"对话框 ……021
　2.1.2　设置画板大小 ……022
动手操作——设置画板的大小 ……022
2.2　对象的视图控制 ……023
　2.2.1　锁定和隐藏对象 ……024
　2.2.2　对象的组织 ……024
　2.2.3　变换对象 ……025
动手操作——对对象进行变换处理 ……025
2.3　辅助功能的使用 ……026
　2.3.1　首选项的设置 ……026
　2.3.2　视图大小调整 ……027
　2.3.3　标尺、参考线和网格 ……028
动手操作——调整参考线的角度和位置 ……028
课后练习 ……030

Chapter 03　绘制矢量图形

3.1　基本形状路径绘制 ……031
　3.1.1　认识基本形状绘制工具 ……031
　3.1.2　绘制基本形状路径 ……034
动手操作——利用光晕工具添加光晕 ……035
3.2　精确路径绘制 ……036
　3.2.1　认识绘制工具 ……036
　3.2.2　绘制并调整贝塞尔曲线 ……037
3.3　使用画笔工具绘制图形 ……038
　3.3.1　画笔工具 ……038
　3.3.2　新建画笔 ……039
动手操作——新建画笔并绘制图形 ……039
3.4　控制和变形路径 ……040
　3.4.1　编辑路径形状 ……040
　3.4.2　变形对象 ……041
　3.4.3　液化变形对象 ……042
　3.4.4　封套扭曲变形对象 ……043
动手操作——应用宽度工具变形路径 ……045
3.5　应用透视网格工具调整路径 ……046
　3.5.1　认识透视网格工具 ……046
　3.5.2　参考透视网格工具绘制路径 ……046
课后练习 ……047

Chapter 04 编辑路径

4.1 填充路径颜色 ·············· 048
    4.1.1 设置填充颜色 ·············· 048
    4.1.2 认识填色工具 ·············· 049
动手操作——利用形状生成器工具
          填充颜色 ·············· 050
4.2 为路径描边 ·············· 051
    4.2.1 设置描边颜色 ·············· 051
    4.2.2 设置描边属性 ·············· 051
4.3 运用网格工具 ·············· 053
    4.3.1 认识网格工具 ·············· 053
    4.3.2 网格工具的基本操作 ·············· 053
动手操作——应用网格工具为路径上色 ·············· 053
4.4 填充路径图案 ·············· 056
    4.4.1 载入图案 ·············· 056
    4.4.2 为路径填充图案 ·············· 056
4.5 颜色透明度的调整 ·············· 056
    4.5.1 认识"透明度"面板 ·············· 057
    4.5.2 调整图形透明度 ·············· 057
动手操作——绘制图形并设置图形透明度 ·············· 057
课后练习 ·············· 059

Chapter 05 图层与蒙版的应用

5.1 认识图层 ·············· 060
    5.1.1 "图层"面板 ·············· 060
    5.1.2 "图层"面板的扩展菜单 ·············· 061
    5.1.3 更改图层选项 ·············· 062
    5.1.4 图层查看模式 ·············· 063
动手操作——转换图像文件的视图模式 ·············· 063
5.2 图层的创建与编辑 ·············· 064
    5.2.1 新建图层 ·············· 064
    5.2.2 在图层上创建模板 ·············· 064
    5.2.3 使用模板描摹对象 ·············· 064
动手操作——使用模板描摹图像 ·············· 064
5.3 蒙版的类型与应用 ·············· 067
    5.3.1 蒙版的分类 ·············· 067
    5.3.2 蒙版的基本应用 ·············· 067
动手操作——结合剪切蒙版和不透明蒙版
          制作图形 ·············· 068
课后练习 ·············· 071

Chapter 06 文字的编辑

6.1 创建文字 ·············· 072
    6.1.1 使用文字工具创建文字 ·············· 072
    6.1.2 认识文字面板 ·············· 073
动手操作——使用文字工具为路牌添加
          文字 ·············· 075
6.2 文字的基本操作 ·············· 076
    6.2.1 通过文字菜单命令调整文字 ·············· 076
    6.2.2 串接和取消串接文本 ·············· 077
    6.2.3 "查找和替换"与"查找字体" ·············· 078
    6.2.4 更改文字大小写与方向 ·············· 079
    6.2.5 文字导出和置入 ·············· 079
    6.2.6 创建轮廓文字 ·············· 080
6.3 文字的分类 ·············· 081
    6.3.1 点文字的应用 ·············· 081
    6.3.2 路径文字的应用 ·············· 081
    6.3.3 区域文字的应用 ·············· 081
动手操作——创建路径文字和区域文字 ·············· 082
课后练习 ·············· 083

Chapter 07 符号、图表与样式的应用

- 7.1 符号的应用 084
  - 7.1.1 符号工具 084
  - 7.1.2 "符号工具选项"对话框 086
  - 7.1.3 "符号"面板 086
- 动手操作——载入符号并绘制符号 087
- 7.2 图表的应用 089
  - 7.2.1 图表工具 089
  - 7.2.2 "图表数据输入"对话框 090
  - 7.2.3 "图表类型"对话框 090
- 动手操作——使用图表工具绘制图表 091
- 7.3 图形样式的应用 093
  - 7.3.1 应用图形样式 093
  - 7.3.2 图形样式库 093
- 动手操作——应用不同的图形样式 094
- 课后练习 095

Chapter 08 滤镜与矢量特效应用

- 8.1 矢量滤镜和特效的应用 096
  - 8.1.1 创建对象特效 096
  - 8.1.2 "扭曲和变换"滤镜组 097
- 动手操作——应用"收缩和膨胀"滤镜调整对象 099
  - 8.1.3 "风格化"滤镜组 100
- 8.2 位图滤镜的应用 103
  - 8.2.1 "像素化"滤镜组 103
  - 8.2.2 "扭曲"滤镜组 104
  - 8.2.3 "模糊"滤镜组 105
  - 8.2.4 "画笔描边"滤镜组 106
  - 8.2.5 "素描"滤镜组 107
- 动手操作——应用"扩散亮光"滤镜调整对象 109
  - 8.2.6 "纹理"滤镜组 111
  - 8.2.7 "艺术效果"滤镜组 112
  - 8.2.8 "视频"滤镜组 114
  - 8.2.9 "锐化"滤镜组 114
  - 8.2.10 "风格化"滤镜组 114
- 动手操作——应用滤镜调整图像的特殊质感色调 115
- 8.3 其他滤镜的应用 116
  - 8.3.1 "3D"滤镜组 116
  - 8.3.2 "SVG 滤镜"滤镜组 118
  - 8.3.3 "变形"滤镜组 118
  - 8.3.4 "转换为形状"滤镜组 118
- 动手操作——为 3D 对象贴图 119
- 课后练习 120

Chapter 09 打印输出和创建 Web 图形

- 9.1 打印输出作品 121
  - 9.1.1 打印设定 121
  - 9.1.2 了解"画板选项"对话框 123
  - 9.1.3 了解陷印 124
- 9.2 创建 Web 图形 125
  - 9.2.1 "存储为 Web 和设备所用格式"对话框 125
  - 9.2.2 认识 Web 图形格式 126
- 动手操作——存储文件为 Web 和设备所用格式 127
  - 9.2.3 设置输出选项 128
  - 9.2.4 为 Web 创建矢量图形 129
- 动手操作——存储文件为 SWF 动画 129
  - 9.2.5 使用切片分割图像 130
- 动手操作——创建 Web 切片 130
- 课后练习 132

Part 02　行业应用篇

Chapter 10　VI 系统设计

- 10.1　行业介绍 …………………………………… 134
  - 10.1.1　VI 视觉识别系统的组成部分 …… 134
  - 10.1.2　VI 系统设计基本原则 ……………… 134
- 10.2　设计要点 …………………………………… 135
- 10.3　制作步骤 …………………………………… 135
  - 10.3.1　制作标志 …………………………… 135
  - 10.3.2　制作基本要素系统 ………………… 139
  - 10.3.3　制作办公应用系统 ………………… 142
  - 10.3.4　制作路牌标识和交通工具 ………… 146
- 10.4　拓展项目实训 ……………………………… 150
  - 10.4.1　VI 系统设计封面 …………………… 150
  - 10.4.2　VI 系统设计标志 …………………… 150
  - 10.4.3　户外广告 …………………………… 150
  - 10.4.4　指示系统 …………………………… 150

Chapter 11　吉祥物造型设计

- 11.1　行业介绍 …………………………………… 151
  - 11.1.1　吉祥物设计要求 …………………… 151
  - 11.1.2　吉祥物的设计过程 ………………… 151
- 11.2　设计要点 …………………………………… 152
- 11.3　制作步骤 …………………………………… 152
  - 11.3.1　绘制吉祥物头部 …………………… 152
  - 11.3.2　绘制吉祥物身体 …………………… 156
  - 11.3.3　绘制吉祥物的气球和背景 ………… 157
- 11.4　拓展项目实训 ……………………………… 159
  - 11.4.1　机械俱乐部吉祥物 ………………… 159
  - 11.4.2　动物园吉祥物 ……………………… 160
  - 11.4.3　儿童乐园吉祥物 …………………… 160

Chapter 12　招贴设计

- 12.1　行业介绍 …………………………………… 161
  - 12.1.1　招贴海报的特点 …………………… 161
  - 12.1.2　招贴海报设计的种类 ……………… 161
- 12.2　设计要点 …………………………………… 163
- 12.3　制作步骤 …………………………………… 163
  - 12.3.1　制作主体物 ………………………… 163
  - 12.3.2　绘制丰富的图形元素 ……………… 165
  - 12.3.3　制作背景并添加文字 ……………… 168
- 12.4　拓展项目实训 ……………………………… 170
  - 12.4.1　制作音乐会宣传海报 ……………… 170
  - 12.4.2　制作通信服务海报 ………………… 171
  - 12.4.3　制作汽车俱乐部海报 ……………… 171

Chapter 13　杂志广告设计

- 13.1　行业介绍 …………………………………… 172
  - 13.1.1　杂志广告的特点 …………………… 172
  - 13.1.2　VI 杂志广告设计的基本准则和要求 …………………………………… 172
- 13.2　设计要点 …………………………………… 174
- 13.3　制作步骤 …………………………………… 174
  - 13.3.1　绘制背景部分 ……………………… 174
  - 13.3.2　绘制主体部分并添加文字 ………… 177
- 13.4　拓展项目实训 ……………………………… 178
  - 13.4.1　制作化妆品杂志广告 ……………… 178
  - 13.4.2　制作品牌服饰杂志广告 …………… 178
  - 13.4.3　制作创意品牌杂志广告 …………… 179
  - 13.4.4　制作日用产品杂志广告 …………… 179

Chapter 14 画册设计

- 14.1 行业介绍 ···180
  - 14.1.1 企业画册设计的要点 ··········180
  - 14.1.2 企业画册的分类 ··············181
  - 14.1.3 画册的纸张选择 ··············181
- 14.2 设计要点 ·······································182
- 14.3 制作步骤 ·······································182
  - 14.3.1 制作主体物和色块背景 ········182
  - 14.3.2 绘制主体文字和细节元素 ······186
  - 14.3.3 绘制页面 2 内容 ···············188
- 14.4 拓展项目实训 ·································192
  - 14.4.1 制作艺术机构画册内页 ········192
  - 14.4.2 制作企业宣传画册 ············192
  - 14.4.3 制作传媒品牌画册内页 ········192
  - 14.4.4 制作数码产品 DM 单 ·········193

Chapter 15 POP 宣传广告设计

- 15.1 行业介绍 ···194
  - 15.1.1 POP 宣传广告的特点 ·········194
  - 15.1.2 POP 宣传广告的作用 ·········194
  - 15.1.3 POP 制作形式 ···············194
- 15.2 设计要点 ·······································195
- 15.3 制作步骤 ·······································195
  - 15.3.1 绘制背景部分 ················195
  - 15.3.2 绘制画面主体图形 ············197
  - 15.3.3 添加文字并制作文字效果 ······200
- 15.4 拓展项目实训 ·································202
  - 15.4.1 制作文具 POP 宣传广告 ······202

  - 15.4.2 制作回馈活动 POP 宣传
         广告 ·······················203
  - 15.4.3 制作艺术联盟 POP 广告 ······203

Chapter 16 插画设计

- 16.1 行业介绍 ···204
  - 16.1.1 插画的分类 ··················204
  - 16.1.2 插画的特征和表现形式 ········204
- 16.2 设计要点 ·······································205
- 16.3 制作步骤 ·······································205
  - 16.3.1 绘制主体人物 ················205
  - 16.3.2 绘制主体装饰图形 ············210
  - 16.3.3 绘制背景图形元素 ············212
- 16.4 拓展项目实训 ·································216
  - 16.4.1 制作梦幻精灵插画 ············216
  - 16.4.2 制作童话世界插画 ············216
  - 16.4.3 制作忧郁 CG 插画 ············217

Chapter 17 书籍装帧设计

- 17.1 行业介绍 ···218
  - 17.1.1 书籍装帧设计封面的特点 ·····218
  - 17.1.2 装帧设计中的版式设计要素 ····219
- 17.2 设计要点 ·······································220
- 17.3 制作步骤 ·······································220
  - 17.3.1 编辑位图 ····················220
  - 17.3.2 绘制背景部分并添加文字 ······222
- 17.4 拓展项目实训 ·································224
  - 17.4.1 制作 CG 杂志装帧 ············224
  - 17.4.2 制作音乐书籍装帧 ············224
  - 17.4.3 制作文学书籍装帧 ············225

Chapter 18 产品造型设计

18.1	行业介绍	226
	18.1.1 认识工业设计和产品设计	226
	18.1.2 产品造型设计的要素	226
18.2	设计要点	227
18.3	制作步骤	227
	18.3.1 绘制背景部分	227
	18.3.2 绘制屏幕和按钮部分	230
	18.3.3 绘制耳塞和背景部分	233
18.4	拓展项目实训	236
	18.4.1 制作 MP3 产品造型	236
	18.4.2 制作极品跑车造型	237
	18.4.3 制作迷人香水瓶造型	237

Chapter 19 包装设计

19.1	行业介绍	238
	19.1.1 包装设计分类	238
	19.1.2 包装设计的基本准则	238
19.2	设计要点	239
19.3	制作步骤	239
	19.3.1 调整盒体并绘制瓶盖	239
	19.3.2 制作图形元素等	241
	19.3.3 制作其他包装盒并添加背景	243
19.4	拓展项目实训	244
	19.4.1 制作 CD 包装	244
	19.4.2 制作个性饮料包装	244

PART 01

软件知识篇

本篇导引

基础知识篇分为 9 章，汇总了所有 Illustrator 软件常用知识点。为帮助读者更顺利进行学习，右侧展示了相关板块的重点知识，以及运用该重点知识对应的关键技术所涉及的案例（即"动手操作"）。

重点知识	动手操作
软件界面	启动和关闭软件
文档窗口	设置画板大小
对象视图	变换处理对象
辅助功能	调整参考线
基本形状路径	添加光晕效果
画笔工具	新建画笔并绘制图形
路径	变形和填充路径
网格填充工具	为路径上色
颜色透明度	设置图形透明度
创建与编辑图层	使用模板描摹图像
蒙版	绘制图形
文字	创建路径和区域文字
符号	载入并绘制符号
图表	绘制图表
矢量滤镜	调整对象
位图滤镜	为图像添加特殊质感
为 Web 创建矢量图形	存储文件为 SWF 动画
切片	创建 Web 切片

※ **重点知识**：精粹软件相关的重点难点知识。
※ **动手操作**：运用软件关键技术的实战案例。

Chapter 01 Illustrator CS5 基础知识

设计师指导

本章对Illustrator软件的基本知识进行了全方位介绍，内容涉及图像的各类相关知识，以及Illustrator CS5的启动和关闭、各种操作界面、应用设计领域和一些新增功能等知识内容，帮助读者初步了解Illustrator CS5绘图软件及其应用范畴。

核心知识点

❶ 认识Illustrator CS5工作界面
❷ 理解图像分辨率概念
❸ 熟悉图像的颜色模式和常用格式
❹ 了解Illustrator CS5新增功能
❺ 了解Illustrator软件的应用领域
❻ 掌握启动和关闭Illustrator CS5的方法

1.1 初识Illustrator CS5

Illustrator 软件的矢量绘图功能强大、操作方便，且应用领域广泛，而最新版本的 Illustrator CS5 在以往强大功能的基础上又新增了一些实用的工具和功能，使其在平面设计应用方面更加实用、便捷。

1.1.1 Illustrator CS5简介

Adobe Illustrator CS5 是目前该软件的最新版本，在以往强大功能的基础上对一些功能做了相应的改进，并新增了一些实用的操作功能，为用户提供了一个优越的创作空间。下左图所示即为 Adobe Illustrator CS5 的产品包装，下右图所示为 Adobe Illustrator CS5 的启动画面。

1.1.2 Illustrator 软件的应用领域

矢量图是如今应用非常广泛的图形设计形式，Illustrator 以其强大的图形制作功能和美观的操作界面优势，占据着较大的设计应用领域。在图形兼容性和操作简便性上，Illustrator 也具有较大的优势，被广泛应用于广告设计、排版设计、包装设计、CI/VI 设计、插画设计和网页设计等领域。

1. 广告设计

Illustrator 的矢量图形设计被广泛应用于各种以印刷输出为主要形式的广告设计中，如报纸、杂志、海报和封面设计等。通过使用 Illustrator 对广告设计中的文字图形排版和图形设计制作等应用，可制作出效果丰富的广告设计作品，如下面 3 幅图所示。

2. 排版设计

文字排版设计是平面设计中不可或缺的一种设计形式。Illustrator 以其独特的文字排版编辑功能为平面设计过程增添了更多的乐趣，且操作更为快捷。通过在 Illustrator 中使用文字功能和贝塞尔曲线相结合的方式对文字进行编排，可快速高效地制作出优美的文字效果，如下面 3 幅图所示。

3. 包装设计

包装设计是一个整体而系统的设计概念，是印刷品设计中一个相对独立的设计类型，包含了销售包装设计、运输包装设计和包装工艺设计等，也是一种在自然功能和社会功能上都具有较高要求的组合形式。由于 Illustrator 是一种矢量图形设计软件，在分辨率和打印要求上拥有很大的自由性，对于高品质的输出要求均能满足，对于包装设计制作亦是如此。下面 3 幅图就是用 Illustrator 完成的包装设计。

4. CI/VI设计

CI/VI 设计是企业品牌形象的一种视觉化形式，并为企业品牌的形象进行宣传，以塑造和树立企业品牌的良好形象。CI 即企业识别系统，VI 视觉识别系统是以塑造企业形象为目的，并在此基础上设计一套整体而系统的视觉形象方案，如以企业标志、标准文字和标准色为主体的视觉传达媒介，如下面两幅图所示。

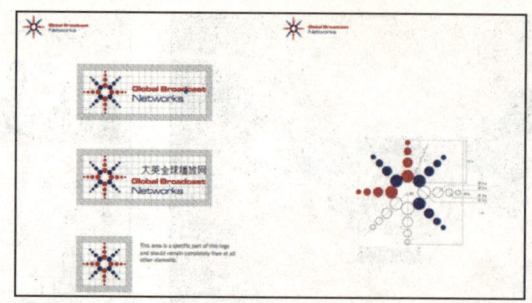

5. 插画设计

插画设计是一种矢量化的艺术绘画创作形式，主要应用于商业用途。商业插画通过依附于商业广告的形式进行宣传，具有较广的覆盖面，因而能受到较大的社会关注。矢量插画可自由地表现图像的质感和细节，具有更为现代化的操作技巧，比传统的绘画形式更具时尚感。Illustrator具有良好的位图处理功能和兼容性，常与位图设计软件相结合，制作出独特而个性的插画效果，如下面3幅图所示。

6. 网页设计

如今矢量风格的网页设计已成为常用且重要的设计风格，而Illustrator的网页图像绘制功能，为网页的设计制作提供了较大的便利。此外，Illustrator还提供了用于网页绘制的工具与相关的模板库，以及容量优化功能，使网页的设计制作过程更加便捷高效，如下面两幅图所示。

1.2 图像处理基础原理

图像在视觉上具有不同的表现，不同的图像拥有不同的表现形式。Illustrator是用于绘制矢量图形的软件，因此其图像形式为矢量图像形式，与位图图像有很大的差异，同时也拥有位图图像不可比拟的优势。本节将通过图像的种类、颜色模式、分辨率和图像文件格式等相关知识来了解图像。

1.2.1 认识图像

图像分为矢量图像和位图图像。使用Illustrator绘图软件所绘制的图像即为矢量图像。

1. 矢量图像

矢量图像是由连接x，y坐标的数学性曲线即贝塞尔曲线构成的。矢量图像由点、线和面的数据信息决定图像的品质和容量，不受图像分辨率和缩放变换调整的影响，在图像文件的存储上也不受图像大小的影响而改变图像质量。

将矢量图像放大至局部区域或较大比例时，其图像细节仍很清晰，如下面两幅图所示。因此对于矢量图像的打印输出效果大可不必担心。由于矢量图像所具备的优势，因此常用于排版设计和包装设计等领域。

2. 位图图像

位图是 Windows 环境下使用的图像形式，表示 Windows 中使用的比特形式的图像文件，如扫描的图像、数码照片图像和网页图像等。

位图图像的最小构成单位为像素。在相对范围内的像素越多，图像的品质越好，容量越大，分辨率也相对较高。在位图图像中，每个像素都具有一个相应颜色模式下颜色信息的小方块，因而可表现出丰富色调效果的图像。

位图图像的缩放变换会影响图像的展示效果和图像品质。将位图图像放大至局部区域或超出其本身比例的状态下，可看到图像细节区域的锯齿状效果，如下面两幅图所示。

1.2.2 图像分辨率

分辨率即屏幕图像的精密度，指显示器所能显示的像素值。屏幕上的点、线、面都是由像素组成的，显示器可显示的像素越多，画面就越精细，相同屏幕区域内显示的信息就越多。

分辨率是用于度量位图图像内数据量的参数，表示为每英寸像素（ppi）或每英寸点（dpi）。图像包含的数据越多，其文件大小越大，细节越丰富，但也会占用更多的内存。

1.2.3 图像的颜色模式

Illustrator 所支持的颜色模式主要包括 CMYK、RGB、灰度、HSB 和 Web 安全 RGB 模式，其中较为常用的是 CMYK、RGB 和 Web 安全 RGB 模式。

1. CMYK颜色模式

CMYK 颜色模式是用于印刷输出的颜色模式，由 4 种打印油墨构成。其中，C 代表青色，M 代表洋红，Y 代表黄色，K 代表黑色。CMYK 颜色模式的色彩值以油墨颜色的百分比表示，当油墨百分比最小时，所形成的颜色为白色（C0、M0、Y0、K0），而当油墨百分比最大时，则产生黑色（C100、M100、Y100、K100）。该模式下的"颜色"面板如下左图所示。

2. RGB颜色模式

RGB 颜色模式是用于屏幕显示的模式，是一种光学意义上的模式。其中，R 代表红色，G 代表绿色，B 代表蓝色。通过在显示器中混合这 3 种基本光色的方式产生新的颜色。当这 3 种光色混合为最大亮度时，产生白色（R255、G255、B255）；当这 3 种光色全部关闭时，则产生黑色（R0、G0、B0）。该模式下的"颜色"面板如下中图所示。

3. Web安全RGB模式

Web 安全 RGB 模式是可在网页上安全使用的颜色模式，该模式下的各颜色通道值主要以十六进制值来表示。

4. 灰度模式

灰度模式主要以黑白灰的色阶来表现图像的颜色明度和层次，其颜色范围是 0%~100%。该模式下的"颜色"面板如下右图所示。

5. HSB模式

HSB 颜色模式根据颜色的色相、饱和度和明度表示颜色。其中，H 表示色相，S 表示饱和度，B 表示明度。

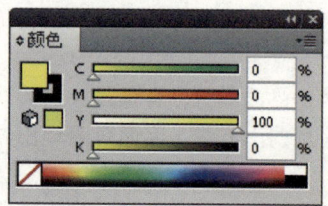 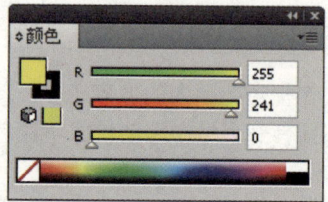 

1.2.4 图像常用文件格式

Illustrator 支持多种矢量图形文件的格式，如 AI、PDF、EPS、AIT、SVG 和 SVGZ 等格式。其中，Adobe Illustrator（*.AI）文件格式为 Illustrator 自身图像文件的存储格式。使用该文件格式将占用较小的内存空间，且图像的存储和打开更快。除此之外，Illustrator 支持多种其他矢量图像格式的文件，可将其置入到 Illustrator 文档中并进行编辑。

AI 即 Adobe Illustrator 的缩写，使用该格式存储文件，Illustrator 中所应用的特效效果和载入的色标、画笔和图案等元素都会被完整地保存，但若图像文件被存储为低版本，在新版本中所应用的新增效果就会被取消。EPS 格式为印刷、输出的格式类型，可用于优化 Illustrator 文件。PDF 文件格式是 Adobe Acrobat 中使用的电子文档形式的图像文件。

1.3 认识Illustrator CS5工作界面

使用 Adobe Illustrator CS5 绘制图像，首先需要了解其操作环境。Adobe Illustrator CS5 在以往版本的基础上，优化了操作界面，并新增了一些功能，以提供更为便利的应用环境，有利于提高工作效率和设计质量。

1.3.1 启动和关闭Illustrator CS5

使用 Adobe Illustrator CS5 绘制图形，首先要启动该程序。Adobe Illustrator CS5 的启动和关闭也可通过多种方式实现。

动手操作——启动和关闭Illustrator CS5

注意事项	若Adobe Illustrator CS5启动时间较长，应耐心等待
核心知识	学会用多种方法启动或关闭Adobe Illustrator CS5

启动方法1：单击"开始"按钮，在弹出的菜单中选择 Adobe Illustrator CS5 即可。

启动方法2：双击桌面上的 Adobe Illustrator CS5 快捷方式图标，即可启动。

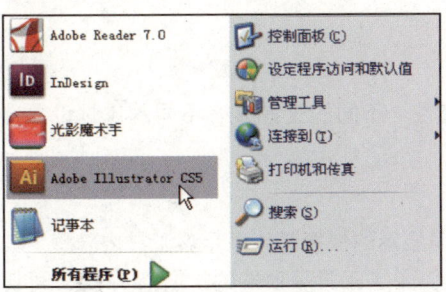

关闭方法1：在 Adobe Illustrator CS5 中，执行"文件>退出"命令或按下快捷键 Ctrl+Q 即可。

关闭方法2：单击 Adobe Illustrator CS5 界面右上角的"关闭"按钮，即可退出程序。

1.3.2 Illustrator CS5的工作界面

Adobe Illustrator CS5 的工作界面以灰色调为主。在启动 Illustrator CS5 后，会首先弹出欢迎界面，可通过在该界面中选择最近使用过的文件，或单击"打开"按钮以打开文件的方式切换至工作界面，也可通过在欢迎界面中新建相关文档的方式进入工作界面。

在 Adobe Illustrator CS5 的工作界面中包括了众多菜单、面板及工具等，可在该操作界面中使用相关功能绘制图形。下图为 Illustrator CS5 工作界面。

1. 标题栏

标题栏用于显示一些相关的功能按钮，单击"基本功能"按钮，可在弹出的菜单中选择相关选项，以切换当前工作区，如"上色"、"打印和校样"、"排版规则"等。

2. 菜单栏

菜单栏中包括文件、编辑、对象、文字、选择、效果、视图、窗口和帮助9个菜单，其中包含了Illustrator CS5中所有的功能命令。

3. 属性栏

属性栏用于设置Illustrator CS5中相关工具或命令的参数和属性。不同的工具具有不同的属性设置选项，如矩形工具属性栏和文字工具属性栏。

4. 工具箱

工具箱中包含了Illustrator CS5中所有的工具，多数工具右下角显示的快捷箭头表示该工具内隐藏了其他工具。按住带箭头的工具图标不放，可显示该工具内的所有工具。单击工具箱顶端的扩展箭头 ◀◀，可切换工具箱为单栏显示，从而获得更多的工作空间。

5. 图像窗口

图像窗口用于显示图像的区域。大多对图像的编辑效果都将在该区域显示。

6. 状态栏

状态栏用于调整图像工作区的显示比例。单击快捷箭头 ▶，可弹出当前使用工具的提示和图像相关信息。

7. 面板

在绘制图形时，可根据需要打开相关面板或调整面板状态，也可对其进行重新组合。选择了不同的工作区以后，可切换当前工作区中不同的面板。

1.4 Illustrator CS5新增功能

Illustrator CS5在以往强大的功能基础上，更新并新增了一些更加便捷实用的功能。使用这些新功能使得图形的绘制和操作具有更大的便利性，其中包括透视绘图、描边处理、毛刷画笔、形状生成器、分辨率独立效果、针对Web和移动设备的精致图形以及Adibe CS Review等系统功能。

1.4.1 透视绘图

透视绘图是使用透视网格工具进行透视效果图的绘制，可在透视平面图上直接进行绘图。使用透视网格工具和透视选区工具，在透视图上借助精确的透视点绘制形状和场景，并对这些形状和场景进行缩放、变换、移动和复制等操作。

结合使用透视工具组和透视网格绘制图形，可轻松地为所绘制的透视场景添加图形元素，并可对透视网格中的对象随意进行构件调整，还可对位于画板上的视频进行绘制图形等处理。

1.4.2 优美的描边

为对象添加优美的描边效果，是在"描边"面板中对图形的路径轮廓进行调整。在该面板中可通过设置路径轮廓的粗细、虚线、箭头和艺术画笔等属性样式，为对象路径轮廓添加更为丰富的描边效果。除此之外，使用新增的宽度工具，也可快速对指定的对象路径的局部宽度进行调整。下面3幅图是对绘制的路径应用的不同描边效果。

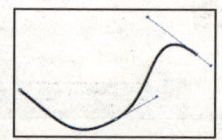  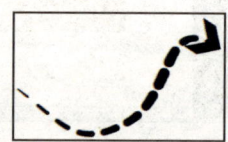

1.4.3 使用 Flash Catalyst 实现往返编辑

Adobe CS5系列产品中均提供互动设计功能。在Illustrator CS5中应用相关功能绘制对象后，在

Adobe Flash Catalyst CS5 中打开该图稿，无须编写代码即可添加动作或互动组件。在添加相关动作或互动组件后，也可继续在 Illustrator CS5 中进行更改和编辑。

1.4.4 针对 Web 和移动设备的精致图形

使用 Illustrator CS5 中的像素网格绘制图形，可在编辑过程中对齐对象或创建精确的矢量对象，以及查看对象的实际操作情况。像素对齐方式对于视频分辨率栅格化控制非常有用，对于保证栅格图像的清晰度也非常重要，尤其是 72ppi 分辨率的 Web 图形。在 Illustrator CS5 中，新的 Web 图形工具包括类型增强。

1.4.5 毛刷画笔

使用毛刷画笔绘制图形，是模拟真实绘画媒体绘制图形的方式绘制矢量对象。可通过使用类似水彩或油画颜料的天然媒介，利用矢量的可扩展性和可编辑性绘制或渲染对象。还可对毛刷画笔的特征属性进行设置以调整毛刷的状态，如毛刷的大小、长度、厚度、硬度、密度和形状以及其不透明度。下左图为"毛刷画笔库"面板，下中图和下右图则为使用不同的毛刷画笔绘制的笔触。

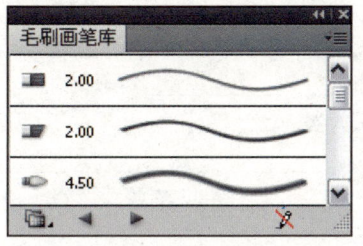

1.4.6 形状生成器工具

使用形状生成器工具，无须访问多个工具或面板，即可直接在画板中通过合并或擦除简单形状以创建较为复杂的形状。使用该工具可快速复制填充对象的颜色，也可分离重叠的形状以创建不同对象，并在合并对象时轻松采用图稿样式。

1.4.7 增强的多个画板功能

多个画板功能在 Illustrator CS5 中得以大大增强，可添加画板、重新排序或排列画板及复制画板。使用"控制"面板和"面板"面板可以为画板指定自定义名称。可以使用"就地粘贴"和"在所有面板上粘贴"选项将对象粘贴到画板上的特定位置，以及将图稿粘贴到所有画板上的相同位置，还可以设置选项，自动旋转要打印的画板。

1.4.8 绘图增强功能

Illustrator CS5 中提供了增强的 9 格切片缩放支持。可使用 9 格切片缩放直接对 Illustrator CS5 中的符号进行编辑，使其更容易与 Web 元素兼容，并提高工作速度。

1.4.9 Adobe CS Review

使用 Adobe CS Review 可创建并共享文件的在线审阅。在 Illustrator CS5 工作界面最顶端的标题栏右端单击 CS Live 按钮，在弹出菜单中单击 CS Review 下的"创建新审阅"命令即可创建在线审阅。

1.4.10 分辨率独立效果

使用分辨率独立效果，应用投影、模糊和纹理等栅格效果，可在不同媒体中保持外观一致。可为不同的输出类型创建图稿，并同时保持理想的栅格外观效果；从打印到 Web 再到视频都无须考虑分辨率设置的更改；可增加分辨率但同时保持栅格效果不变；而对于那些低分辨率的图像文件，则可通过放大分辨率的方式来实现高品质打印。

课后练习

本章通过对 Illustrator CS5 中相关基本知识的介绍，如 Illustrator CS5 的简介、应用领域、工作界面和新增功能，以及与图像相关的基本知识，帮助用户认识 Illustrator CS5 并了解相关的图像知识，为图形的绘制和编辑打下基础。接下来就一些本章中的重点和难点进行相关知识的考查，以达到巩固所学知识的目的。

一、选择题

（1）以下不属于 Illustrator CS5 中颜色模式的是（　　）。
　　A. RGB　　　　　　B. CMYK　　　　　　C. HSB　　　　　　D. Lab

（2）Illustrator CS5 中主要支持的文件格式不包括（　　）。
　　A. SVG　　　　　　B. AI　　　　　　　　C. RAW　　　　　　D. PDF

二、填空题

（1）本章中所讲到的 Illustrator CS5 的应用领域大致包括＿＿＿＿＿＿、＿＿＿＿＿＿、＿＿＿＿＿＿、＿＿＿＿＿＿、＿＿＿＿＿＿和＿＿＿＿＿＿等领域。

（2）图像可分为＿＿＿＿＿＿图像和＿＿＿＿＿＿图像两大类。

（3）Illustrator CS5 的菜单栏中包括＿＿＿＿＿＿、＿＿＿＿＿＿、＿＿＿＿＿＿、＿＿＿＿＿＿、＿＿＿＿＿＿、＿＿＿＿＿＿、＿＿＿＿＿＿、＿＿＿＿＿＿和＿＿＿＿＿＿菜单。

三、上机操作

（1）如何退出 Illustrator CS5。

在 Illustrator CS5 中，执行"文件 > 退出"命令或直接按下快捷键 Ctrl+Q 即可退出程序，也可单击界面右上角的"关闭"按钮，以退出程序。

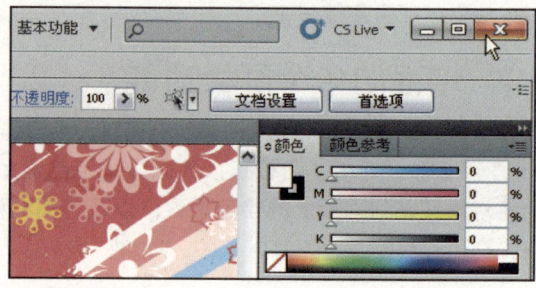

（2）查看并切换图像文件的颜色模式。

启动 Illustrator CS5 打开图像文件后，在"颜色"面板中可看到当前图像文件的颜色模式。要切换颜色模式，只需单击该面板右上角的扩展按钮，并在弹出的菜单中选择相应的颜色模式即可。

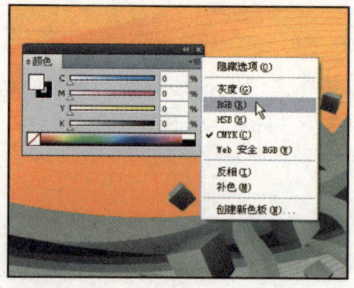

Chapter 02 Illustrator CS5 基本操作

设计师指导

了解Illustrator CS5的基本操作形式，是开始学习如何使用Illustrator CS5编辑图像的第一步。在Illustrator CS5中，新建图像文件后，除了可以设置图像的基本模式，还可以对图像进行相关的基本编辑，这些知识内容都将在本章中带给读者。

核心知识点

❶ 掌握文档窗口基本操作
❷ 熟练设置画板的大小
❸ 掌握把对象的视图控制
❹ 熟练变换处理对象
❺ 掌握使用辅助功能的方法
❻ 熟练调整参考线角度和位置

2.1 文档窗口的基本操作

在 Illustrator CS5 中，可使用多种方法新建或打开图像文件，并对图像文件的尺寸等基本属性进行设置，以获取所需的基本图像文件。

2.1.1 认识"新建文档"对话框

因为所有的图形编辑都需要在图像文件中进行，新建一个图像文件就成为图形绘制的基本条件。可通过多种方法新建图像文件，并在弹出的"新建文档"对话框中设置相应的属性和参数，如下图所示。

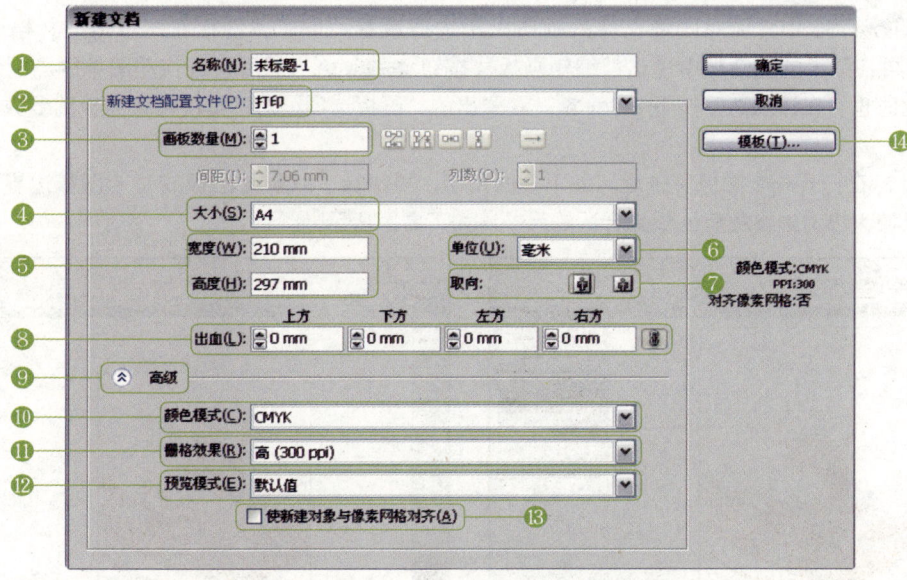

编号	选项	说明
❶	名称	用于设置文档的名称，默认名称为"未标题 -1"、"未标题 -2"等形式
❷	新建文档配置文件	用于创建多种输出类型的文档。每个配置文件包含大小、颜色模式、单位、方向、透明度以及分辨率的预设值
❸	画板数量	可决定新建的画板数量及画板的状态。输入大于 1 的数字后，可激活右端的相关按钮，选择不同的按钮可设置画板状态
❹	大小	用于设置文档的大小。如果要指定默认设置外的其他大小时,可选择"自定"选项，然后直接输入宽度和高度的参数值

（续表）

编号	选项	说明
❺	宽度/高度	用于设置文档的水平和垂直大小
❻	单位	用于设置文档的测定单位。当打印输出时，建议选择"毫米"选项；当进行网页操作时，建议选择"像素"选项
❼	取向	用于设置文档的方向，即画板的纵向或横向
❽	出血	用于设置输出前的准备设置。通过设置参数可调整出血量。单击右端的"使所有设置相同"按钮，可取消锁定以单独设置各参数
❾	高级	单击该选项组左端的扩展按钮，可展开该选项组的相关选项
❿	颜色模式	用于设置文档的颜色模式为 RGB 或 CMYK 模式。当打印输出时，选择 CMYK 模式；当进行网页操作时，选择 RGB 模式
⓫	栅格效果	用于设置文档的分辨率，当打印输出时，设置为"中（150ppi）"或"高（300ppi）"；当进行网页操作时，一般设置为"低（72ppi）"
⓬	预览模式	用于设置文档的默认预览模式，包括"默认值"、"像素"和"叠印"三个选项
⓭	使新建对象与像素网格对齐	勾选该复选框后，则会使所有绘制的新对象与像素网格对齐
⓮	模板	通过"从模板新建"对话框导入 Illustrator CS5 的模板新建文档

2.1.2 设置画板大小

在 Illustrator CS5 中，要对图像文件的画布大小进行设置，可在属性栏右端单击"文档设置"按钮，再在弹出的对话框中单击"编辑画板"按钮，然后通过拖动图像的画板边缘以调整画板尺寸。同时也可在该状态下按下 Enter 键，在弹出的"画板选项"对话框中设置画板的参数，以调整其尺寸大小。

除此之外，在打开一个图像文件后，如下左图所示，可执行"对象 > 画板 > 适合图稿边界"命令，以当前图像的区域大小为边界裁剪画板为合适的尺寸，如下右图所示。

 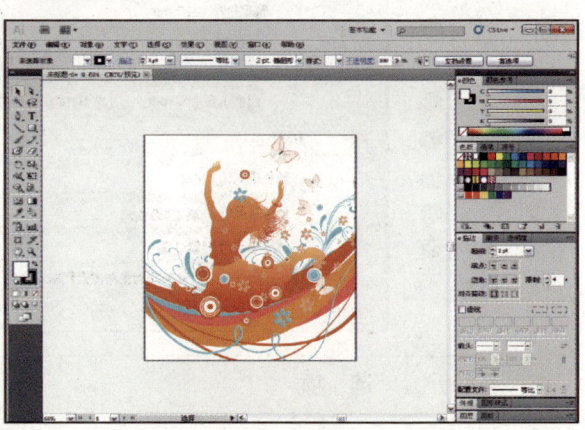

动手操作——设置画板的大小

原始文件	Chapter 2\2.1\红沙发.ai
最终文件	Chapter 2\2.1\红沙发ok.ai
注意事项	在调整画板大小时，注意图像所在区域的画板位置
核心知识	对文档进行重新设置，以调整画板的尺寸大小

01 执行"文件>打开"命令,打开本书配套光盘中的 Chapter 2\2.1\红沙发.ai 文件。

02 单击属性栏右端的"文档设置"按钮 文档设置 ,并在弹出的对话框中单击"编辑画板"按钮 编辑画板(D) 。

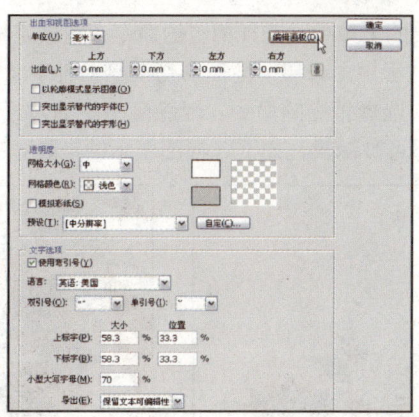

03 执行上一步操作后,对话框被隐藏,可看到图像窗口的画板裁剪框。

04 通过拖动画板裁剪框的控制手柄,调整画板边缘的位置,以调整画板大小。

05 继续单击属性栏中的"画板选项"按钮 ,在弹出的对话框中设置"预设"选项组中的参数值,调整画板边缘的状态。

06 完成相应的设置后按 Esc 键或单击选择工具,以应用画板参数设置,改变当前画板的尺寸大小。

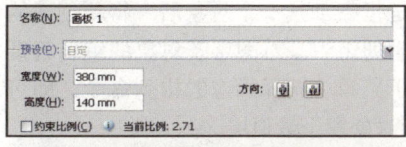

2.2 对象的视图控制

对指定的对象进行视图编辑和管理,可通过锁定、隐藏、组织和变换的操作调整对象的视图状态,以便对图形及其图层进行有效的管理,或在编辑过程中方便地对图形效果进行查看。本节主要对对象的视图编辑管理进行讲解。

2.2.1 锁定和隐藏对象

在编辑对象时，如果既要看到对象而又要避免意外拖动对象，可在选定对象后执行"对象 > 锁定"命令，在弹出的子菜单中选择相应的命令，以锁定相应的对象或图层等。锁定后不可任意拖动或更改对象。

在操作过程中，如果一些图形影响到其他对象的查看和编辑，可通过执行"对象 > 隐藏"命令，在弹出的子菜单中选择相应的命令，以隐藏指定的对象或图层等。隐藏后的对象仍然存在于图像文件中，但却不可见，也不可被编辑。如下 3 幅图所示的是隐藏花纹图形对象的操作。

2.2.2 对象的组织

对对象进行选择、复制、粘贴、排列、编组、对齐和分布的基本操作，便于对对象的编辑和管理，从而大大提高工作效率。以下就对象的组织管理方法进行讲解。

1. 使用不同选择选项

在"选择"菜单中，包含了多种不同的选择命令，用于选择指定的对象或对所选的对象进行相关操作。如对象的选择与取消选择、反向选择、重新选择、选择相同属性的对象以及存储或编辑所选对象等操作，有利于对对象进行基本的操作管理。

2. 复制和粘贴

Ctrl+C 和 Ctrl+V 是众多操作环境下所共用的复制和粘贴快捷键，而在 Illustrator CS5 中，复制和粘贴的形式在该形式基础上有更多的应用方法。复制对象后，若按下快捷键 Ctrl+F，可将对象粘贴在原位置，并且会将该粘贴对象粘贴至所选对象的前面；若按下快捷键 Ctrl+B，则粘贴至所选定对象的后面。

3. 对象的排列

对象的排列是指每个图层中对象的前后排列顺序。这种排列关系是指在创建一个对象后，将新创建的对象放置在之前创建的对象上，如此循环反复，从而形成的图层顺序排列组织，对图层及对象的编辑管理非常重要。在选择一个对象后，执行"对象 > 排列"命令，在弹出的子菜单中选择相应的排列命令，即可调整所选定对象的图层顺序。如下 3 幅图所示的是将指定的放射状图形对象置于最顶层。

4. 编组对象

编组对象是对指定的对象进行管理的有效方法。可将多个对象集合到同一群组中，也可对已经编组的对象进行再次编组，形成一个包含群组的群组。在选择多个对象时，执行"对象 > 编组"命令，可将选中的对象编组；要取消编组，执行"对象 > 取消编组"命令即可。

5. 对齐、分布和间距

对象的对齐、分布和间距操作是在选择多个对象后，执行"窗口 > 对齐"命令打开"对齐"面板，然后在面板中单击相应的按钮，以调整对象的位置。

对对象进行对齐的管理，可将处于不同水平线或垂直线的对象对齐，如水平左对齐、水平居中对齐和垂直底对齐等对齐方式；对对象进行分布管理，则可通过不同的分布方式分布多个对象的位置，如垂直顶分布、垂直底分布和水平右分布等分布方式；设置对象的间距，可在选择多个对象的状态下进行水平分布间距或垂直分布间距的处理。

如下 3 幅图分别为"对齐"面板，以及对指定对象分别应用了"垂直居中对齐"和"水平居中分布"后的效果。

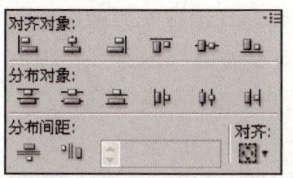  

2.2.3 变换对象

对象的变换形式有多种，包括移动、缩放、旋转、对称和倾斜等。执行"对象 > 变换"命令，在弹出的子菜单中选择相应的变换命令，即可应用不同的变换编辑效果。

动手操作——对对象进行变换处理

原始文件	Chapter 2\2.2\蓝天草地.ai、蝴蝶.ai
最终文件	Chapter 2\2.2\蓝天草地ok.ai
注意事项	在变换对象时，需要注意对象的比例
核心知识	使用不同的变换方法变换调整对象

01 执行"文件>打开"命令，打开本书配套光盘中的Chapter 2\2.2\蓝天草地.ai文件。

02 继续打开本书配套光盘中的Chapter 2\2.2\蝴蝶.ai文件。选择红色的蝴蝶，并按下快捷键Ctrl+C复制该对象。

03 切换至"蓝天草地.ai"图像文件中，并按下快捷键 Ctrl+V 粘贴蝴蝶，再将其拖动至画面相应的位置。

04 按照同样的方法，选择蓝色的蝴蝶，将其复制并粘贴至"蓝天草地.ai"图像文件中，再调整其位置。

05 选择当前蓝色的蝴蝶，执行"对象 > 变换 > 缩放"命令，在弹出的对话框中设置其缩放比例为 30%，完成后单击"确定"按钮，以缩小蝴蝶。

06 继续复制并粘贴较小的粉红蝴蝶至当前图像文件中。执行"对象 > 变换 > 旋转"命令，在弹出的对话框中设置旋转角度并单击"确定"按钮，以变换蝴蝶。

> **提示**　　　　　　　　直接变换对象
>
> 执行"对象 > 变换"命令，并在弹出的子菜单中选择相应的命令，可在弹出的对话框中设置相应的参数，则以指定的参数值变换对象。若要直接对对象进行变换，可在选择对象的状态下将鼠标光标移动至其边缘锚点附近，当光标转换为可变换的箭头时，拖动锚点即可。

2.3 辅助功能的使用

当使用 Illustrator CS5 编辑图像时，常常会应用到一些辅助功能，以便对对象进行更为精确或便捷的操作处理。本节主要针对页面大小、标尺、网格和辅助线等功能应用进行讲解，并通过介绍首选项的设置优化工作环境。

2.3.1 首选项的设置

为了在 Illustrator CS5 中更加便捷、有效地对对象进行编辑，或优化操作环境，可对首选项进行设置。执行"编辑 > 首选项"命令，在弹出的子菜单中选择相应的选项命令，即可弹出"首选项"对话框，如下图所示。

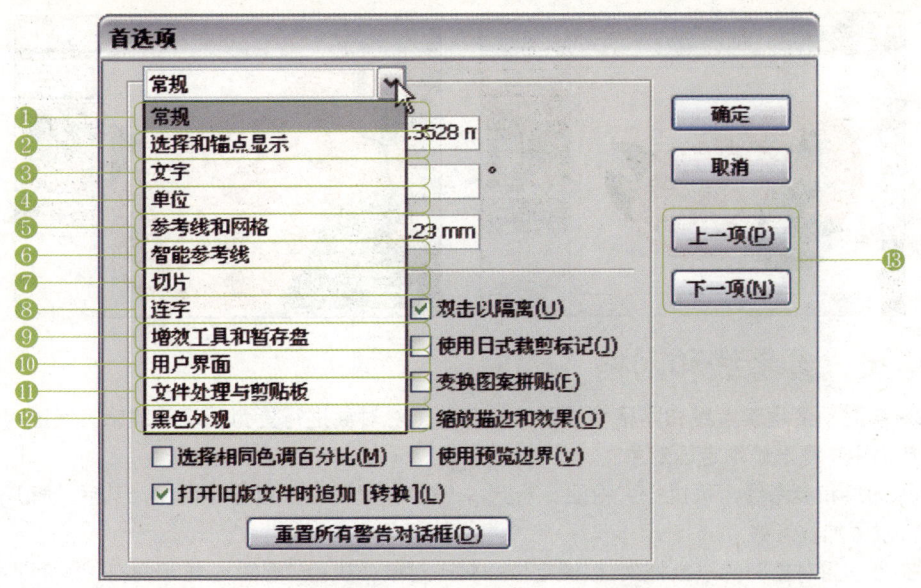

编 号	选 项	说 明
❶	常规	用于设置 Illustrator CS5 的常规操作环境
❷	选择和锚点显示	用于设置使用选择工具选择某一个锚点的选择容差以及锚点的显示大小，方便在有大量锚点的情况下快速选择对象，提高工作效率
❸	文字	用于设置使用文字工具时所需的环境，如大小、行距和字距等
❹	单位	用于指定标尺单位和对象的移动距离、文字大小等设定时使用的单位
❺	参考线和网格	用于设置参考线和网格的形式
❻	智能参考线	用于更改当光标移动到对象上时表示说明的相关设定
❼	切片	用于设置切片编号的显示状态及切片的线条颜色
❽	连字	用于设置当输入英文文档时换行操作中发生的单词拆分方式
❾	增效工具和暂存盘	用于设置增效工具文件夹和作为暂存盘的驱动器
❿	用户界面	用于设置用户界面的显示亮度以及是否自动折叠图标面板
⓫	文件处理与剪贴板	用于指定保存文档时的版本和剪贴板相关的设置
⓬	黑色外观	用于设置显示器和输出时出现的黑色的相关设置
⓭	"上一项"和"下一项"	单击相应的按钮，即可切换至相应的首选项设置的选项面板中

2.3.2 视图大小调整

在编辑对象时，通常需要对对象的局部细节进行调整，或对画面的整体效果进行编辑。此时就需要对画面视图进行调整，如缩放视图、调整视图实际大小或适合窗口的大小等操作。应用这些操作，可在"视图"菜单中选择"放大"、"缩小"、"实际大小"和"画板适合窗口大小"等命令来进行相应的调整。下左图为画板适合窗口大小状态，下右图为对象的实际大小状态。

2.3.3 标尺、参考线和网格

在编辑对象时,使用参考线和网格等辅助工具有助于对对象进行更为精确的编辑。通过对指定范围的标识,可以帮助用户更准确地定位对象。

若要应用标尺和参考线,可执行"视图 > 标尺 > 显示标尺"命令以显示标尺,然后从标尺上拖出参考线至画面中,以添加参考线。

网格可充当编辑对象时的对象框架,以便定位和对齐对象。执行"视图 > 显示网格"命令即可显示网格。若要对网格的角度进行调整,可执行"编辑 > 首选项 > 常规"命令,在弹出的对话框中设置"约束角度"选项。

动手操作——调整参考线的角度和位置

原始文件	Chapter 2\2.3\标志.ai
最终文件	Chapter 2\2.3\标志ok.ai
注意事项	了解参考线在平面设计中的作用
核心知识	与参考线相关的命令和设置

01 执行"文件>打开"命令,打开本书配套光盘中的Chapter 2\2.3\标志.ai文件。执行"视图>标尺>显示标尺"命令,在图像窗口的上方和左方显示标尺。

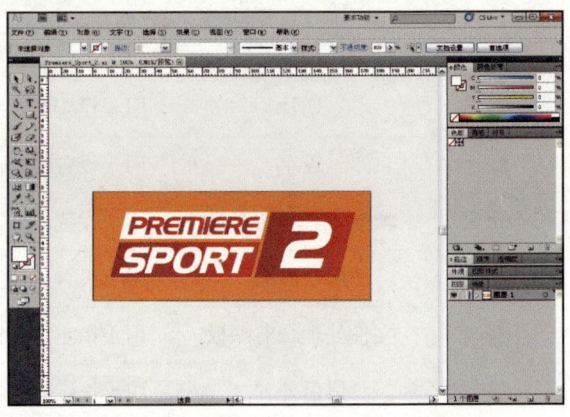

> **提示　快速显示或隐藏标尺和参考线**
>
> 要显示或隐藏标尺及参考线,可分别执行"视图 > 标尺 > 显示标尺(隐藏标尺)"命令和"视图 > 参考线 > 显示参考线(隐藏参考线)"命令。也可按下快捷键 Ctrl+R,快速显示或隐藏标尺;按下快捷键 Ctrl+;,快速显示或隐藏参考线。

02 在上方的标尺处按住鼠标左键并拖动,将参考线拖动至标志中文字区域的顶端,添加该区域的参考线。

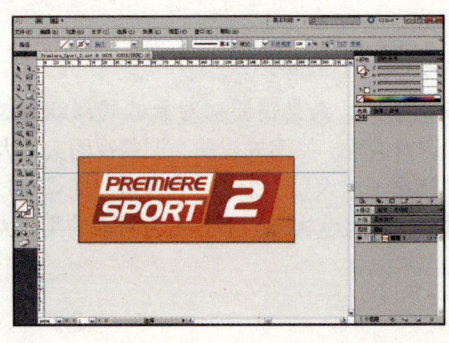

03 继续添加标志文字区域底端的参考线后，在窗口左端的标尺上拖动鼠标至标志文字左端区域，添加垂直的参考线。

04 右击垂直的参考线，在弹出的快捷菜单中执行"变换 > 旋转"命令。

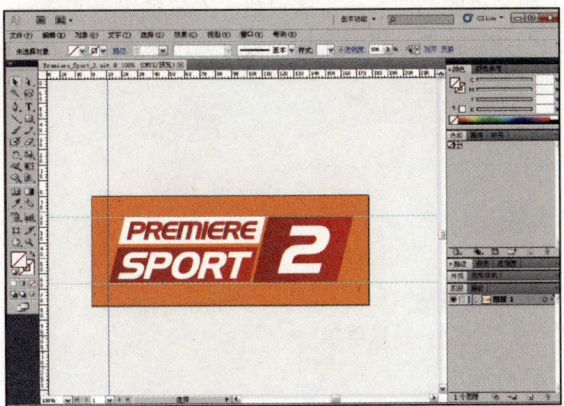

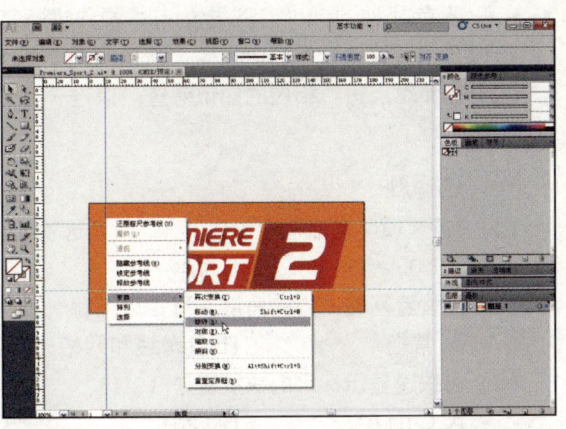

05 在弹出的对话框中设置"角度"为 –13°，完成后单击"确定"按钮，以旋转参考线。

06 拖动旋转后的参考线至标志文字的相应位置，以添加标志文字对应的倾斜参考线效果。

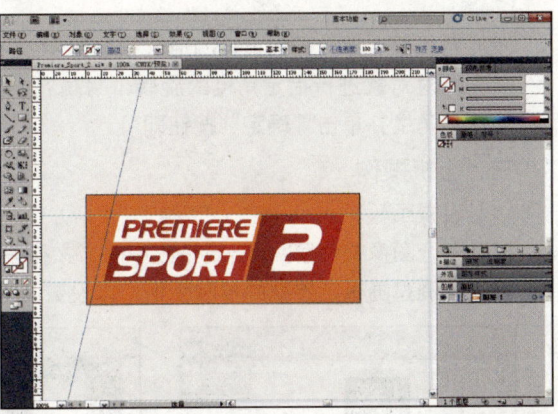

07 按住 Alt 键的同时拖动左端倾斜的参考线至标志右端相应的位置，复制并添加对应的倾斜参考线。

课后练习

本章对 Illustrator CS5 中的基本操作进行了讲解，如文档的创建和画板的设置、对象的组织和变换以及相关辅助功能的应用等，帮助用户了解 Illustrator CS5 的基本操作方法。接下来就本章中的一些重点和难点进行相应的知识考查，以进一步巩固前面所学的知识。

一、选择题

（1）"首选项"对话框中包含了（　）项选项面板属性设置。
　　A. 10　　　　　　B. 12　　　　　　C. 13　　　　　　D. 11

（2）要设置网格的旋转角度，可在以下哪一项首选项中进行设置（　）。
　　A. 常规　　　　　B. 参考线和网格　　C. 切片　　　　　D. 单位

（3）可快速显示标尺的快捷键是（　）。
　　A. Ctrl+A　　　　B. Ctrl+:　　　　　C. Ctrl+R　　　　D. Ctrl+T

二、填空题

（1）对于对象的组织管理基本操作，本章中主要讲解了_____、_____、_____、_____和_____。

（2）将画板以适合图像窗口的形式预览显示，可执行_____命令。

（3）要对对象进行指定角度的旋转，可执行_____命令，在弹出的对话框中设置旋转角度并单击"确定"按钮即可。

三、上机操作

（1）设置画板。

打开一个图像文件后，单击属性栏中的"文档设置"按钮，在弹出的对话框中单击"编辑画板"按钮，再通过调整画板定界框的控制手柄，以设置画板大小，完成后单击选择工具即可。

（2）对齐指定对象。

打开一个图像文件后，按住 Ctrl 键的同时单击多个对象以将其同时选择，完成后打开"对齐"面板，然后在其中分别单击指定的对齐按钮，即可调整所选对象的对齐状态。

 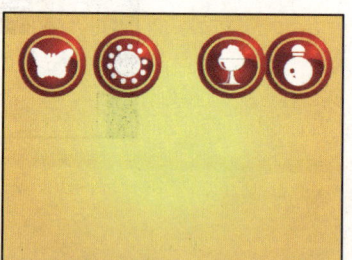 

Chapter 03 绘制矢量图形

设计师指导

要想在Illustrator CS5中进行矢量图形的绘制，首先就要懂得如何绘制图像路径。通常来说，路径就是组成各种图形的基础形式，而作为学习软件的读者来说，只有了解不同路径绘制工具才能绘制各种形状的图形，从而为之后的图形绘制和编辑打下坚实基础。

核心知识点

1. 了解基本图形绘制工具
2. 掌握基本形状路径绘制方法
3. 掌握精确路径的绘制方法
4. 掌握控制和变形路径的方法
5. 认识并掌握宽度工具的使用方法
6. 掌握网格工具的应用技巧

3.1 基本形状路径绘制

本节中主要讲解 Illustrator CS5 中用于绘制基本形状的相关工具，如矩形工具、椭圆工具、星形工具、弧形工具和极坐标网格工具等。通过使用这些工具绘制不同的形状路径，可以创建丰富的图形效果。

3.1.1 认识基本形状绘制工具

在工具箱中，按住矩形工具或直线段工具，可弹出隐藏的相关工具，如右侧两幅图所示。这些工具用于绘制基本的形状路径，使用不同的工具可绘制出不同形状的路径效果。下面就对这些工具一一进行介绍。

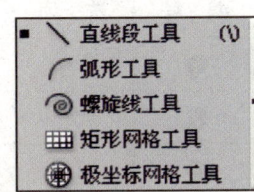

1. 矩形工具、圆角矩形工具及椭圆工具

（1）矩形工具：用于绘制矩形路径。按住 Shift 键可绘制正方形；按住 Alt 键则可以起始点为中心绘制矩形；按住 Shift+Alt 键，则可以起始点为中心绘制正方形。选择该工具后在画面中单击，可在弹出的对话框中设置所要创建的矩形尺寸。

（2）圆角矩形工具：用于绘制四角圆润的矩形。其使用方法和绘制方法与矩形工具基本一致。

（3）椭圆工具：用于绘制不同效果的椭圆。按住 Shift 键可绘制正圆，其他绘制方法也与矩形工具基本一致。

下左图为矩形工具的选项设置对话框，下中图为圆角矩形工具的选项设置对话框；下右图为椭圆工具的选项设置对话框。

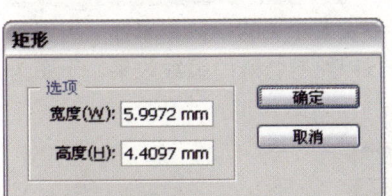 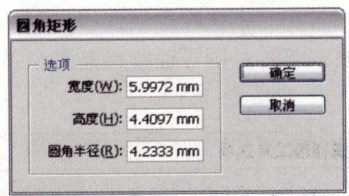 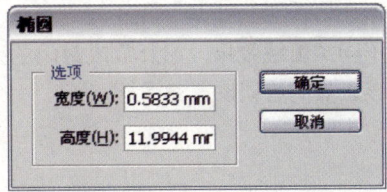

2. 多边形工具、星形工具和光晕工具

（1）多边形工具：用于绘制不同边数的多边形。选择该工具后在画面中单击，可在弹出的"多边形"对话框中设置所要创建的多边形的半径和边数。

（2）星形工具：用于绘制星形路径。选择该工具后在画面中按住左键并拖动的同时，按住 Ctrl 键可调整星形的尖角夹角状态；按住 Alt 键可绘制正五角星。也可在选择该工具后单击画面，在弹出的对话框中设置所要创建的星形的半径和角点数，以绘制稍复杂的星形路径。

下左图为多边形工具的选项设置对话框，下右图为星形工具的选项设置对话框。

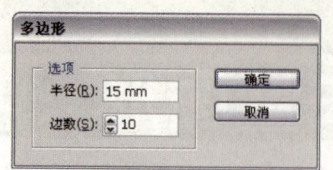 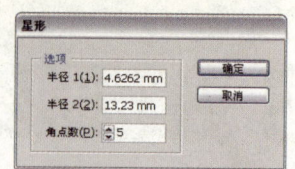

（3）光晕工具：用于创建光晕图形。光晕是来自一个光源的高亮度显示或反射，可以对任何背景与图形进行设置。选择该工具后在画面中单击，将弹出"光晕工具选项"对话框，在该对话框中可通过设置不同的参数以绘制不同效果的光晕。下图为"光晕工具选项"对话框。

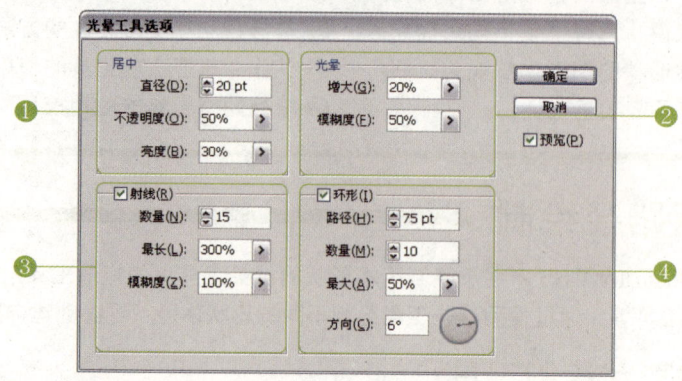

编号	选项	说明
❶	居中	用于设置直径、不透明度和光晕中心的亮度
❷	光晕	用于设置光晕向外增大淡化和模糊度的百分比，低模糊度可以得到清晰的光晕
❸	射线	用于设置射线的数量、最长的射线长度和射线的模糊度。当数量为 0 时，射线不存在
❹	环形	用于设置光晕的中心和最远环的中心之间的路径距离，此外还可设置环的数量、最大环的大小和环的方向

3. 直线段工具、弧形工具、螺旋线工具、矩形网格工具和极坐标网格工具

（1）直线段工具：用于绘制直线段。在绘制时通过按住鼠标左键并拖动，可调整所绘制线段的方向。按住 Shift 键进行绘制，将以水平方向或垂直方向以及 45°角绘制线段；按住 ~ 键可连续绘制多个线段。选择该工具后在画面中单击，可在弹出的选项设置对话框中设置相关的参数，如右图所示。

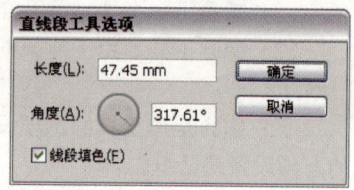

（2）弧形工具：用于绘制弧线。通过在"弧线段工具选项"对话框中设置相关的参数和属性，可得到不同的弧线效果，如开放或封闭的弧线。按住 ~ 键可连续绘制多个弧线段以绘制特殊的弧线效果。下图为该工具的选项设置对话框。

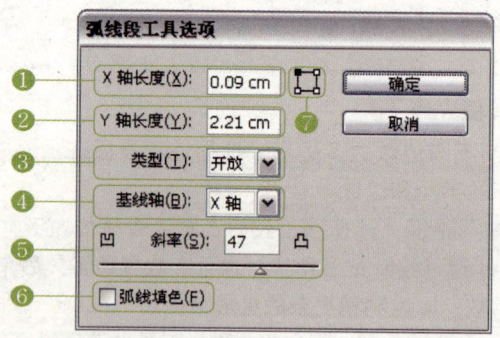

编号	选项	说明
❶	X 轴长度	用于设置沿 X 轴倾斜的长度值
❷	Y 轴长度	用于设置沿 Y 轴倾斜的长度值
❸	类型	用于设置弧线为开放或闭合的路径
❹	基线轴	用于设置倾斜的方向为 X 轴或 Y 轴
❺	斜率	通过拖动滑块或输入数值的方式设置弧线为凹或凸的倾斜
❻	弧线填色	勾选该复选框后，以弧线及其两端直线距离封闭填充弧线为当前设置的填充色
❼	起始点位置	用于定义弧线起始点的位置

（3）螺旋线工具：用于绘制不同效果的螺旋路径。使用该工具绘制螺旋线时，按住 Ctrl 键拖动鼠标，可调整螺旋线的密度。下图为该工具的选项设置对话框。

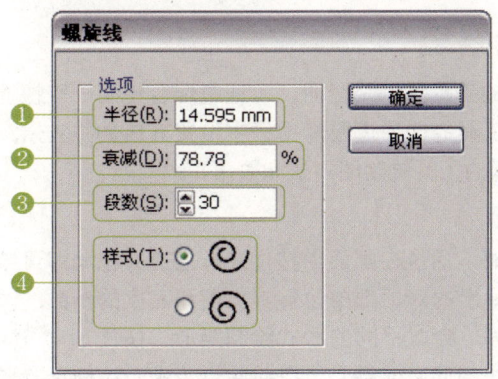

编号	选项	说明
❶	半径	用于设置螺旋最大的半径值
❷	衰减	用于设置螺旋半径递减的百分比
❸	段数	用于设置螺旋环绕的段数
❹	样式	用于设置螺旋环绕的方向

（4）矩形网格工具：用于创建网格图形。使用该工具绘制网格时，按住 Shift 键并拖动鼠标可绘制正方形网格。

（5）极坐标网格工具：又称为雷达网格，用于创建极坐标网格图形。

矩形网格工具和极坐标网格工具的选项设置对话框有些相似。下左图为矩形网格工具的选项设置对话框，下右图为极坐标网格工具的选项设置对话框。

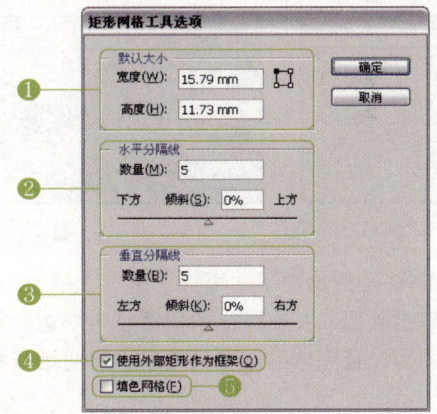 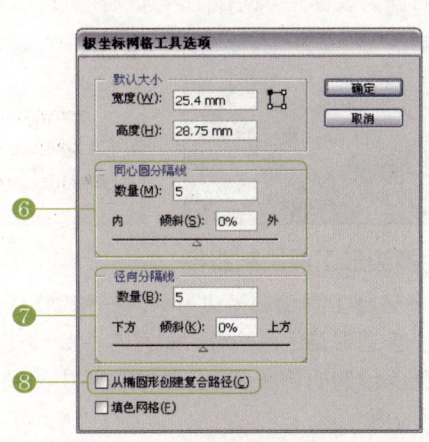

编号	选项	说明
❶	默认大小	用于设置宽度和高度值,同时通过起始点图标定义网格起始点的位置
❷	水平分隔线	用于设置水平分隔线的数量以及上下倾斜程度。当百分比为负值时,向下方倾斜;当百分比为正值时,向上方倾斜
❸	垂直分隔线	用于设置垂直分隔线的数量以及左右倾斜程度。当百分比为负值时,向左方倾斜;当百分比为正值时,向右方倾斜
❹	使用外部矩形作为框架	勾选该复选框后,使矩形成为网格的框架
❺	填色网格	使用默认的填充色填充网格,描边颜色决定网格线的颜色
❻	同心圆分隔线	用于设置同心圆分隔线的数量以及内外倾斜程度
❼	径向分隔线	用于设置径向分隔线的数量以及上下倾斜程度
❽	从椭圆形创建复合路径	勾选该复选框后,从椭圆创建一个复合路径

3.1.2 绘制基本形状路径

当使用绘制基本形状路径的工具绘制路径时,可通过配合使用一些快捷键进行绘制,以表现不同效果的路径。也可通过在相应绘图工具的选项设置对话框中设置其参数并应用,以绘制较为规范的路径。下面分别演示部分用于绘制基本形状的工具的绘图方法和效果。

1. 使用矩形工具绘制路径

当使用矩形工具绘制矩形时,通过在画面中按住鼠标左键并拖动即可绘制自由尺寸的矩形路径,也可通过在画面中单击的方式,在弹出的对话框中设置其宽度和高度的参数,以创建指定尺寸的矩形路径。此外,配合使用 Shift 键或 Alt 键等,会以不同的形式绘制矩形。按住 Shift 键可绘制正方形;按住 Alt 键,可以起始点为中心绘制矩形;按住 Shift+Alt 键,可以起始点为中心绘制正方形。以下 3 幅图即为绘制的不同的矩形和正方形效果。

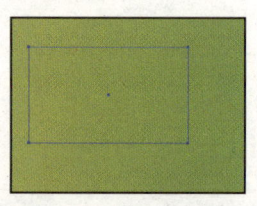 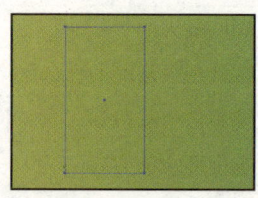 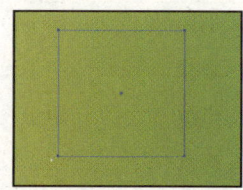

2. 使用圆角矩形工具绘制路径

当使用圆角矩形工具绘制圆角矩形时,通过单击画面,在弹出的对话框中设置圆角半径的大小,可调整圆角矩形四角的圆润度。当数值大到一定程度时,可变为椭圆形。当使用该工具拖动绘制时,按住键盘上的左方向键可绘制直角矩形,按住右方向键即可恢复绘制圆角矩形。下左图为绘制的普通圆角矩形效果,下中图和下右图为设置完毕的该工具选项设置对话框和应用该设置后绘制的圆角矩形。

 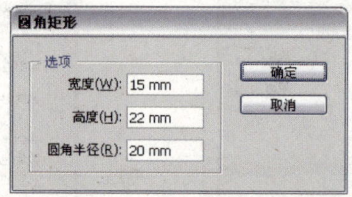 

3. 使用多边形工具绘制路径

当使用多边形工具绘制多边形时,在拖动鼠标以绘制路径的情况下,可按下键盘上的上、下方向键,以增加或减少多边形路径的边数。也可在选择该工具后单击画面,并在弹出的对话框中对边数等属性进行设置。下左图为绘制的普通多边形效果,下中图和下右图为设置完毕的该工具选项设置对话框和应用该设置后绘制的多边形。

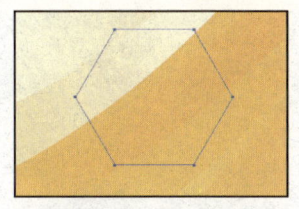 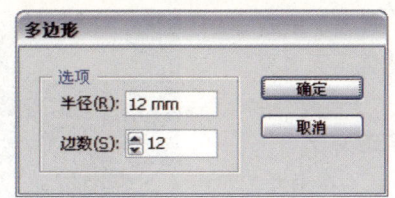 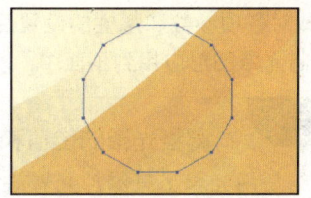

4. 使用星形工具绘制路径

当使用星形工具绘制路径时,在画面中拖动以绘制的情况下,按住 Alt 键可绘制正五角星或角点较规范的星形;按住 Ctrl 键可调整星形的夹角角度;按下键盘上的上、下方向键可增加或减少星形的角点数。以下 3 幅图分别为绘制的不同角点数的星形。

  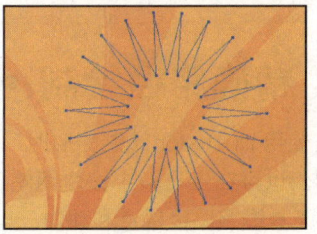

5. 使用螺旋线工具绘制路径

当使用螺旋线工具绘制路径时,可通过单击画面并在弹出的对话框中设置半径大小和段数等属性。还可在绘制路径时,按住 Ctrl 键调整螺旋线的密度。以下 3 幅图为不同段数和密度的螺旋线路径。

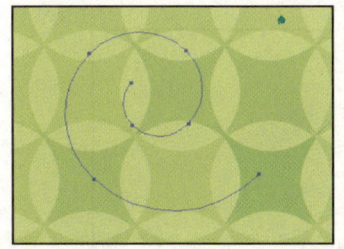 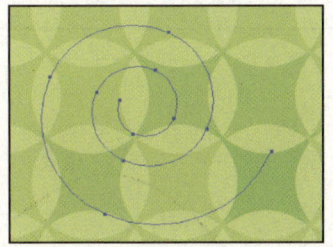 

动手操作——利用光晕工具添加光晕

原始文件	Chapter 3\3.1\花草白云.ai
最终文件	Chapter 3\3.1\花草白云ok.ai
注意事项	当使用光晕工具在画面中单击并拖动进行绘制时,注意所要添加光晕的中心位置
核心知识	使用光晕工具为画面添加光晕效果

01 执行"文件>打开"命令,打开本书配套光盘中的Chapter 3\3.1\花草白云.ai文件。单击光晕工具,并在画面左上角的相应位置单击。

02 在弹出的"光晕工具选项"对话框中设置各项参数,以调整光晕的形状和亮度等状态。

 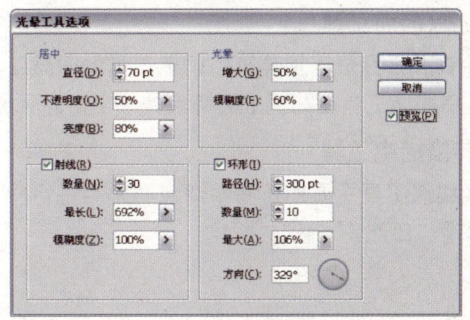

03 完成对各项参数和属性的设置后，单击"确定"按钮，将光晕图形应用到画面中，以增强画面效果。

提示　调整光晕的位置和样式

当使用光晕工具添加光晕效果时，在画面中所单击的位置即为光晕最亮点所在的位置。当使用该工具拖动以绘制时，仅绘制居中的光晕效果。要添加具有一定角度的光晕，则单击画面，在弹出的对话框中勾选"环形"复选框并设置其参数，以应用不同样式的光晕。

3.2 精确路径绘制

当使用 Illustrator 绘制图形时，最基本的构成元素是路径。要绘制更为精细的路径，可使用钢笔工具进行绘制，也可在工具箱中按住钢笔工具，在弹出的隐藏工具列表中选择添加锚点工具、删除锚点工具或转换锚点工具调整路径锚点和动向，以调整出更为精确的路径。

3.2.1 认识绘制工具

路径由锚点及锚点之间的连接线构成，如下图所示。锚点的位置决定着连接线的动向，由控制手柄和动向线构成。其中，控制手柄用于确定每个锚点两端的线段弯曲度。

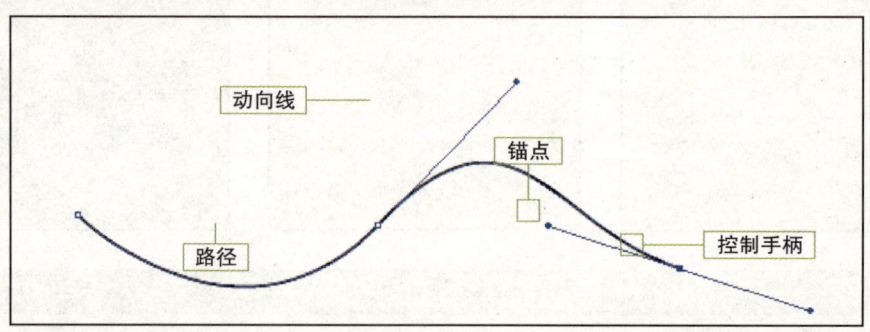

1. 钢笔工具

钢笔工具是在 Illustrator 中最为常用的绘制工具，主要用于绘制较为自由且复杂的路径。按下 P 键可切换至钢笔工具。使用钢笔工具绘制路径，主要操作为创建锚点、绘制直线、绘制曲线、绘制直线与曲线的组合路径。

2. 添加锚点工具

添加锚点工具位于工具箱中钢笔工具的隐藏工具列表中，用于为路径添加锚点，以便调整路径状态。使用该工具在路径上单击，即可添加新的锚点。

3. 删除锚点工具

删除锚点工具位于工具箱中钢笔工具的隐藏工具列表中，用于删除路径中不需要的锚点，以便调整路径状态。使用该工具在路径上的锚点处单击，即可删除指定的锚点。

4. 转换锚点工具

转换锚点工具主要用于将平滑点和角点进行相互转换。通过调整路径中的锚点及其控制手柄，可使路径更加平滑、自然。

3.2.2 绘制并调整贝塞尔曲线

绘制贝塞尔曲线后，可通过使用相关的工具对曲线进行调整，也可应用一些相应的命令对曲线状态进行调整。

1. 使用钢笔工具绘制曲线

当使用钢笔工具绘制直线时，首先单击以创建锚点，然后在其他地方再次单击以创建新的锚点，此时即可创建一条直线路径。要绘制曲线路径，则在创建锚点后，在其他地方按住鼠标左键并拖动，即可绘制曲线路径，松开左键以应用当前曲线状态的路径。要闭合路径，则在绘制路径后，将光标移动至路径起始锚点处并单击即可。以下6幅图为使用钢笔工具创建锚点并分别绘制的直线路径、曲线路径和闭合后的路径。

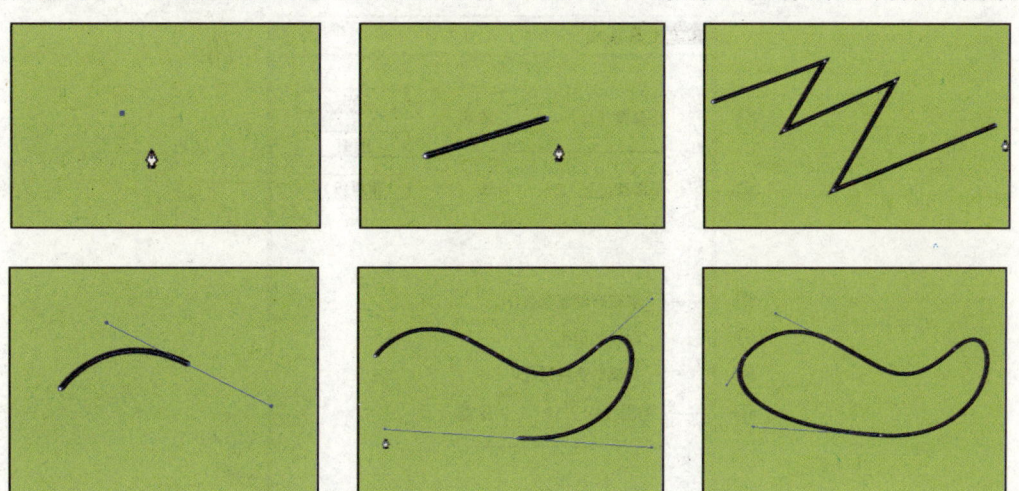

当使用钢笔工具进行绘制时，可通过在属性栏中设置相应的属性以调整路径状态。例如将尖角锚点转换为平滑锚点，或将平滑锚点转换为尖角锚点等，如下面两幅图所示。

2. 使用锚点控制工具调整曲线

使用用于控制锚点和路径的工具即添加锚点工具、删除锚点工具或转换锚点工具对路径进行调整，可更改路径的状态。以下3幅图分别为使用添加锚点工具单击路径线段添加锚点，以及使用转换锚点工具拖动新添加的锚点和调整路径后的效果。

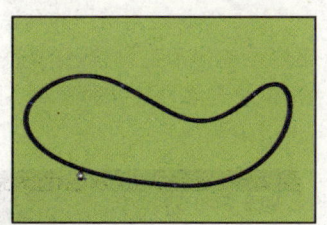  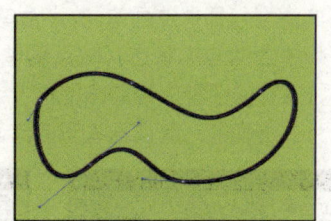

> **提示** 　绘制路径的同时切换工具
>
> 当使用钢笔工具绘制路径时，要快速调整路径的状态，如大小、位置及路径动向，可分别按下不同的快捷键以转换工具并调整路径。例如，按住 Ctrl 键可切换至选择工具，从而调整路径大小、位置以及旋转角度；按住 Alt 键可转换为转换锚点工具，从而调整路径的锚点以更改路径方向。

3.3 使用画笔工具绘制图形

Illustrator 中的画笔工具同样用于绘制矢量图形。画笔工具中的画笔类型包括很多种，可使用不同的画笔绘制不同的笔触。也可通过自定义画笔，将自制的画笔应用到画笔预设中，以便绘制出更为丰富的图形效果。

3.3.1 画笔工具

使用画笔工具绘制图形，可直接按住鼠标左键并在画面中拖动以绘制路径。双击画笔工具，可打开"画笔工具选项"对话框，如下图所示。在该对话框中，可设置各种画笔的画笔容差和填充等属性。

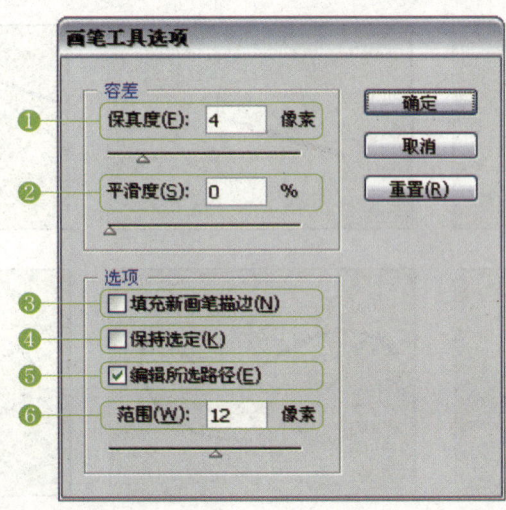

编号	选项	说明
❶	保真度	用于设置画笔的保真度，以像素为单位
❷	平滑度	用于设置使用画笔工具绘制路径时的平滑度，参数越高，路径越平滑
❸	填充新画笔描边	用于设置使用画笔工具进行绘制的同时填充路径
❹	保持选定	保持当前绘制路径的选定状态
❺	编辑所选路径	使用画笔工具编辑所选路径
❻	范围	用于设置编辑路径的范围

画笔的类型包括书法画笔、散点画笔、毛刷画笔、图案画笔和艺术画笔。书法画笔是较为常用的画笔形式，可模拟实际书法的笔尖状态；散点画笔是表现喷溅效果的散点状画笔；毛刷画笔模拟毛刷绘画的笔触；图案画笔可将设置的图案应用到画笔中并沿绘制的路径进行重复平铺；艺术画笔是艺术性较强的画笔。以下 3 幅图分别为书法画笔、散点画笔和图案画笔的面板。

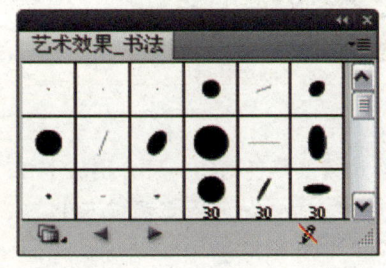
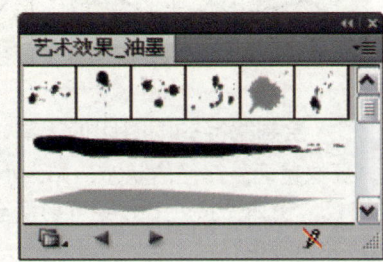
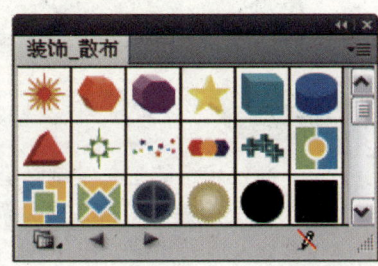

3.3.2 新建画笔

在 Illustrator 中自定义画笔，可将自制或已有的图形新建为画笔，以满足在绘制图形时的需求。选择所要创建新画笔的图形，在"画笔"面板中单击"新建画笔"按钮，在弹出的对话框中选择画笔类型并设置相应的选项，完成后单击"确定"按钮即可。

动手操作——新建画笔并绘制图形

原始文件	Chapter 3\3.3\树叶.ai
最终文件	Chapter 3\3.3\树叶ok.ai
注意事项	区分不同画笔类型的显示效果
核心知识	应用新建画笔进行平面设计

01 执行"文件>打开"命令，打开本书配套光盘中的 Chapter 3\3.3\树叶.ai 文件。

02 使用选择工具框选树木图形右方的树叶图形。然后单击"画笔"面板中的"新建画笔"按钮，在弹出的对话框中选择"散点画笔"单选按钮。

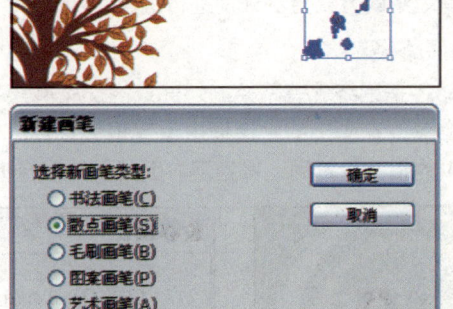

03 完成选择后单击"确定"按钮，弹出"散点画笔选项"对话框。在该对话框中设置各项参数，以设置应用画笔的状态。

04 完成各项参数的设置后单击"确定"按钮。然后单击画笔工具，在树木图形中及其右上方等区域绘制多个路径，以绘制飘落的树叶图形，增强画面的效果。

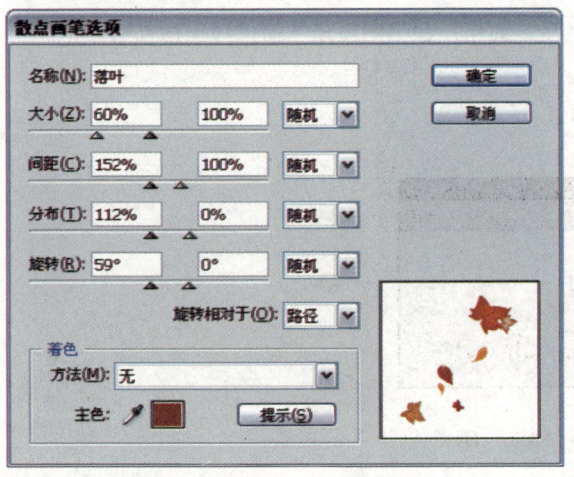

3.4 控制和变形路径

对路径的变形调整不仅包括使用用于控制锚点的工具变形的方法，还包括应用一些路径调整命令进行调整的方法。本节主要针对路径的高级调整方式讲解路径的基本变形、使用变形工具进行变形、液化变形和封套扭曲变形等。

3.4.1 编辑路径形状

编辑路径形状，除了之前所讲到的添加锚点、删除锚点和转换锚点的调整，还可使用其他工具进行变形，如直接选择工具。使用直接选择工具拖动路径的锚点，可变形对象。这里主要针对"对象"菜单中的"路径"命令讲解调整路径的相应方法，包括使用平均和连接路径、轮廓化描边、偏移路径和使用路径查找器等方式，对路径进行高级调整。

1. 平均和连接

平均是确定锚点的位置并在平均的基础上计算出所有点中心位置的过程。连接是在两个端点之间绘制一条线段或将两个端点合并成一个锚点的过程。

2. 轮廓化描边

轮廓化描边将现有路径的描边创建为一条新路径，将填充和描边分为两个路径，并将这两个路径编组，可通过取消编组的方式再次分别进行编辑。

3. 偏移路径

偏移路径是围绕现有路径的外部或内部轮廓绘制一条新的路径。选择路径后，执行"对象 > 路径 > 偏移路径"命令，在弹出的对话框中设置相关参数，可调整所偏移路径的数量和状态。下左图为原图，而通过下中图中的相关设置后，得到下右图所示的路径偏移后的效果。

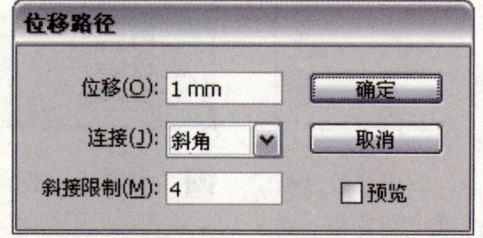
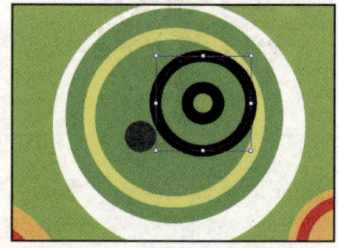

4. 路径查找器

执行"窗口 > 路径查找器"命令，弹出"路径查找器"面板，如下图所示。通过应用该面板中的相应选项按钮，可对路径进行合并、裁剪和分割等处理。

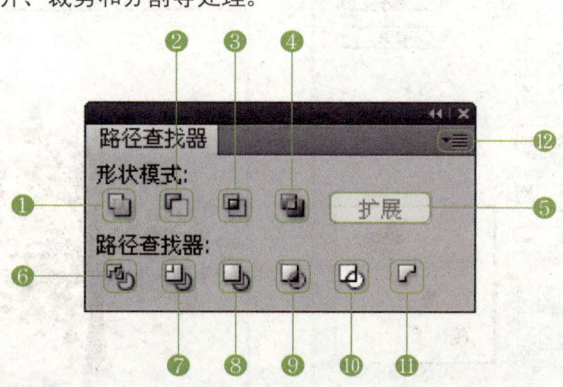

编号	选项	说明
❶	联集	将两个或多个对象合并为一个对象
❷	减去顶层	减去上方对象重叠在下方对象的部分，只保留下方对象未重叠的部分
❸	交集	只保留几个对象交叉重叠的部分
❹	差集	删除几个对象之间相互重叠的部分，保留未重叠的部分
❺	扩展	用于取消已经应用了"路径查找器"功能的原始对象的编组，将得到的路径扩展为一个新的路径
❻	分割	以对象重叠的部分为中心将其分割为几个部分
❼	修边	用位于上方的对象修整位于下方的对象
❽	合并	下方和上方的对象为同一颜色时进行合并
❾	裁剪	只保留与最上方对象相重叠的部分，而其余部分被裁剪
❿	轮廓	只保留对象的轮廓，而其余部分将不再显示
⓫	减去后方对象	只保留位于上方的对象中重叠的部分，而其余部分则被删除
⓬	扩展按钮	单击该扩展按钮，可在弹出的扩展菜单中进行复合路径的相关设置，包括重复路径查找器、路径查找器选项、建立复合形状、释放复合形状和扩展复合形状等

3.4.2 变形对象

对对象进行变形操作，可使用工具箱中的变形工具即旋转工具、镜像工具、比例缩放工具、倾斜工具、整形工具和自由变换工具进行旋转、镜像、比例缩放、倾斜和改变形状的操作。

1. 旋转工具

旋转工具用于旋转对象，使对象围绕其中心点进行旋转。选择一个对象后，使用旋转工具定位中心点，并拖动鼠标，即可以该点为中心对对象进行环绕旋转。使用该工具按住 Alt 键的同时单击画面，可在弹出的对话框中设置其旋转角度等属性。双击工具箱中的旋转工具，则可恢复默认的中心点位置。

下左图为原图，下中图和下右图为使用旋转工具定位对象中心点并拖动以旋转对象的效果。

 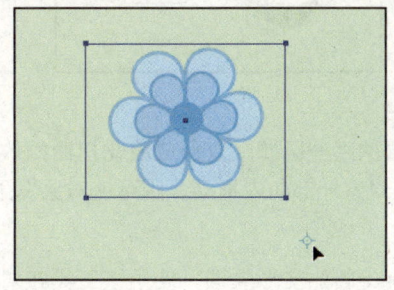 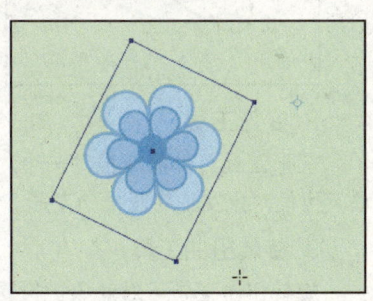

2. 镜像工具

镜像工具可水平或垂直镜像选定的对象。选择指定对象后，双击工具箱中的镜像工具，可在弹出的对话框中设置镜像方向和角度，单击"复制"按钮可在镜像对象的同时复制该对象。

3. 比例缩放工具

比例缩放工具可等比例或不等比例地调整选定对象的大小。选择比例缩放工具后，在按住 Alt 键的同时单击画面，会弹出该工具的选项设置对话框。在该对话框中可设置精确的数值，以便对对象进行精确的缩放调整。

4. 倾斜工具

使用倾斜工具可直接拖动对象进行自由倾斜变形，或者以指定的倾斜角度对对象进行倾斜变形。使用该工具变形对象可调整对象的透视感，如下面 3 幅图所示。

  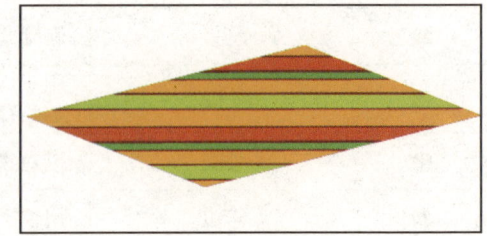

5. 整形工具

使用整形工具可对对象的锚点进行编辑，通过拖动对象任一锚点的方式调整对象的整体形态。

6. 自由变换工具

自由变换工具与选择工具的功能基本一致，可用于旋转、缩放、镜像和倾斜对象。不同的是，自由变换工具可对指定的锚点进行自由变换，而不影响路径的其他部分。

3.4.3 液化变形对象

工具箱中的液化变形工具与其他变形工具有所不同，使用这些工具变形对象将制作出更为丰富的对象效果。液化变形工具包括宽度工具、变形工具、旋转扭曲工具、缩拢工具、膨胀工具、扇贝工具、晶格化工具和皱褶工具。

1. 宽度工具

宽度工具用于调整路径轮廓的局部宽度。使用该工具向外拖动路径局部线段，将以所拖动的点为最宽区域，对对象进行不同宽度大小的调整，如下面 3 幅图所示。

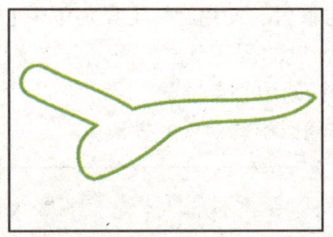 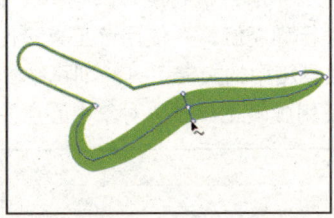 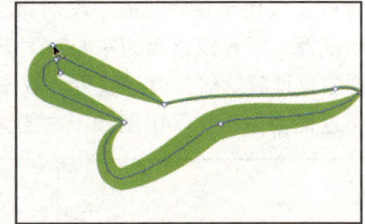

2. 变形工具

变形工具可伸展或拉动一个对象的某些区域，以形成液化扭曲的效果。使用该工具在对象内部向外拖动，可使对象发生膨胀推动变形；在对象外部向内拖动，则可使对象发生凹陷推动变形。

3. 旋转扭曲工具

旋转扭曲工具可对对象进行螺旋旋转的变形处理。使用该工具在对象上拖动，即可进行变形处理；若在对象上按住鼠标左键，则所按住的时间越长，对象的旋转扭曲程度越强，如下面 3 幅图所示。

4. 缩拢工具
缩拢工具用于对路径进行收缩变形，其操作方法与旋转扭曲工具基本一致。

5. 膨胀工具
膨胀工具与缩拢工具的功能相反，该工具用于膨胀对象以作变形处理。

6. 扇贝工具
扇贝工具用于向对象添加扇贝状的锯齿效果。使用该工具对对象作变形处理时，将随机地沿鼠标光标所扫过的区域出现一种扇贝锯齿形状，并向内收缩。

7. 晶格化工具
使用晶格化工具在对象上单击并向外拖动可推动路径，向内拖动则将路径向内拖进，类似于水以不同方向溅出的效果。

8. 皱褶工具
皱褶工具可将对象的边缘粗糙化，使其出现边缘参差的褶皱效果。

3.4.4 封套扭曲变形对象

封套扭曲变形处理是通过应用"对象"菜单中"封套扭曲"相关命令进行封套变形处理。执行"对象 > 封套扭曲"命令，在弹出的子菜单中选择"用变形建立"、"用网格建立"或"用顶层对象建立"命令，可使用不同的封套形式对对象进行扭曲变形处理。

1. 用变形建立

执行"对象 > 封套扭曲 > 用变形建立"命令，会弹出"变形选项"对话框，如下图所示。在该对话框中可设置对象变形的样式、变形方向和弯曲程度等属性。

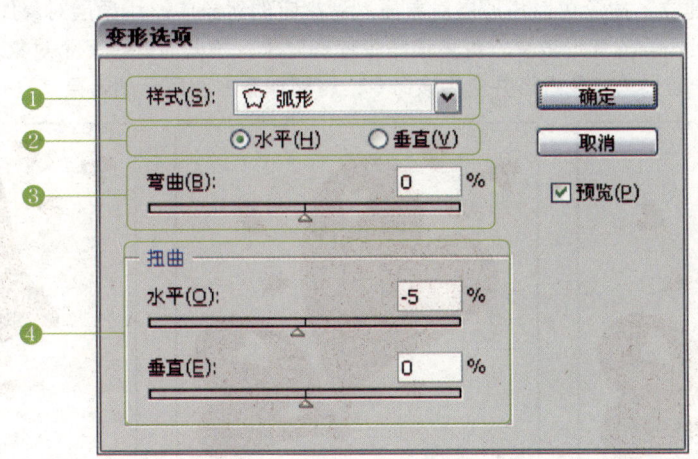

编号	选项	说明
❶	样式	用于设置对象的变形样式，包括弧形、上弧形、下弧形、拱形、凸出、凹壳、凸壳、旗形、波形、鱼形、上升、鱼眼、膨胀、挤压和扭转。以下为对原对象作弧形和凹壳处理的效果
❷	水平/垂直	用于设置变形的轴是水平方向还是垂直方向
❸	弯曲	用于设置变形对象时的弯曲程度，数值越高，变形程度越强
❹	扭曲	用于设置弯曲的水平或垂直轴的扭曲变化

2. 用网格建立

执行"对象 > 封套扭曲 > 用网格建立"命令，会弹出"封套网格"对话框，在该对话框中可设置添加在对象上的网格行数和列数，以通过多个点对对象进行变形扭曲。也可在选择添加了网格封套的对象时，在属性栏中设置相应的参数，以编辑封套对象。然后使用网格工具在网格封套中的交叉点上拖动，即可调整对象的变形效果。例如以下 3 幅图是在对象上添加网格封套并作变形处理的效果。

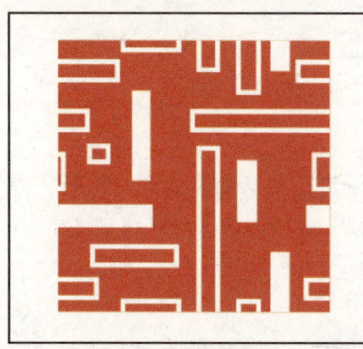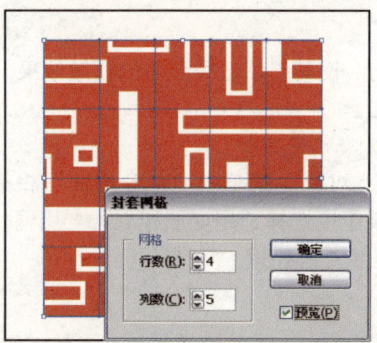

3. 用顶层对象建立

使用"顶层对象建立"命令可以将顶层对象插入到指定的对象中。用顶层对象作为封套进行变形，不同的顶层对象将制作出不同的变形效果。应用该命令变形对象，需同时选择多个对象。例如下左图为原图，而下中图同时选择两个较大的红色心形并应用该命令，得到如下右图所示的效果。

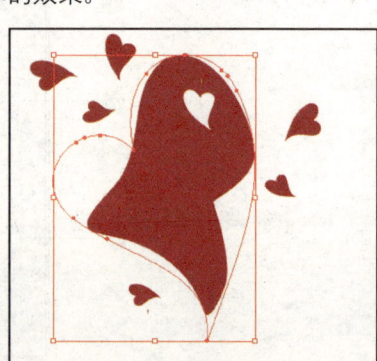

动手操作——应用宽度工具变形路径

原始文件	Chapter 3\3.4\鱼儿.ai
最终文件	Chapter 3\3.4\鱼儿ok.ai
注意事项	当加宽轮廓时，注意所拖动区域与周围轮廓的宽度关系
核心知识	使用宽度工具加宽图形的轮廓

01 执行"文件>打开"命令，打开本书配套光盘中的Chapter 3\3.4\鱼儿.ai文件。

02 使用选择工具 选择鱼儿图形，并在属性栏中设置描边宽度，再设置描边颜色为深蓝色（C100、M100、Y25、K25）。

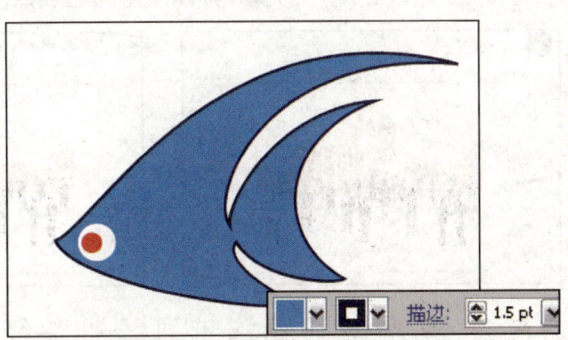

03 单击宽度工具 ，在鱼儿图形的前端轮廓处向外拖动相应位置的轮廓，以加宽轮廓。

04 继续在鱼儿图形顶端后方的鱼鳍部分向外拖动，以加宽该区域的轮廓。

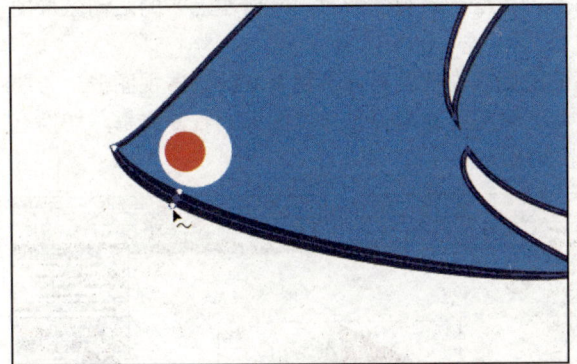

05 继续按照同样的方法在鱼儿图形的其他区域加宽轮廓，以增强轮廓效果。

06 完成以上操作后，按照同样的方法为鱼儿图形的眼睛添加轮廓并加宽局部轮廓区域，增强轮廓效果。

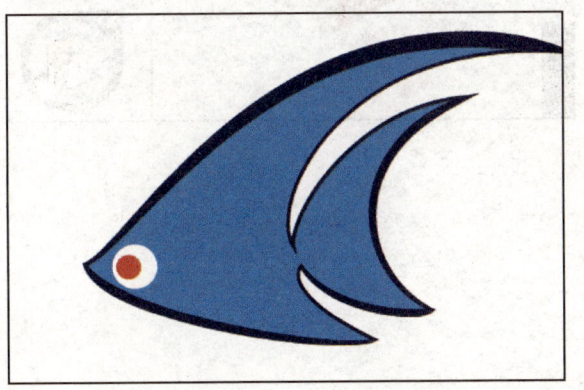

3.5 应用透视网格工具调整路径

透视工具即透视网格工具和透视选区工具，是 Illustrator CS5 中的新增功能，用于辅助绘制透视图形。使用透视工具可在页面中显示透视网格，可对网格的透视状态进行各项调整，以建立不同角度的透视效果。

3.5.1 认识透视网格工具

透视网格工具用于辅助查看对象的透视效果，也可在绘制图像时使用该工具对所绘制的对象进行约束，以正确建立透视图形。执行"视图 > 透视网格"命令，可在弹出的子菜单中选择"显示网格"、"对齐网格"或"锁定网格"等命令，以显示或调整网格。也可单击工具箱中的透视网格工具以显示网格。通过使用该工具和透视选区工具，可拖动网格中的相应控制点，以调整网格透视状态，如下面 3 幅图所示。

3.5.2 参考透视网格工具绘制路径

在使用透视网格工具辅助绘制图形时，所绘制的图形将自动沿网格透视区域创建相应透视角度的图形。首先新建一个图像文件，单击透视网格工具，显示画面网格。然后使用矩形工具等沿网格相应区域分别绘制图形，以创建相应透视角度的图形。需要注意的是，在绘制透视图形时，网格左上方的活动区域图标所显示的活动面决定所绘制图形的透视效果。

如下左图所示的网格活动区域为左侧网格，所绘制图形则以左侧网格为透视基准绘制透视图形。若要以右侧网格为透视基准绘制图形，则在左上方的网格活动区域图标上单击正方体图标的右侧方框，切换至该活动区域并绘图，可得到该活动区域的透视图形，如下右图所示。

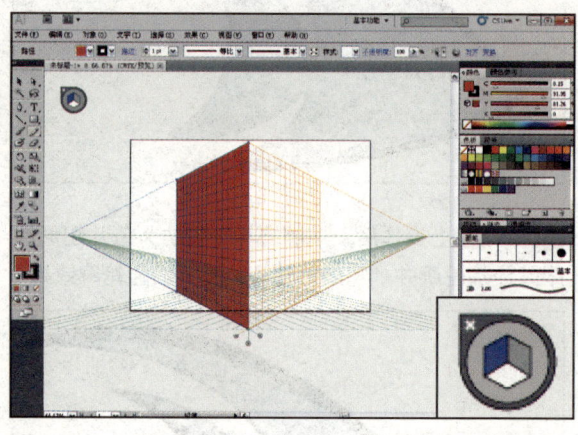 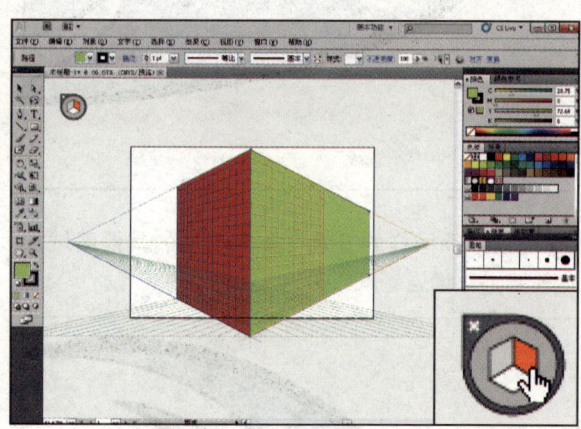

课后练习

本章通过对 Illustrator CS5 中路径的绘制和编辑进行讲解,使用户了解了矢量图形的基本构成元素,并认识了图形实现的基本过程,为之后的图形绘制奠定了基础。接下来就一些本章中的重点和难点进行基本的知识考查,在温习知识点的同时巩固所学的知识。

一、选择题

(1) 以下不属于矩形工具组中工具的是( )。
   A. 椭圆工具　　　　B. 多边形工具　　　　C. 星形工具　　　　D. 矩形网格工具
(2) 用于辅助绘制透视图形的工具是( )。
   A. 网格工具　　　　B. 透视网格工具　　　C. 矩形网格工具　　D. 晶格化工具
(3) 在绘制路径时要快速切换钢笔工具和转换锚点工具可按住( )键。
   A. Alt　　　　　　　B. Ctrl　　　　　　　C. Shift　　　　　　D. Tab

二、填空题

(1) 钢笔工具组中包括_____、_____、_____和_____ 4种路径的绘制和调整工具。
(2) 画笔的类型主要包括_____、_____、_____、_____和_____ 5种。

三、上机操作

(1) 使用变形工具扭曲图形。

使用变形工具变形对象,可直接使用该工具在选定的对象上进行拖动,所拖动的方向为对象所扭曲变形的动向。

 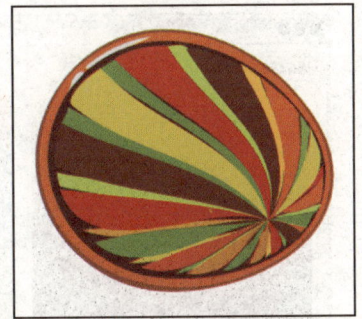 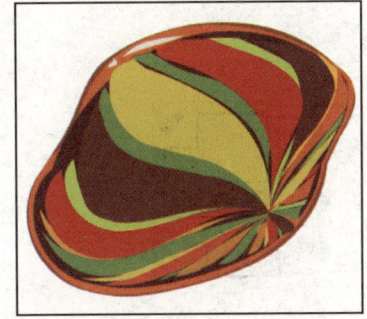

(2) 用顶层对象建立封套扭曲效果。

指定一个单纯的路径图形为最顶层对象,然后选择该对象与多个其他指定的对象,执行"对象 > 封套扭曲 > 用顶层对象建立"命令,即可建立封套扭曲对象。这里指定红色较大的图形为顶层对象。

 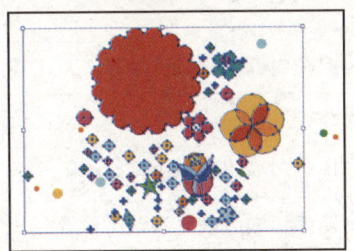 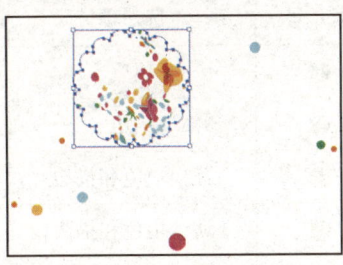

Chapter 04 编辑路径

设计师指导

一般来说，路径的绘制是实现图形设计的首要条件，而继续对路径进行深一步编辑则是实现图形完整性的重要保障。本章将通过对路径的颜色填充和透明度调整等应用认识的全面介绍和讲解，带领读者学习与软件相关的功能命令和实用工具。

核心知识点

1. 掌握填充路径颜色的方法
2. 掌握路径描边的方法
3. 认识路径填充的应用形式
4. 了解与路径相关的填充效果
5. 了解"透明度"面板基本功能
6. 掌握设置图形透明度的方法

4.1 填充路径颜色

路径是图形的基础，而颜色则是表现图形灵魂的重要因素。设置图形的填充颜色以将其填充是基本的填充形式；而使用相关填色工具如渐变工具、混合工具、吸管工具、形状生成器工具和实时上色工具等填充对象颜色，则以不同的填充方式和填充效果应用颜色到图形对象中。

4.1.1 设置填充颜色

使用位于工具箱下端位置的相关按钮，可设置对象的填充颜色和描边颜色，如下左图所示。也可通过切换填充色和描边色的方式并应用相应按钮以快速填充对象相应区域的颜色。

双击填色图标，可弹出"拾色器"对话框，在该对话框中设置其颜色，如下右图所示。要设置描边色，则可双击描边图标，并在弹出的对话框中设置其颜色。要快速应用颜色，则在该颜色图标下方单击"颜色"按钮或"渐变"按钮。

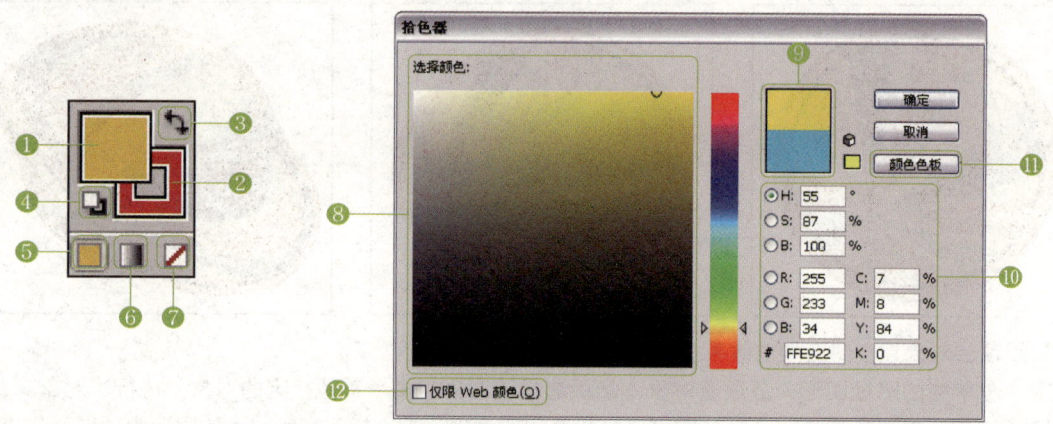

编号	选项	说明
❶	填色	为路径内部进行颜色填充，双击该图标，可在弹出的对话框中设置颜色
❷	描边	为路径进行描边颜色填充，双击该图标，可在弹出的对话框中设置颜色
❸	互换填色和描边	将填色和描边颜色进行互换
❹	默认填色和描边	将填色和描边恢复为默认设置
❺	颜色	对填色或描边进行实时填充

（续表）

编号	选项	说明
❻	渐变	对路径内部进行渐变填充
❼	无	将填色或描边设置为无填充效果
❽	选择颜色	通过在颜色框中单击或拖动，可选择同一色相中不同色调的颜色。拖动色相滑块，则可选择不同色相
❾	预览框	可预览当前选择颜色和原来选择颜色的状态。上端预览框为当前选择的颜色，下端预览框为原来选择的颜色
❿	颜色通道	可通过在各文本框中输入相应的数值来设置当前选择的颜色
⓫	颜色色板	单击该按钮，可切换至"颜色色板"列表框。通过单击其中的色板选项以选择当前颜色。拖动颜色滑块，可切换至不同的颜色
⓬	仅限 Web 颜色	勾选后仅限使用 Web 颜色

4.1.2 认识填色工具

使用填色工具填充对象颜色，可使用渐变工具、混合工具、吸管工具、形状生成器工具、实时上色工具和实时上色选择工具等进行填充。使用不同的填色工具会以不同的填充方式进行填充，而得到的颜色填充效果也有所不同。

1. 渐变工具

使用渐变工具填充对象颜色，是将两种或两种以上颜色以渐进过渡的方式进行填充。Illustrator 中的渐变包括自定义颜色、印刷色或纯黑色和纯白色。使用渐变工具填充对象颜色，可双击对象，并可直接调整对象上的渐变批注者以编辑对象颜色，也可通过结合使用"渐变"面板的方式让填充操作更加便捷。下图为"渐变"面板。

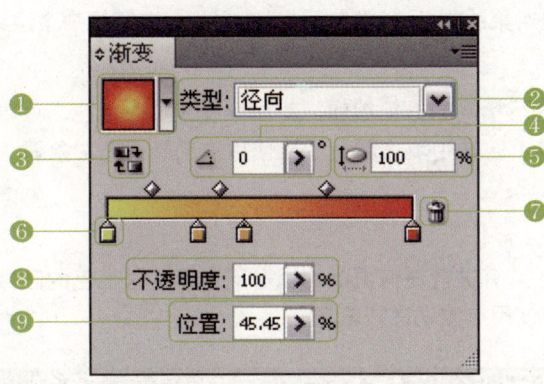

编号	选项	说明
❶	渐变填充缩览图	可预览当前设置的渐变效果，默认渐变颜色为"渐黑"。单击右端的下拉按钮，可选择预设的渐变颜色
❷	类型	在下拉列表中选择渐变类型为"线性"或是"径向"
❸	反向渐变	将当前渐变颜色的方向翻转
❹	角度	用于设置渐变的角度
❺	长宽比	用于设置渐变颜色之间的长宽比例
❻	渐变滑块	拖动滑块，可调整渐变颜色之间的过渡位置；单击颜色条下方，可添加渐变滑块；双击滑块，可弹出颜色选取器

（续表）

编号	选项	说明
❼	删除色标	选择某一渐变滑块并单击该按钮，可删除该渐变滑块
❽	不透明度	用于调整所选滑块颜色的不透明度
❾	位置	用于显示所选滑块的位置

以下3幅图分别为均匀填色效果、线性渐变效果和径向渐变效果。

2. 混合工具

使用混合工具，是通过在两个路径之间创建一条路径，并在路径移动时更改填充和描边属性。双击工具箱中的该工具，可在弹出的"混合选项"对话框中设置对象混合的间距和取向。

3. 吸管工具

吸管工具用于取样颜色，并将所取样对象的各项颜色属性应用到指定的对象中。

4. 形状生成器工具

形状生成器工具是一个用于通过合并或擦除简单形状来创建复杂形状的交互式工具，只对简单复合路径有效。形状生成器工具直观地高亮显示所选艺术对象中可合并为新形状的边缘和选区。边缘是指一个路径中的一部分，该部分与所选对象的其他任何路径都没有交集。选区是一个边缘闭合的有界区域。

5. 实时上色工具

实时上色工具是对对象进行精确的颜色编辑。为图像设置实时上色，可以自动识别图像的间隙并作修正处理，还可在重叠路径的各个区域中填充颜色。当使用该工具填充对象时，需要创建一个实时上色以填充对象。

6. 实时上色选择工具

实时上色选择工具用于在没有进行任何更改的情况下选择实时上色的区域。使用该工具可同时选择多个实时上色区域，被选择区域使用点图案进行填充。

动手操作——利用形状生成器工具填充颜色

原始文件	Chapter 4\4.1\花儿.ai
最终文件	Chapter 4\4.1\花儿ok.ai
注意事项	需要在选择多个指定的对象后，方可使用形状生成器工具
核心知识	使用形状生成器工具编辑图形路径

01 执行"文件>打开"命令，打开本书配套光盘中的Chapter 4\4.1\花儿.ai文件。

02 单击选择工具，框选粉红色花朵和红色花朵，以将其选取。

03 单击形状生成器工具，在粉红花朵上按住鼠标左键并向红色花朵拖动。

04 松开鼠标左键后即填充颜色。然后单击选择工具，单击画板空白处以取消选择对象。

> **提示**　　使用形状生成器工具编辑路径
>
> 　　使用形状生成器工具编辑对象，还可对其路径进行合并或修剪等编辑。若要应用合并或修剪等编辑，则需要将多个指定的对象相重叠，以便对重叠区域的路径进行编辑调整。

4.2 为路径描边

　　描边定义为对象的轮廓或路径。对象的描边由颜色、粗细和画笔样式3个部分组成。粗细指描边的宽度，属性可设置端点样式、连接样式和虚线图案等。可通过在属性栏或"描边"面板中进行设置以调整路径描边效果。描边的填色应用不可使用渐变工具和网格工具。

4.2.1 设置描边颜色

　　双击工具箱下端位置的"描边"图标，可在弹出的"拾色器"对话框中设置描边颜色，也可在切换填充色和描边色后应用相应按钮以快速应用路径颜色，要取消描边颜色则单击"无"按钮。除此之外，还可结合使用"色板"面板和图案填充的方式应用描边颜色。下左图是原图，下中图和下右图是对原对象添加颜色描边和图案描边的效果。

4.2.2 设置描边属性

　　设置描边属性，可对路径的轮廓宽度和画笔样式等属性进行设置。描边画笔样式包括端点样式、连接样式、斜接限制和虚线图案等。可直接通过属性栏进行设置，也可执行"窗口>描边"命令，在"描边"面板中进行设置，如下图所示。

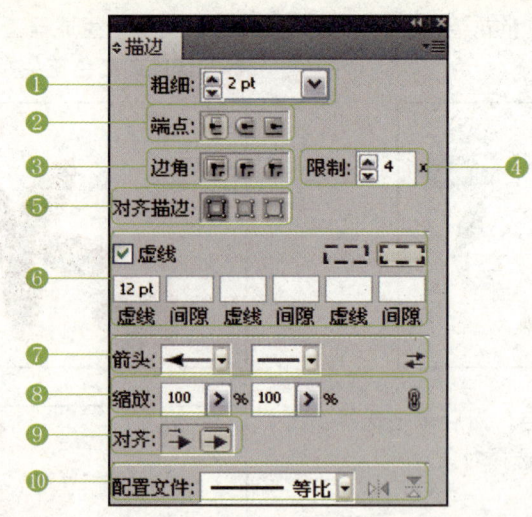

编号	选项	说明
❶	粗细	可在下拉列表中选择预设的描边宽度值，也可在该数值框中输入数值
❷	端点	用于设置描边端点的外观，包括平头端点、圆头端点和方头端点 3 种样式
❸	边角	决定在描边路径上连接角点时它们出现的方式，包括斜接连接、圆角连接和斜角连接 3 种连接方式
❹	限制	该选项中的数值控制斜接连接可以超过该点扩展多少倍的描边粗细，默认值为 4
❺	对齐描边	用于控制描边如何与路径对齐，包括使描边居中对齐、使描边内侧对齐和使描边外侧对齐 3 种对齐方式
❻	虚线	勾选该复选框，允许为最多 3 种虚线和间隙长度输入不同值。输入不同的数值，所创建的虚线效果也有所不同
❼	箭头	用于选择路径两端端点的箭头样式
❽	缩放	用于设置路径两端箭头的大小
❾	对齐	决定箭头位于路径终点的什么位置。包括"将箭头提示扩展到路径终点外"和"将箭头提示放置于路径终点处"两种位置
❿	配置文件	用于设置路径线段的变量宽度以及翻转方向

以下 6 幅图分别是在绘制路径后，对所绘制的路径进行相关的属性设置后的效果。包括加粗、添加两端端点的箭头并调整大小、应用路径变量宽度、应用路径虚线效果，调整丰富的路径图形效果。

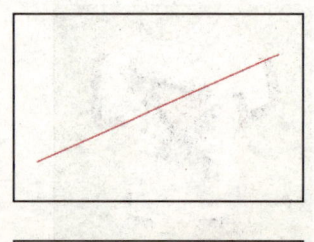
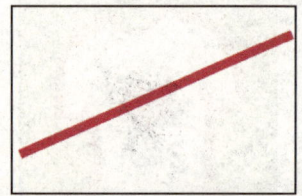
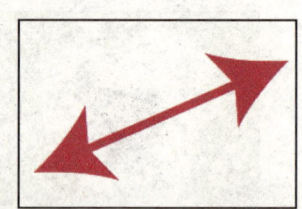
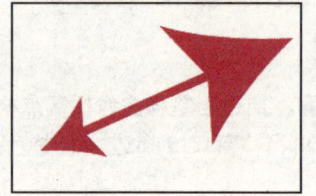

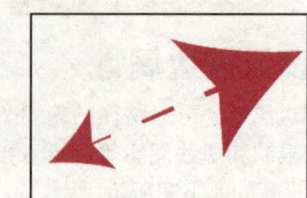

4.3 运用网格工具

网格工具可在对象内部添加网格，并可对添加的网格进行变形。若在添加网格后填充了颜色，则所变形的区域将影响到颜色状态。本节将对网格工具的填充功能进行讲解。

4.3.1 认识网格工具

利用网格工具可将一个填充了颜色的单纯图形调整为多种颜色填充的效果。通过在绘制的图形路径上单击来添加网格，并选择网格上的锚点进行着色。使用网格工具可添加突出显示、阴影和三位效果。

要添加网格，可直接使用网格工具在对象上单击，所单击的点为纵向线和横向线的交叉点。单击对象任一点即添加新的交叉点，通过多次单击则添加更多的网格。下面 3 幅图分别是在原对象上单击以添加网格，再通过多次单击以添加更多网格的效果。

 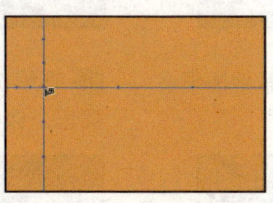 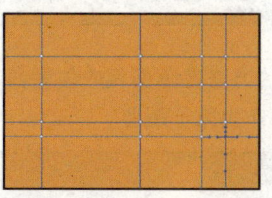

4.3.2 网格工具的基本操作

添加对象网格后，可通过拖动交叉点或该点的控制柄变形网格。选择任意交叉点，并设置当前填充色，即可填充该网格区域的颜色。在同一网格对象中应用多种填充色后，将形成颜色混合或渐变过渡的效果。下面 3 幅图分别为添加网格并填充指定点的颜色，以及填充不同网格区域颜色的效果。

动手操作——应用网格工具为路径上色

最终文件	Chapter 4\4.3\使用网格工具ok.ai
注意事项	当使用网格工具填色时，注意所填充区域的颜色过渡是否自然
核心知识	学会使用网格工具为对象添加网格并作填色处理

01 执行"文件＞新建"命令，在弹出的对话框中设置各项参数，单击"确定"按钮。

02 单击矩形工具，绘制一个矩形路径。然后单击渐变工具，再单击工具箱下端的"渐变"按钮，填充从较浅的蓝绿色（C65、M11、Y24、K0）到较深的蓝绿色（C76、M23、Y20、K0）的径向渐变。

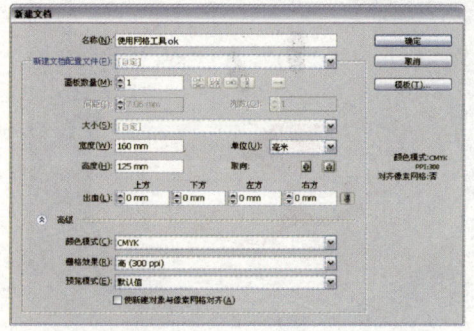

03 单击钢笔工具 ，在画面中绘制一个闭合路径，并填充为蓝色（C72、M18、Y1、K0）。

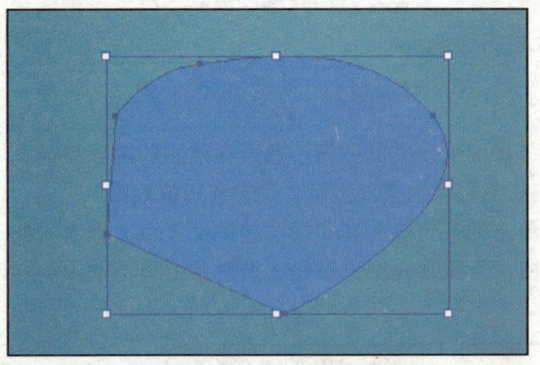

04 继续在刚才绘制的蓝色图形上绘制一个新图形，并填充为较浅的蓝色（C55、M0、Y11、K0）。

05 按照同样的方法在画面相应位置绘制其他图形，填充为白色，作为兔子图形。

06 继续按照同样的方法绘制兔子的眼睛、鼻子和嘴巴，以丰富其效果。

07 使用选择工具 选择兔子的头部，然后单击网格工具 ，在兔子头部的相应区域分别单击以添加网格。

> **提示** 　　添加对象的网格
> 　　当使用网格工具为对象添加网格时，将根据所绘制路径的轮廓走向自动添加较为立体化的网格，从而便于在为对象填充颜色时根据其透视关系表现填充颜色的效果。

08 选择兔子脸部左端的网格锚点，并设置填充色为（C0、M58、Y8、K0）。

09 向外拖动填充了颜色的锚点及其周围的锚点，在变形网格的同时调整其填充颜色效果。

10 选择兔子脸部右端的相应锚点，单击吸管工具 ，并在脸部左端腮红处单击以填充该区域颜色。

11 继续使用网格工具 调整兔子面部右端的网格锚点，以调整该区域的腮红颜色。

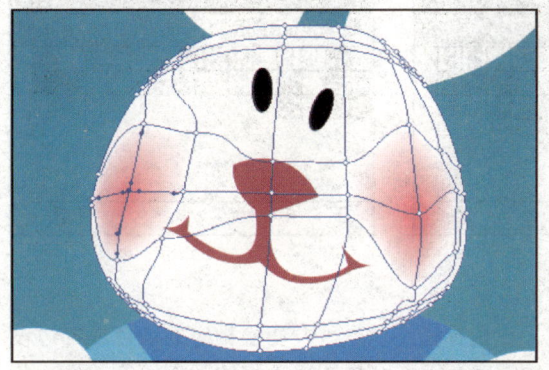

12 使用网格工具 选择兔子下巴处的锚点，并填充颜色为灰黄色（C12、M12、Y32、K0）。

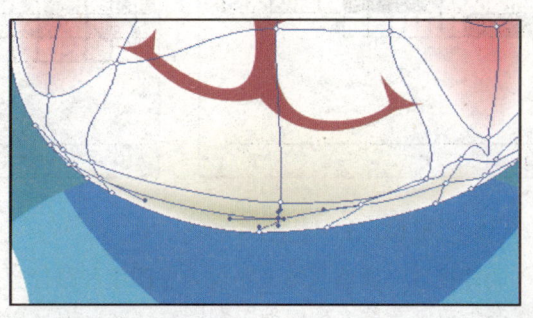

13 继续按照同样的方法为兔子图形头部其他区域填充颜色，以增强其层次感。

14 继续按照同样的方法对兔子图形的耳朵和衣服等区域添加网格并填充相应的颜色，作为兔子图形的阴影效果，以增强整体层次感。

> **提示** 网格填充的过渡性
> 当使用网格工具为对象添加网格并填充颜色时，可能会导致某一指定区域的颜色过渡不够自然。此时可通过单击过渡不自然的部分以添加网格，并使用吸管工具吸取相邻的渐变色，以填充该区域为较为自然的过渡色效果。

4.4 填充路径图案

为路径填充图案时，可对路径内容进行填充，也可对路径描边轮廓进行填充。要应用图案填充，可通过载入预设图案或自定义图案的方式进行。要载入预设图案，可执行"窗口 > 色板库 > 图案"命令，并应用相应的图案选项即可。

4.4.1 载入图案

图案填充可为对象填充不同风格的图案效果。执行"窗口 > 色板库 > 图案"命令，可在弹出的子菜单中看到不同类型的图案命令。选择其中任一命令，可打开相应的图案面板。图案库中主要包括"基本图形"、"自然"和"装饰"类型的图案库。要载入其他定义的图案，可执行"窗口 > 色板库 > 其他库"命令，或者单击图案面板中的"'色板库'菜单"按钮，应用"其他库"命令，以添加自定义图案。

以下3幅图分别为"基本图形_点"面板、"自然_叶子"面板和"装饰_几何图形1"面板。若要载入其他预设图案或切换至其他图案面板，可单击面板底端的"'色板库'菜单"按钮并应用相应的命令，也可通过单击"加载上一色板库"或"加载下一色板库"按钮以快速切换相邻的面板。

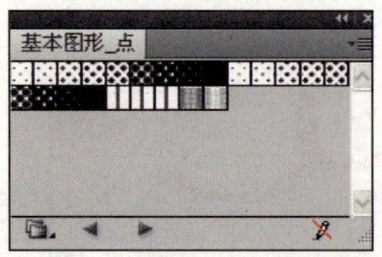  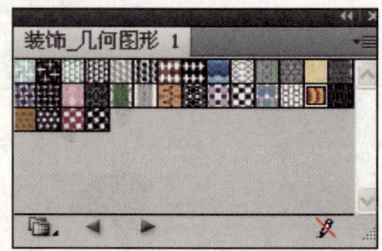

4.4.2 为路径填充图案

为路径填充图案可填充路径内容图案和路径描边图案。在选择指定对象，并切换相应的填色或描边设置状态下单击图案面板中的图案图标，即可填充对象相应的图案。以下3幅图为不同的图案填充效果，分别为基本图形、装饰古典格子花纹和自然叶子图案。

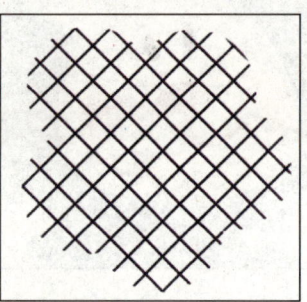  

> **提示**　色板库应用
>
> 在色板库中包括很多不同风格的色板，它们具有强烈的个性色彩，可应用这些色板对对象进行填色。例如"公司"、"中性"、"儿童物品"、"艺术史"和"食品"等风格都根据其各自的个性而列举了对应颜色。

4.5 颜色透明度的调整

对对象应用透明度调整功能，其应用范畴较为广泛，如填充、画笔、文本、图标、复合对象以及图层等。除此之外，阴影效果和发光效果等也包含了透明度的效果。可通过在属性栏中设置对象的透明度，也可在"透明度"面板中对对象的透明度等属性进行设置。

4.5.1 认识"透明度"面板

"透明度"面板不仅可用于设置对象的混合模式和不透明度等属性效果,也可通过该面板创建不透明蒙版并编辑蒙版。这里主要讲解该面板的基本属性设置。执行"窗口>透明度"命令,可打开"透明度"面板,如下图所示。

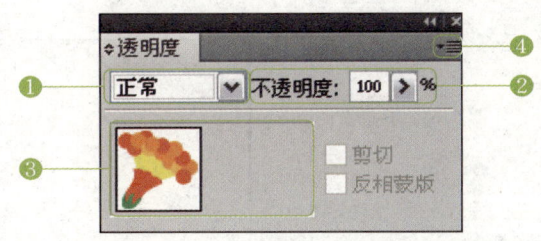

编号	选项	说明
❶	混合模式	用于设置对象之间的混合模式,在下拉列表中可选择正常、变亮、滤色、叠加、强光、排除和色相等多种混合模式
❷	不透明度	用于设置对象的不透明度效果,数值越低,对象越透明
❸	预览框	用于预览当前所选对象的状态
❹	扩展按钮	单击扩展按钮可弹出扩展菜单,选择相应的菜单命令可进行透明度和蒙版的相关设置,包括隐藏/显示缩览图、建立不透明蒙版和释放不透明蒙版等

4.5.2 调整图形透明度

调整对象的不透明度效果,可设置基本的不透明效果,也可为对象应用不透明蒙版并进行编辑,以调整对象的不透明度。在这里我们主要介绍如何对对象应用基本的透明度调整效果。可通过在属性栏中设置对象不透明度,也可在"透明度"面板中进行设置。下左图为原图,下中图和下右图为不同程度的不透明度设置效果。

动手操作——绘制图形并设置图形透明度

最终文件	Chapter 4\4.5\设置透明度ok.ai
注意事项	当设置不透明度效果时,应注意上层图形颜色与下层图形颜色的融合度
核心知识	绘制图形并分别设置图形的不透明度效果

01 执行"文件＞新建"命令，在弹出的对话框中设置各项参数，单击"确定"按钮。

02 单击星形工具，按住鼠标左键拖动的同时按下向上方向键，绘制一个相应形状的星形路径。然后使用直接选择工具分别调整其尖角锚点，以制作花朵图形，并填充为黄色（C7、M3、Y75、K0）。

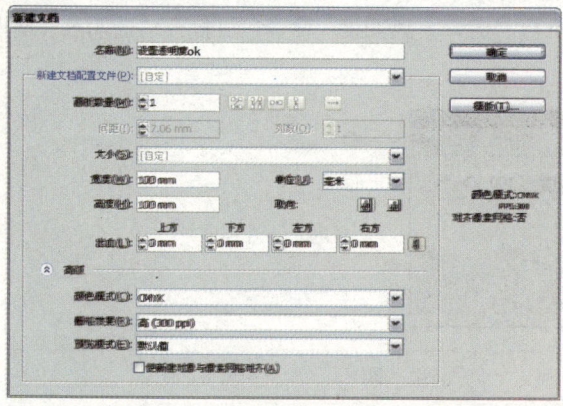

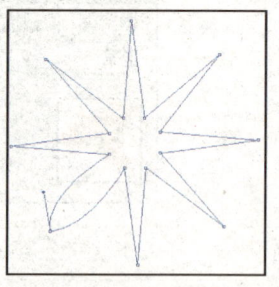 

03 使用选择工具选择黄色图形，并分别按下快捷键 Ctrl+C 和 Ctrl+B 原位粘贴。然后选择上层花朵并按住快捷键 Shift+Alt 缩小图形，填充其颜色为橙色（C3、M30、Y82、K0）。

04 继续使用星形工具在相应位置绘制一个星形并填充为（C7、M9、Y86、K0）。然后选择橙色花朵和黄色星形，复制并原位粘贴，分别填充为红色（C9、M95、Y100、K0）和黄色（C0、M0、Y100、K0）。

05 在"透明度"面板中设置红色花朵图形的不透明度为65%，减淡其颜色的同时显示下方局部图形。然后使用椭圆工具在图形中心部分绘制一个椭圆，并填充为红色（C0、M87、Y69、K0）。

06 选择所有绘制完成的图形并复制，然后分别填充复制的图形其他颜色，以制作其他颜色效果的花朵图形。完成后分别将其群组，复制并缩小花朵图形，放置在画面各个区域，以丰富画面效果。

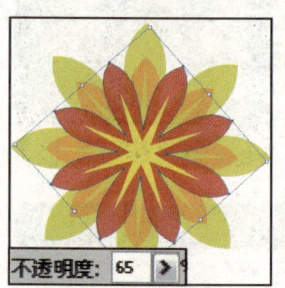 

课后练习

本章通过对 Illustrator CS5 中对图形路径的颜色填充和路径描边应用进行讲解，帮助用户了解了路径丰富的填充编辑方式。接下来就本章中的重点和难点进行相关知识的考查，温习知识点的同时巩固本章中所学的知识。

一、选择题

（1）以下不属于 Illustrator CS5 中渐变工具的渐变类型是（　）。
　　A. 线性　　　　　　B. 径向　　　　　　C. 射线
（2）吸管工具的快捷键是（　）。
　　A. W　　　　　　　B. X　　　　　　　　C. I　　　　　　　　D. U
（3）渐变工具中主要包括（　）种预设渐变颜色。
　　A. 4　　　　　　　B. 3　　　　　　　　C. 2　　　　　　　　D. 5

二、填空题

（1）本章中所讲解到的填色工具主要包括_____、_____、_____、_____、_____和_____6 种工具。
（2）Illustrator CS5 中主要包括_____、_____和_____3 种图案库。

三、上机操作

（1）为路径描边。
要为路径描边，首先在选择对象路径的同时，切换描边色为当前颜色并对颜色进行设置，包括设置其均匀描边色或图案颜色等效果。

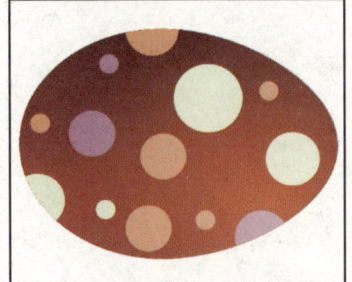 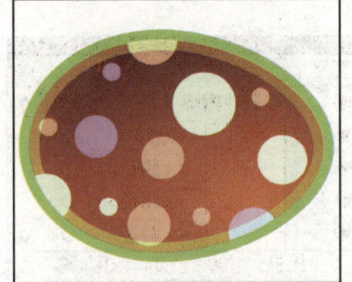 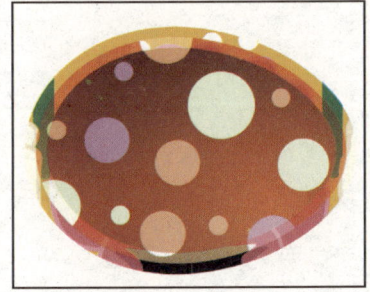

（2）使用实时上色工具。
要使用实时上色工具为对象填充颜色，首先在选择指定的单纯路径对象后，使用该工具单击对象以建立"实时上色"组，再分别单击指定区域的对象进行填充即可。要隔离选定的组并单独对其进行编辑，则右击对象，在弹出的快捷菜单中选择"隔离选定的组"命令，在隔离状态中进行编辑。

 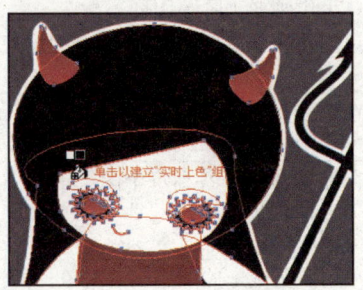 

Chapter 05 图层与蒙版的应用

设计师指导

在图形设计领域中,图层是指管理对象的集合体,它可以将不同类型的对象集合到同一个整体中,从而在实际编辑对象时起到快速查找和查看对象的作用;而蒙版则是对图层对象进行编辑的一种高级形式,也是图形设计学习中的重点和难点之一。

核心知识点

1. 认识"图层"面板及其组成
2. 掌握"图层"面板的基本操作
3. 掌握图层的创建和编辑方法
4. 掌握图层的转换方式
5. 了解蒙版的相关类型
6. 掌握蒙版的基本应用

5.1 认识图层

图层是管理图像文件中各个图形的有效管理者。图层的基本结构为各个独立的图层,每个图层下允许有独立的子图层或编组的图层存在。在"图层"面板中可查看图像文件的相关图层及其对象,也可在该面板中对图层及对象进行锁定、隐藏和排序的调整。

5.1.1 "图层"面板

在默认状态下,"图层"面板位于工作区的右下角区域。该面板对文件中各个图形的图层进行了颜色编码,通过自动应用路径或锚点的颜色来区分各图层对象,即每个图层的定界框匹配面板中相应图层名称旁所显示的颜色。下图所示为"图层"面板。

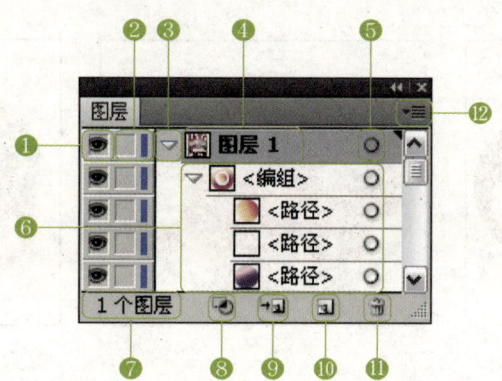

编号	选项	说明
❶	切换可视性	单击"切换可视性"按钮,对应图层中的对象在工作区中即被隐藏,再次单击则显示眼睛图标
❷	切换锁定	单击出现锁图标,表示这个图层已被锁定,即不能使用,再次单击即可解锁
❸	扩展箭头	在图层前显示该箭头,表示下方附属了若干个子图层。单击该扩展箭头,则可展开该图层,以显示子图层
❹	缩览图和图层名称	在缩览图中可看到每个图层中的缩览对象。"图层1"为图层的名称,双击可在弹出的"图层选项"对话框中设置图层名称以及图层显示和锁定等图层属性
❺	选择图层对象	单击表示选中此图层上的对象,图标由单环 ◯ 显示为双环 ◉,并在双环图标后出现一个方块 ▫

（续表）

编号	选项	说明
❻	编组图层和子图层	扩展图层后所显示的编组图层或子图层
❼	显示图层个数	用于显示图像的图层个数
❽	建立/释放剪切蒙版	用于在图层中创建或释放剪切蒙版，图层中最顶部的对象充当蒙版形状
❾	创建新子图层	单击"创建新子图层"按钮，即在选择的图层下新建一个子图层
❿	创建新图层	用于创建新的图层，按住Alt键单击该按钮，在弹出的"图层选项"对话框中可设置相关属性。将选择的图层拖动至该按钮，则可复制该图层
⓫	删除所选图层	用于删除选中的图层
⓬	扩展按钮	单击该按钮，可在弹出的扩展菜单中应用相应的命令。可对选定的图层进行控制和调整，包括新建图层、新建子图层、建立/释放剪切蒙版等选项

5.1.2 "图层"面板的扩展菜单

"图层"面板的扩展菜单用于对图层的一些基本操作和高级编辑进行设置。包括新建图层、建立/释放剪切蒙版、定位对象、拼合图稿和轮廓化所有图层等操作。单击"图层"面板右上角的扩展按钮，即可弹出该扩展菜单，如下图所示。

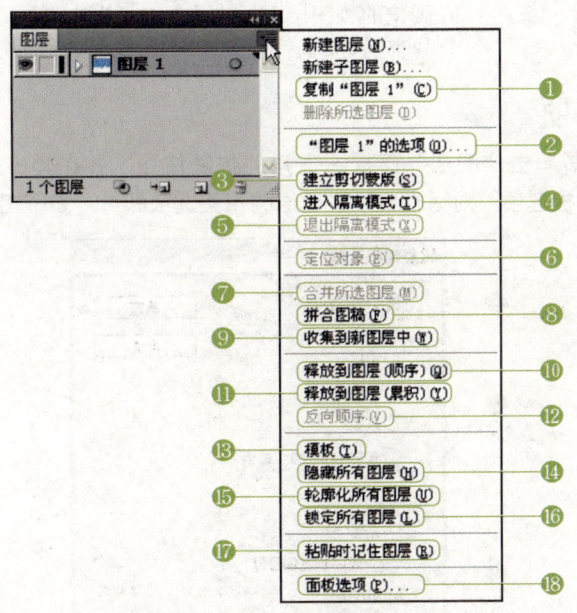

编号	选项	说明
❶	复制"图层1"	复制选定的图层，复制后生成的图层名称由所选定的图层名称决定
❷	"图层1"的选项	通过弹出的"图层选项"对话框设置图层名称、路径颜色等
❸	建立剪切蒙版	为选定的对象建立剪切蒙版
❹	进入隔离模式	用于防止图层对象的范围超过组的底部
❺	退出隔离模式	用于解除隔离模式的范围
❻	定位对象	用于查找选定对象所在的图层

（续表）

编号	选项	说明
❼	合并所选图层	用于将选择的多个图层合并到一个图层中
❽	拼合图稿	获取所有图层，并将它们合并为一个图层
❾	收集到新图层中	将选定的图层移动到新的图层
❿	释放到图层（顺序）	分离选定图层中对象上应用的效果，显示为独立图层
⓫	释放到图层（累积）	以积累的方式分离选定图层中对象上应用的效果，图层以效果递增的方式存在，即第一层包含一个对象，第二层包含第一个和第二个对象，第三层包含前3个对象等
⓬	反向顺序	用于翻转选定图层的堆叠顺序，所选择的图层必须是邻接的
⓭	模板	将选定的图层制作成模板
⓮	隐藏所有图层	用于隐藏除选定图层外的所有图层
⓯	轮廓化所有图层	将所有未选定图层更改到"轮廓"视图模式
⓰	锁定所有图层	锁定未选定图层以外的所有图层
⓱	粘贴时记住图层	将所有对象粘贴到复制它们的图层上
⓲	面板选项	在弹出的"图层面板选项"对话框中可设置行大小、缩览图以及是否仅显示图层

5.1.3 更改图层选项

要更改图层选项，只需单击"图层"面板右上角的扩展按钮，并在弹出的菜单中选择"面板选项"命令，再在弹出的"图层面板选项"对话框中设置图层的相关选项即可，如下图所示。

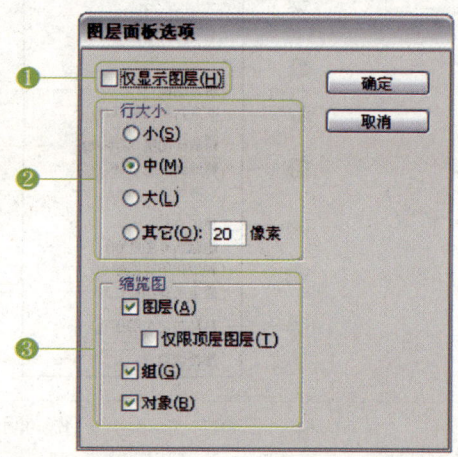

编号	选项	说明
❶	仅显示图层	勾选该复选框，表示仅显示图层而隐藏图层中的子图层
❷	行大小	用于设置行显示大小。可选择小、中、大或其他像素大小
❸	缩览图	用于设置具有缩览图的对象类型，包括图层、仅限顶层图层、组和对象

"图层"面板中默认的视图行大小为"中"。以下3幅图分别是默认图层行大小以及应用"小"行大小和自定义行大小为50像素后的效果。

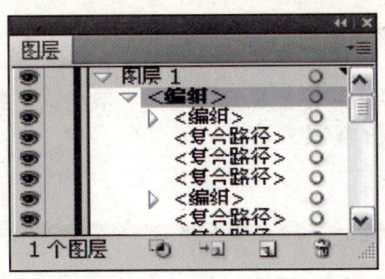
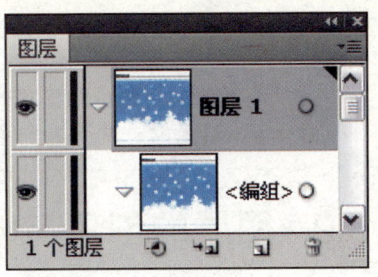

5.1.4 图层查看模式

Illustrator CS5 中拥有预览、轮廓、叠印预览和像素预览等几种视图模式。

默认情况下为预览视图模式，即正常的矢量图形模式，可用于查看对象的路径形状和颜色；轮廓视图模式用于查看对象的路径，应用该模式可快速查看对象的路径状态，以减少颜色的渲染时间；叠印预览视图模式模拟混合、透明和叠印在分色输出中的显示效果；像素预览视图模式模拟栅格化图稿并在 Web 浏览器中实时查看图稿的显示效果，即类似于像素位图的视图状态。

动手操作——转换图像文件的视图模式

原始文件	Chapter 5\5.1\公交车.ai
注意事项	转换视图模式后，注意相应模式下的图像查看方式
核心知识	转换图像文件的视图模式

01 执行"文件 > 打开"命令，打开本书配套光盘中的 Chapter 5\5.1\公交车.ai 文件。

02 按下快捷键 Ctrl++，放大画面视图至一定程度，并执行"视图 > 轮廓"命令，可看到对象的路径。

03 执行"视图 > 像素预览"命令，以转换视图状态。

04 转换视图模式后，多次按下快捷键 Ctrl++，持续放大视图，可看到图像的像素色块。

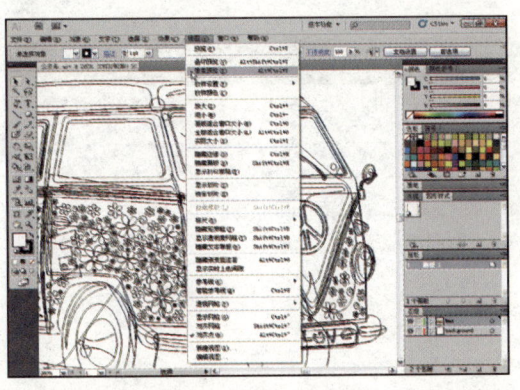
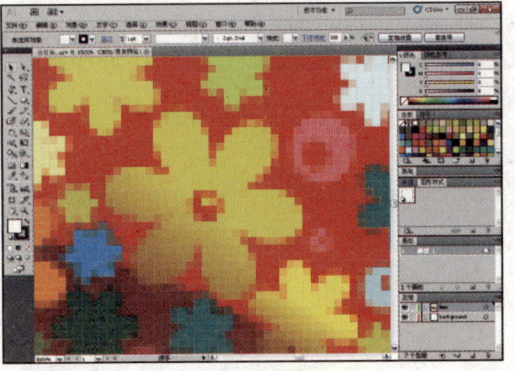

> **提示** 像素预览模式下查看对象
>
> 将图像文件的视图模式转换为像素预览模式后,一般情况下看不出任何变化。此时将画板视图放大至一定程度,方可看到图像的像素方块。

5.2 图层的创建与编辑

图层是图形绘制过程完整性的基本要求,图层的创建则是对图形进行管理的重要形式。对图层进行编辑可将对象制作成模板,用于保持绘图时的比例一致,并可使用模板对对象进行描摹,有利于对象的编辑。

5.2.1 新建图层

在"图层"面板中新建图层,包括新建集合图层和子图层。通过单击该面板中的"创建新图层"按钮,可创建集合图层,新建的图层将位于原有集合图层的上方;单击"创建新子图层"按钮,可创建新的子图层,新建的子图层位于所选集合图层内部。

在画板中绘制路径,即可在当前集合图层中创建该路径为子图层对象。以下3幅图分别为空白文档中的图层状态、绘制路径后创建的路径子图层以及单击"创建新图层"按钮后的图层状态。

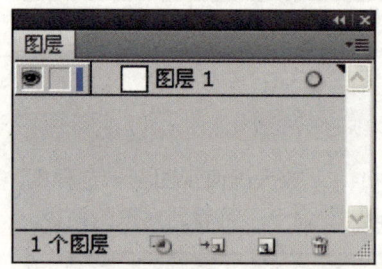 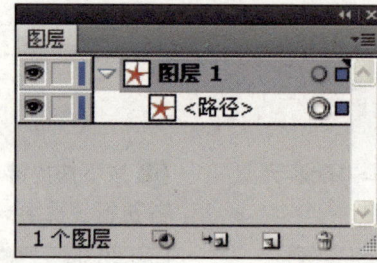 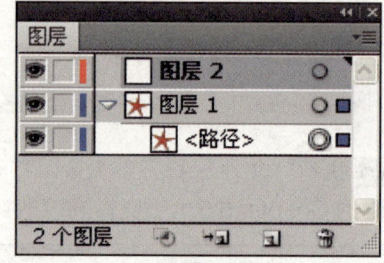

5.2.2 在图层上创建模板

在 Illustrator 中,可将任何图像制作成模板。在绘图时,使用模板用于保持比例一致和获取合适的角度。将图像放到模板层上,即可创建一个模板。创建的模板被锁定,不能进行选择或编辑。

要创建模板,可在文件中选择要创建为模板的图像,并单击"图层"面板右上角的扩展按钮,在弹出的菜单中选择"模板"选项,图像即被创建为模板。也可在"图层"面板中双击需要创建为模板的图层,在弹出的"图层选项"对话框中勾选"模板"复选框并应用选项,以创建模板。

5.2.3 使用模板描摹对象

Illustrator 中的模板通常用于描摹,即作为创建或调整作品的参考。将指定的对象转换为模板后,借助一些图形绘制工具(如钢笔工具)描摹勾绘模板对象的轮廓,并对其进行填色处理,以绘制该模板图形的新矢量图形,完成后将模板图形删除即可。

动手操作——使用模板描摹图像

原始文件	Chapter 5\5.2\卡通图像.jpg
最终文件	Chapter 5\5.2\卡通图像ok.ai
注意事项	描摹图像轮廓并填充颜色后注意图层的顺序
核心知识	利用创建模板的方式描摹位图图像为矢量图像

01 执行"文件>打开"命令，打开本书配套光盘中的Chapter 5\5.2\卡通图像.jpg文件。

02 双击"图层1"，在弹出的对话框中勾选"模板"复选框并单击"确定"按钮，转换图像为模板。

03 单击"创建新图层"按钮，新建"图层2"。再使用钢笔工具沿卡通形象外轮廓描摹路径。

04 单击吸管工具，在卡通图形模板的手部区域单击以填充路径颜色。

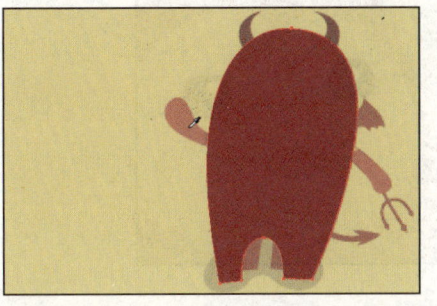

05 单击刚才描摹的路径子图层左端的"切换可视性"按钮，隐藏该路径子图层。然后继续使用钢笔工具沿卡通图形面部描摹路径并填充为白色。

06 单击刚才描摹的白色图形图层左端的"切换可视性"按钮，隐藏该路径子图层。然后继续使用椭圆工具沿卡通图形眼睛描摹路径。

07 单击吸管工具，在卡通图形模板的面部左端眼睛处单击，将其颜色应用到新描摹的眼睛路径中，以填充眼睛颜色。

提示　快速切换工具

当使用多种不同的工具描摹图像并填充颜色时，可通过使用工具快捷键的方式快速切换工具，以便在描摹对象时快速绘制路径并填充颜色，从而提高工作效率。

08 单击椭圆工具，在深红色眼睛图形上绘制一个较小的椭圆路径并填充为白色，以作为眼睛的高光部分。

09 单击选择工具，选择眼睛的两个椭圆图形并按下快捷键 Ctrl+G 将其群组。然后按住 Alt 键将其拖动至面部左端眼睛处，以复制眼睛图形。

10 单击钢笔工具，沿卡通图形模板的嘴部描摹路径。

11 单击吸管工具，在嘴部图形上单击，以填充描摹的路径颜色。

12 继续按照同样的方法描摹卡通图形的手部图形并填充相应的颜色。

13 稍微调整图层顺序，单击之前所隐藏的卡通图形身体轮廓和面部白色图形图层的"切换可视性"按钮，将其显示以查看整体效果。

14 继续按照同样方法对卡通图形的其他部位进行描摹并填充颜色，以描摹出完整的矢量卡通图形。然后单击"图层1"左端的"切换可视性"按钮，将该位图图像隐藏。

提示

复制图层和图形

要复制图层或图形，可通过在"图层"面板中将选定的图层拖动至"创建新图层"按钮上进行复制，也可在选择对象时按住Alt键并进行拖动，快速复制图形。

5.3 蒙版的类型与应用

蒙版用于显示或隐藏图像中的某些部分。若要创建蒙版，蒙版应处于要应用蒙版效果的对象的上方。下面对蒙版的类型与应用方式进行讲解。

5.3.1 蒙版的分类

Illustrator CS5 中的蒙版分为剪切蒙版和不透明蒙版。这两种蒙版的作用都是对指定的对象区域进行遮罩处理。

剪切蒙版是以路径形状为基础应用蒙版区域，区域外的对象为不可见区域。剪切蒙蔽通常位于该图层中最上层的子图层，而下方的所有子图层为蒙版对象。

不透明蒙版的蒙版原理是蒙版的黑色区域为透明区域，白色区域为显示区域，灰色区域则是不同程度的半透明区域。不透明蒙版可在"透明度"面板中进行设置，还可在"渐变"面板中进行设置。

在之前的章节中我们讲解了"透明度"面板，这里主要对"透明度"面板的蒙版功能进行介绍，如下图所示。

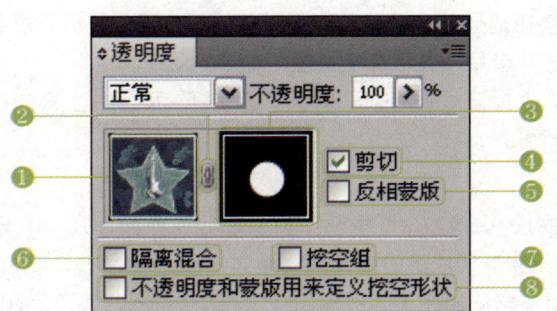

编号	选项	说明
❶	缩览图	当前所选定对象的原始效果
❷	链接	指示将不透明蒙版链接到图稿
❸	不透明蒙版	显示所选择对象的不透明蒙版效果
❹	剪切	将当前对象上的对象建立为当前对象的剪切蒙版
❺	反相蒙版	将建立当前蒙版效果的反相蒙版效果
❻	隔离混合	防止混合模式的应用范围超过组的底部
❼	挖空组	防止组元素相互透过对方显示出来
❽	不透明度和蒙版用来定义挖空形状	使挖空组按其不透明度设置和蒙版成形

5.3.2 蒙版的基本应用

剪切蒙版和不透明蒙版的创建方式和释放方式十分相似，但在设置应用上有所不同。

1. 创建蒙版

要创建剪切蒙版，可首先在对象最上层添加蒙版路径。然后框选最上层路径和需要应用蒙版的对象并右击，在弹出的快捷菜单中选择"建立剪切蒙版"命令以创建剪切蒙版。所添加的蒙版路径区域外的对象被隐藏，仅显示该蒙版路径区域内的对象。

要创建不透明蒙版，则可以在添加蒙版路径后，框选该路径与需要应用不透明蒙版的对象，然后单击"透明度"面板右上角的扩展按钮，并在弹出的菜单中选择"建立不透明蒙版"命令即可。也可直接在选中需要应用不透明蒙版对象的情况下应用该命令，所创建的不透明蒙版默认状态为黑色，因此应用了不透明蒙版的对象将不可见，此时使用绘制工具在对象蒙版上方绘制路径形状即以该形状为轮廓显示下方的对象。下图一为原图，下图二为在原图上添加的路径，下图三和图四则是分别应用该蒙版路径创建的剪切蒙版和不透明蒙版效果。

  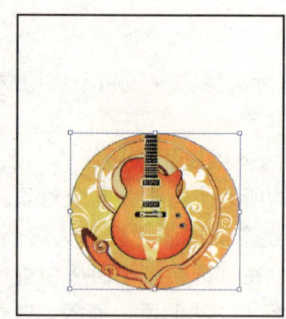 

2. 释放蒙版

要释放剪切蒙版，可直接在选择创建了剪切蒙版对象的状态下，执行"对象 > 剪切蒙版 > 释放"命令；也可在选择该对象状态下右击并应用"释放剪切蒙版"命令。

要释放不透明蒙版，则在选择该对象状态下单击"透明度"面板右上角的扩展按钮，在弹出的菜单中选择"释放不透明蒙版"命令即可。

3. 设置不透明蒙版

对对象添加了不透明蒙版后，"透明度"面板中显示的蒙版透明度状态由蒙版路径的颜色色调决定。当蒙版路径颜色为黑色时，所有应用了不透明蒙版的对象不可见；当蒙版路径颜色为白色时，所有应用了不透明蒙版的对象均可见；当蒙版路径颜色为其他不同色调程度的颜色时，所有应用了不透明蒙版的对象呈现不同程度的半透明状态。因此可通过结合使用"渐变"面板对蒙版路径进行调整，以设置对象的不透明蒙版效果。以下 3 幅图是通过对蒙版路径应用渐变填充后的效果。

  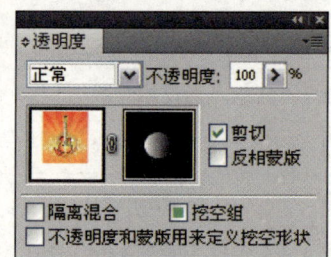

动手操作——结合剪切蒙版和不透明蒙版制作图形

原始文件	Chapter 5\5.3\花纹.ai
最终文件	Chapter 5\5.3\花纹ok.ai
注意事项	当使用不透明蒙版时，应注意调整蒙版路径的渐变颜色
核心知识	结合使用剪切蒙版和不透明蒙版绘制图形

01 执行"文件>打开"命令,打开本书配套光盘中的Chapter 5\5.3\花纹.ai文件。

02 单击钢笔工具,设置描边色为深红色(C48、M100、Y41、K0),并在花纹图像上方绘制一个猫形轮廓。

03 按下快捷键 Ctrl+C 复制猫形轮廓,然后单击选择工具,框选花纹图形和猫形路径。

04 右击所选对象,在弹出的菜单中选择"建立剪切蒙版"命令,将花纹剪切至猫形轮廓中。

05 按下快捷键 Ctrl+B,原位粘贴复制猫形轮廓。

06 设置原位粘贴的猫形路径的填充色为深紫红色(C48、M100、Y41、K0)。然后框选猫形图形并按下快捷键 Ctrl+G,将其群组并缩小至一定程度。

07 单击矩形工具 ▣，在画板中绘制一个矩形。双击"渐变"按钮■，并在"渐变"面板中设置矩形从亮粉红色（C0、M14、Y0、K0）到灰紫色（C14、M68、Y0、K26）再到灰蓝色（C78、M75、Y22、K0）的渐变颜色。

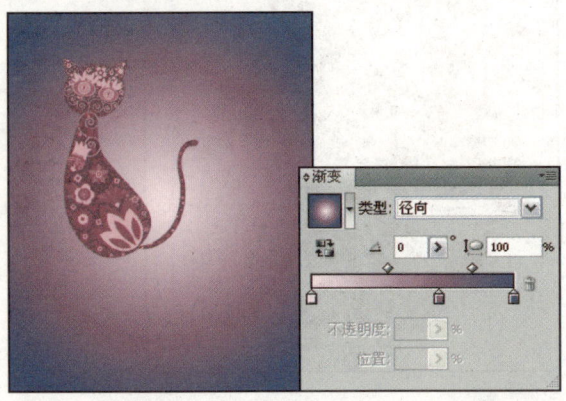

08 单击圆角矩形工具 ▣，在画面相应的位置绘制一个白色的圆角矩形。

09 单击选择工具 ▶，选择猫形图形。双击镜像工具 ▧，在弹出的对话框中设置各项参数，完成后单击"复制"按钮，以复制图形。然后使用选择工具 ▶将复制的图形放置在相应的位置。

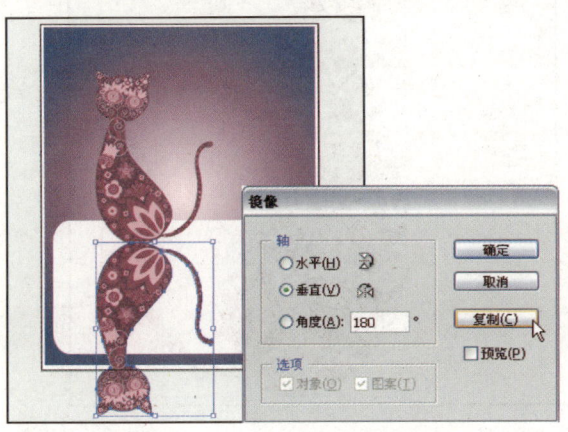

10 单击矩形工具 ▣，在复制的猫形图形上绘制一个矩形。双击"渐变"按钮■，并在"渐变"面板中设置从中灰色（C0、M0、Y0、K45）到黑色的渐变颜色并设置其他属性。

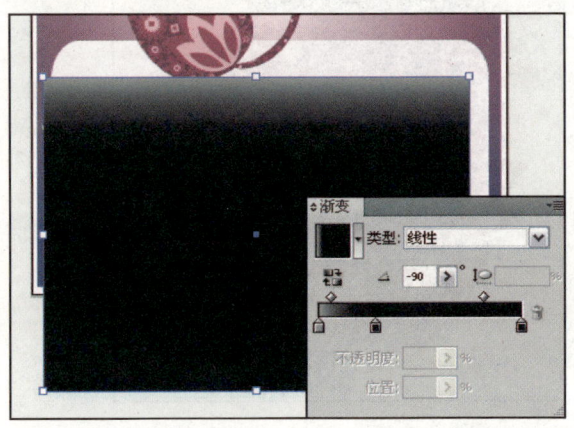

11 单击选择工具 ▶，框选复制的猫形图形和上方的渐变矩形。

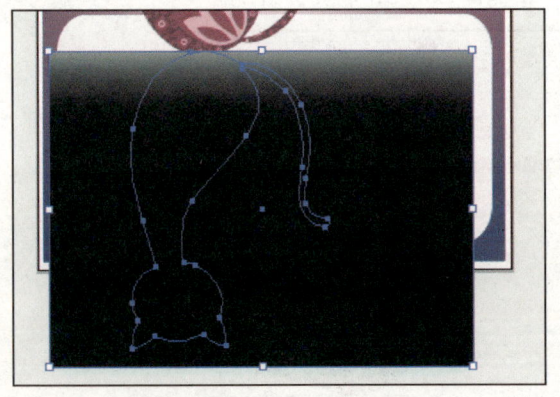

12 单击"透明度"面板右上角的扩展按钮 ≡，选择"建立不透明蒙版"命令，以创建渐变透明效果。完成后利用文字工具 T 输入一些文字，丰富画面效果。

课后练习

本章通过对 Illustrator CS5 中图层的基本原理和编辑操作方式,以及蒙版的类型和应用方式的讲解,使读者更加深入系统地了解了图像文件的高级应用功能。接下来针对本章中的重点和难点的应用进行一些相关知识的考查,应用练习知识点并巩固所学知识。

一、选择题

(1) Illustrator CS5 中可用于设置图层视图行大小的选项有( )项。
　　A. 5　　　　　　　B. 3　　　　　　　C. 4　　　　　　　D. 2
(2) 打开"图层"面板的快捷键是( )。
　　A. F6　　　　　　B. F3　　　　　　C. F2　　　　　　D. F7
(3) 若要快速复制选定的图形,可在按住( )键的同时拖动对象。
　　A. Tab　　　　　B. Alt　　　　　C. Shift　　　　　D. Ctrl

二、填空题

(1) 要查看图像文件中的全部路径并取消图形的颜色渲染效果,可执行_____命令,以切换至该路径视图模式。
(2) Illustrator CS5 中包括_____和_____两种蒙版类型。

三、上机操作

(1) 创建剪切蒙版。

要创建剪切蒙版,首先在要被蒙版遮罩的对象上方添加一个蒙版路径。然后右击框选的蒙版路径和要被蒙版遮罩的对象,在弹出的菜单中选择"建立剪切蒙版"命令即可。

(2) 创建渐变不透明蒙版。

要创建渐变性不透明的蒙版效果,可先在需要应用不透明蒙版的对象上方创建一个亮度对比较强的渐变填充图形,然后框选该渐变图形和需要应用蒙版的对象,单击"透明度"面板右上角的扩展按钮,选择"建立不透明蒙版"命令即可。

 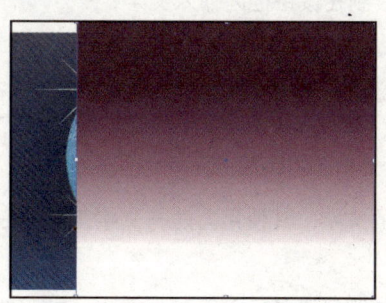 

Chapter 06 文字的编辑

设计师指导

在Illustrator CS5中提供了多种与文字相关的实用工具，使用不同的文字工具可以创建与其对应的不同形式的文字。此外，在创建完文字后，还可以对这些文字的相关属性进行设置并调整，以便让文字更适合于图形状态，从而设计出完美的图文搭配作品。

核心知识点

1. 了解不同类型的文字工具
2. 掌握多种创建文字的方法
3. 掌握文本文字的串接、大小写，以及导入和导出等编辑方式
4. 了解点文字、路径文字和区域文字的相关应用方式

6.1 创建文字

要创建文字，可使用多种不同类型的文字工具输入相应的文字，Illustrator CS5中的文字工具组包括文字工具、区域文字工具、路径文字工具、直排文字工具、直排区域文字工具和直排路径文字工具。输入文字后，还可通过在"字符"面板中设置相应属性以调整文字状态。

6.1.1 使用文字工具创建文字

在工具箱中的文字工具处按住左键，可弹出文字工具组选项，如下图所示。使用这些文字工具，可以不同的形式创建文字，并直接对文字应用不同的效果。

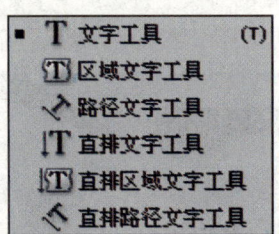

1. 文字工具

使用文字工具在页面中单击并输入文字可创建独立的文字，也可使用该工具在页面中按住鼠标左键并拖动以创建区域文字。

2. 区域文字工具

区域文字工具用于在路径内创建文字，该路径必须是一个非复合、非蒙版的路径。使用该工具在路径内部单击，即可以该路径形状为限制在该路径内输入文字。

3. 路径文字工具

使用路径文字工具可将文字沿任何路径线段排放，通过使用该工具在路径上单击并输入文字，所输入的文字将自动沿路径的动向排列。

4. 直排文字工具

直排文字工具用于创建竖向的文字，其使用方法与文字工具一致。

5. 直排区域文字工具

直排区域文字工具用于在单纯路径内部输入竖向的文字，其用法与区域文字工具一致。

6. 直排路径文字工具

直排路径文字工具用于在路径上输入竖向的文字，其用法与路径文字工具一致。

6.1.2 认识文字面板

文字面板用于对点文字和段落文本等进行相关属性的设置。Illustrator CS5 中的文字相关面板包括"字符"面板、"段落"面板、"字形"面板和"Flash 文本"面板等，其中最常用的是"字符"面板和"段落"面板。

1."字符"面板

"字符"面板用于更改字符属性，包括文字的字体、大小、行距、水平缩放、垂直缩放、基线偏移、下划线和删除线等字符属性。对应用后的字符属性，"字符"面板会将其记录，以便在下一次输入文字时使用同样的属性。可在属性栏中单击"字符"选项或执行"窗口 > 文字 > 字符"命令，以打开"字符"面板，如下图所示。

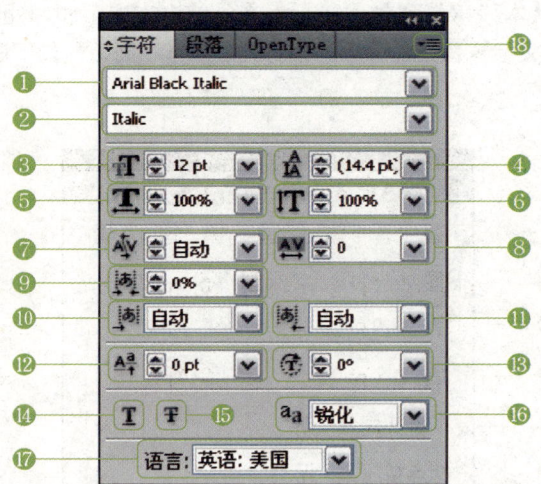

编 号	选 项	说 明
❶	设置字体系列	在下拉列表中可选择当前文字的字体系列，也可在选中文本框内文字的状态下滚动鼠标以选取文字字体
❷	设置字体样式	用于设置选择字体的字体样式
❸	设置字体大小	用于设置字体的大小，该值在 0.1~1296 之间
❹	设置行距	用于设置字符之间的行间距
❺	水平缩放	用于设置文字的水平缩放百分比
❻	垂直缩放	用于设置文字的垂直缩放百分比
❼	字偶间距	用于设置两个字符间的字偶间距
❽	字符间距	用于设置所选字符的字符间距
❾	比例间距	用于设置日语字符的比例间距
❿	插入空格（左）	用于在字符左侧插入空格
⓫	插入空格（右）	用于在字符右侧插入空格
⓬	设置基线偏移	用于设置输入文字的基线偏移
⓭	字符旋转	用于设置字符的旋转角度
⓮	下划线	用于添加或删除文字的下划线
⓯	删除线	用于添加或删除文字的删除线

（续表）

编号	选项	说明
⑯	设置消除锯齿方法	用于设置文字消除锯齿的方式，包括无、锐化、明晰和强4种方式
⑰	语言	用于选择文字的语言
⑱	扩展按钮	单击扩展按钮，可在弹出的扩展菜单中选择相应的命令以设置字符相关属性，包括标准垂直罗马对齐方式、直排内横排、分行缩进、字符对齐方式和比例宽度等选项

2."段落"面板

"段落"面板用于设置文本段落的属性，包括对齐、缩进、连字和间距等属性。可在属性栏中单击"段落"选项或执行"窗口 > 文字 > 段落"命令，以打开"段落"面板，如下图所示。

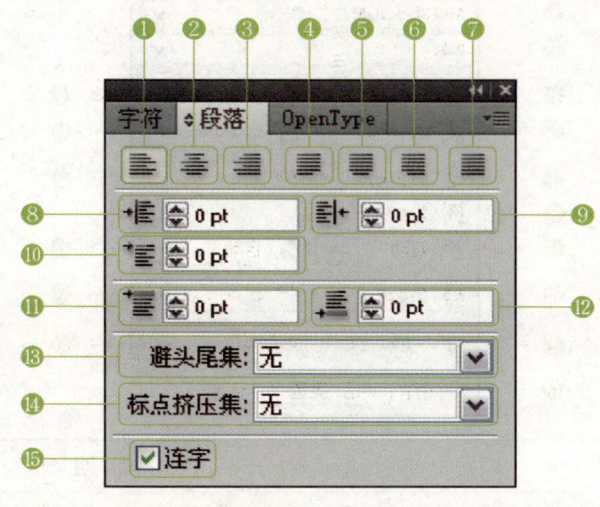

编号	选项	说明
❶	左对齐	用于设置段落向左端对齐
❷	居中对齐	用于设置段落向中间对齐
❸	右对齐	用于设置段落向右端对齐
❹	两端对齐，末行左对齐	用于设置段落的两端对齐，同时段落的末行向左端对齐
❺	两端对齐，末行居中对齐	用于设置段落的两端对齐，同时段落的末行向中间对齐
❻	两端对齐，末行右对齐	用于设置段落的两端对齐，同时段落的末行向右端对齐
❼	全部两端对齐	用于设置段落的两端全部进行对齐
❽	左缩进	用于设置段落的左缩进值
❾	右缩进	用于设置段落的右缩进值
❿	首行左缩进	用于设置段落首行文字的左缩进值
⓫	段前间距	用于调整各个段落之间的上边距间隔
⓬	段后间距	用于调整各个段落之间的下边距间隔
⓭	避头尾集	通过下拉列表调整标点间隔
⓮	标点挤压集	用于设置同时输入英文文字和亚洲文字时的文字比例以及对齐方式
⓯	连字	用于设置段落为连字的形式

> **提示**
>
> **显示文字面板的选项**
>
> 默认状态下,"字符"面板、"段落"面板和 OpenType 面板为一个面板组。执行"窗口 > 文字 > 字符"命令,将弹出该面板以及三者的面板组。打开的面板组为简化模式,其选项显示不完整。因此可通过单击面板右上角的扩展按钮,在弹出的扩展菜单中选择"显示选项"命令来显示其他选项。显示其他选项后,该菜单命令变为"隐藏选项"。

动手操作——使用文字工具为路牌添加文字

原始文件	Chapter 6\6.1\路牌.ai
最终文件	Chapter 6\6.1\路牌ok.ai
注意事项	当设置文字字体时,应在选中整体文字的情况下进行
核心知识	使用文字工具为画面添加文字并设置文字格式

01 执行"文件>打开"命令,打开本书配套光盘中的Chapter 6\6.1\路牌.ai文件。

02 单击文字工具 T, 在画面中最下端的路牌上输入相应的文字。

03 单击选择工具 ▶,执行"窗口 > 文字 > 字符"命令,在打开的"字符"面板中设置文字的字体和大小等参数。

04 将鼠标光标移动至文字控制框右上角的控制手柄处,当光标转换为可旋转状态后旋转文字,以使其适合路牌的倾斜度。

05 继续使用文字工具 T 在中间的路牌上输入相应的文字,并设置其颜色为白色。

06 在上端的路牌输入相应文字并调整其旋转角度。然后使用吸管工具 ✐ 吸取树叶的颜色以填充文字。

6.2 文字的基本操作

输入文字后，除了可通过"字符"面板和"段落"面板等文字面板对文字相关属性进行设置外，还可应用一些操作命令编辑文字的属性和状态。本节将通过对文字菜单中相应命令的讲解，使读者了解文本串接和取消串接的操作方式、字体的查找和替换、文字大小和方向的调整、文字的导出和置入，以及轮廓文字的创建方法等。

6.2.1 通过文字菜单命令调整文字

要对文字应用相关操作命令，可在"文字"菜单中进行。该菜单中包含了所有对文字进行操控的命令，包括"字体"、"大小"、"字形"、"创建轮廓"、"更改大小写"和"文字方向"等命令，如下图所示。

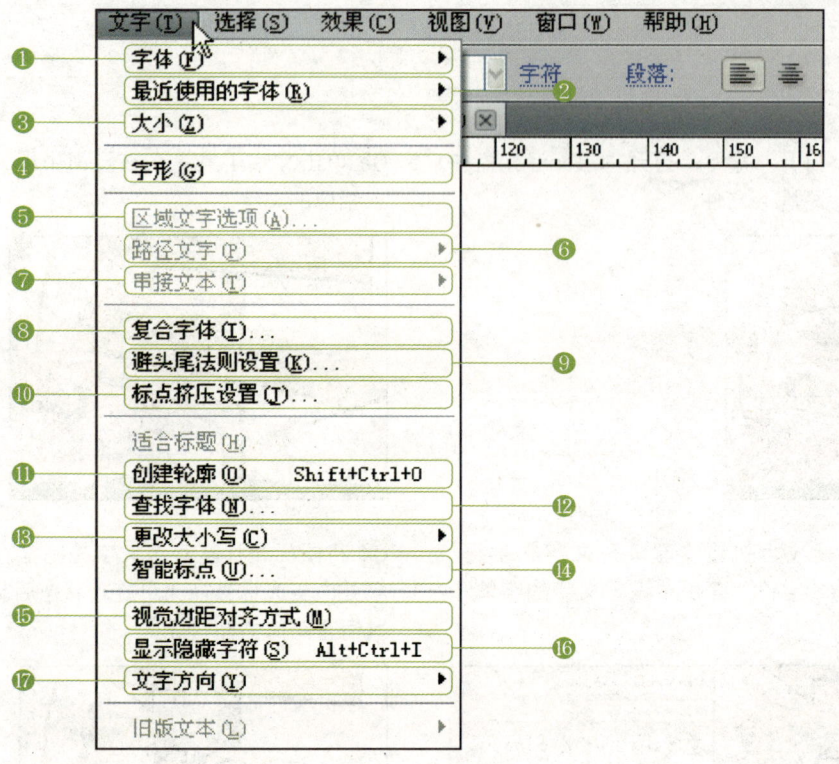

编号	选项	说明
❶	字体	指向此命令，可弹出字体子菜单，在子菜单中显示计算机上所有安装的字体，并将字体样式显示出来以便应用
❷	最近使用的字体	指向此命令，可在弹出的子菜单中显示最近使用过的字体，默认显示的字体数为5。可在"首选项"对话框"文字"选项组的"最近使用的字体数目"下拉列表框中设置显示最近使用的字体数目
❸	大小	指向此命令，可在弹出的子菜单中选择其他和预设的大小，用于设置文字大小
❹	字形	字形是文本字符的形式，选择此命令，可在弹出的"字形"面板中双击相应的字形并应用到文件中
❺	区域文字选项	选择此命令，可在弹出的"区域文字选项"对话框中设置区域文字的属性
❻	路径文字	指向此命令，可在弹出的子菜单中选择路径文字的样式，包括彩虹效果、3D带状效果、倾斜效果等，从而为文字添加特效。也可通过应用子菜单中的"路径文字选项"命令，在弹出的对话框中设置路径文字
❼	串接文本	用于串接文本，指向此命令，可在弹出的子菜单中选择相应的命令，以创建串接文本或调整串接文本

（续表）

编号	选项	说明
⑧	复合字体	选择该命令，可在弹出的对话框中设置复合字体属性
⑨	避头尾法则设置	选择该命令，可在弹出的对话框中设置不能位于行首的字符、不能位于行尾的字符以及不可分开的字符等选项
⑩	标点挤压设置	用于设置标点符号
⑪	创建轮廓	用于将选择的文本转换为可编辑的路径，将每个文字创建为自己的复合路径
⑫	查找字体	选择此命令，可在文件中查找某些字体，并用指定的字体替换它们
⑬	更改大小写	用于更改选择的字母大小写
⑭	智能标点	该命令可搜索键盘标点字符，并将其替换为相同的印刷体标点字符。如果字体包括连字符和分数符号，则可应用该命令统一插入连字符和分数符号
⑮	视觉边距对齐方式	控制文字对象中所有段落的标点符号的对齐方式。应用该命令后，罗马式标点符号和字母边缘都会溢出文本边缘，使文字看起来严格对齐
⑯	显示隐藏字符	用于显示或隐藏在文本中添加的某些字符
⑰	文字方向	用于设置文字的方向为水平或垂直

6.2.2 串接和取消串接文本

串接文本是像编组一样将文本从一个区域链接到另一个区域，能够使用选择工具只在其中一个区域中单击以选择所有串接区域。

要串接文本，首先在路径上创建两个及以上文本框，完成后选择这些文本并执行"文字 > 串接文本 > 创建"命令，即可将这些文本创建在一起，如下面3幅图所示。

要释放文本，则选择其中一个文本框并执行"文字 > 串接文本 > 释放所选文字"命令，即可将文本释放。释放后的文本将移动至相邻的文本框中。下左图和下中图所示是将串接的文字释放后，所选择的原文本框中的文字被移动至上一文本框中，此时上一文本框右下角将显示文本溢流图标，可通过拖动文本框大小以查看其中的文字。执行"文字 > 串接文本 > 移去串接文字"命令，即可取消所选文本的串接状态，如下右图所示。

6.2.3 "查找和替换"与"查找字体"

"查找和替换"命令位于"编辑"菜单中,而"查找字体"命令则位于"文字"菜单中。这两个命令的应用有所不同,前者偏向于替换指定文字为其他字母、单词或字符,后者则用于在文本中查找特定的字体并将其替换为其他字体。

1. 查找和替换

"查找和替换"命令用于在文本中查找指定的字母、单词或字符,并将其替换为其他指定内容。执行"编辑 > 查找和替换"命令,可在弹出的对话框中指定要查找和替换的内容并设置各项属性,完成后单击"查找"按钮可进行查找,单击"全部替换"按钮,即可替换当前图像文件中的所有相关内容,如下面两幅图所示。

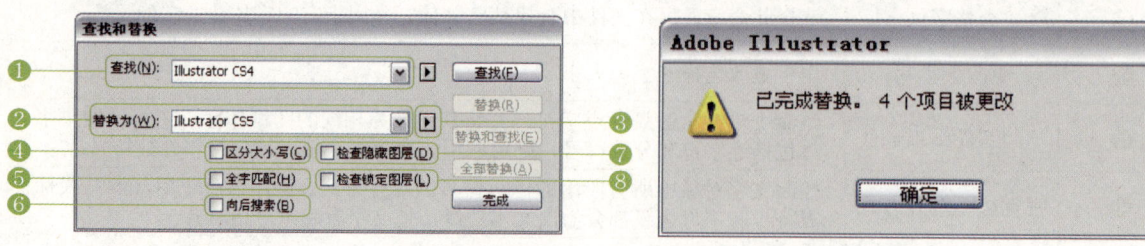

编号	选项	说明
❶	查找	输入需要查找的字母、单词或字符
❷	替换为	将查找的内容替换为该指定的内容
❸	插入特殊字符	单击该快捷按钮,在弹出的菜单中选择插入的特殊字符的类型
❹	区分大小写	当要求要查找的内容和在"查找"文本框中输入的内容具有相同大写和小写时,须勾选该复选框
❺	全字匹配	定义查找的字符是整个单词而不是单词的一部分
❻	向后搜索	在当前插入点的前面查找该字符的下一个实例。值得注意的是,默认设置在当前插入点后进行查找
❼	检查隐藏图层	在隐藏图层的文本中查找
❽	检查锁定图层	在锁定图层的文本中查找

2. 查找字体

查找字体用于在文件中查找某些字体并用指定的字体进行替换。执行"文字 > 查找字体"命令,可在弹出的对话框中设置各项属性以替换指定文字的字体。当从其他应用程序中粘贴进文本时,可使用该命令将原来的字体在 Illustrator 中替换为指定的字体。

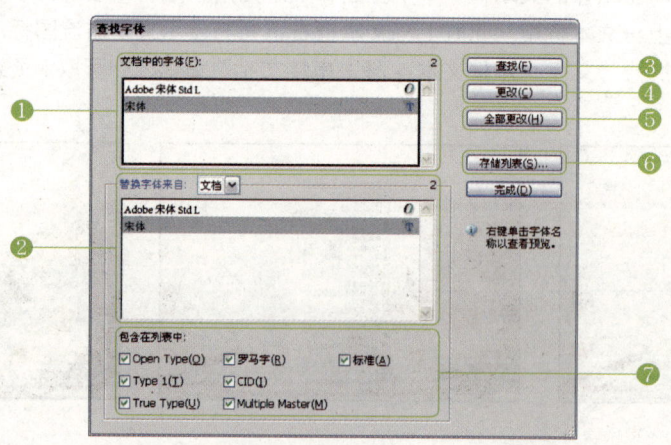

编号	选项	说明
❶	文档中的字体	在列表框中显示文档中可供选择的字体
❷	替换字体来自	从下拉列表中选择替换字体的文件来源，并在下方的列表框中选择替换的字体
❸	查找	在文档中查找需要替换的字体
❹	更改	更改一个特定的文本实例
❺	全部更改	对具有选定字体的所有文本进行更改
❻	存储列表	将字体存储为一个文本文件
❼	包含在列表中	设置包含在列表框中的文本类型

6.2.4 更改文字大小写与方向

利用"更改文字大小写"命令可将指定的字母全部更改为大写或小写，或者将文字句首字母更改为大写等。执行"文字>更改大小写"命令，即可在弹出的子菜单中选择相应的更改命令以调整文字大小写，共包括"大写"、"小写"、"词首大写"和"句首大写"4个命令。下左图为原图，下右图为应用全部大写效果的文字。

利用"文字方向"命令可轻松更改当前选中文本的方向，而无须重新输入文字。执行"文字>文字方向"命令，再在弹出的子菜单中选择"水平"或"垂直"命令，即可调整当前文字的方向。下左图是原始效果，下右图是执行"垂直"命令后得到的竖排文字效果。

6.2.5 文字导出和置入

在Illustrator中可置入其他相关文档中的文字，也可将Illustrator中的文字导出为指定文件类型的文档。执行"文件>置入"命令，可在弹出的对话框中选择指定的文本文档并将其置入，然后将弹出"Microsoft Word选项"对话框，如右图所示，单击"确定"按钮即可；执行"文件>导出"命令，即可在弹出的对话框中选择指定的文本文档类型并将其存储。

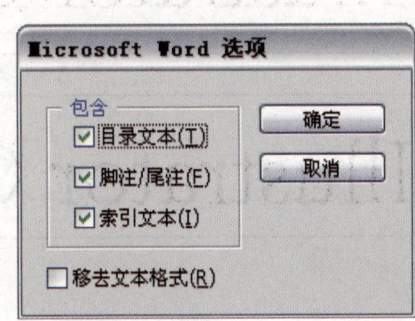

下左图为新建的A4图像文件，下右图为置入Word文档至当前文件后的效果。

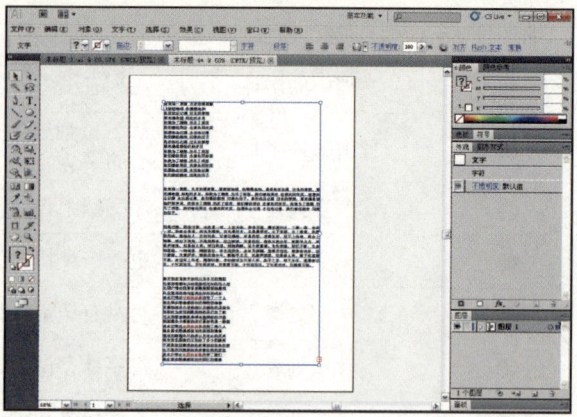

以下 3 幅图是在执行"文件 > 导出"命令后，在弹出的对话框中将文本存储为 TXT 文件格式的文档，并打开导出后的 TXT 格式的文档以查看文字的效果。

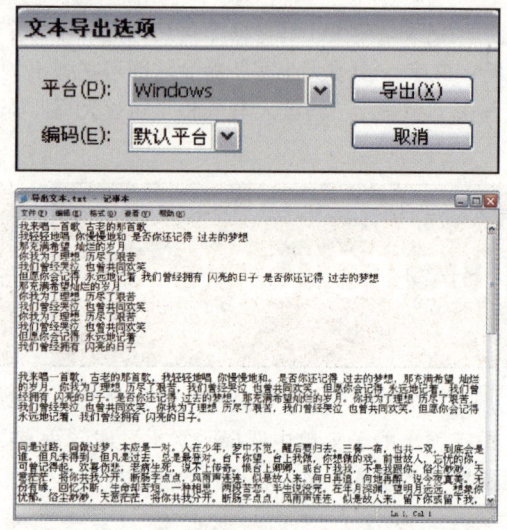

6.2.6 创建轮廓文字

创建轮廓文字是将文字转换为路径轮廓。在选择文字的状态下，执行"文字 > 创建轮廓"命令或按下快捷键 Shift+Ctrl+O 可转换文字轮廓；也可选择文字并右击，在弹出的快捷菜单中选择"创建轮廓"命令以转换文字轮廓。创建轮廓文字后，使用选择工具双击文字可将其取消群组，并可对单个文字进行变形处理。下面 4 幅图展示的就是选中文字后将其转换为轮廓，然后单独选中单个字母进行变形处理的过程。

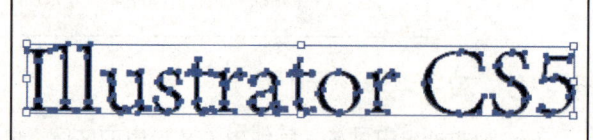
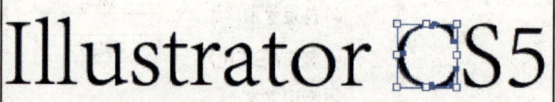

6.3 文字的分类

Illustrator 中的文字类型分为点文字、路径文字和区域文字。不同类型的文字在创建方式和创建效果上有所不同。点文字为独立的美术字；路径文字是沿路径轮廓动向而创建的文字；区域文字是在一定限制性路径轮廓内应用的文字。

6.3.1 点文字的应用

点文字是最常见且应用简单的独立文字。使用文字工具或直排文字工具在画面中单击，确认插入点后即可直接创建点文字，如下面两幅图所示。

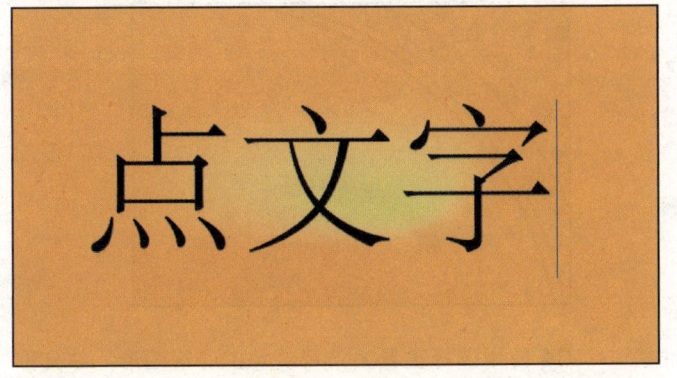 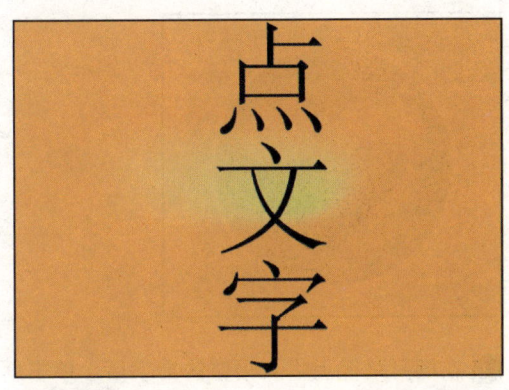

6.3.2 路径文字的应用

路径文字是与路径相结合而创建的沿路径走向排列的文字效果。使用路径文字工具或直排路径文字工具在路径线段上单击，即可以路径为基线创建路径文字，如下面两幅图所示。

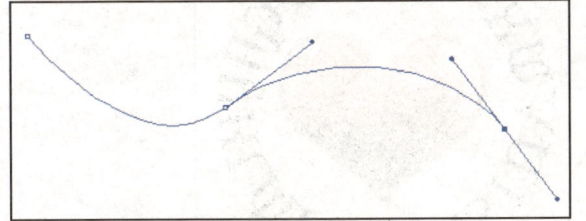 

6.3.3 区域文字的应用

区域文字是在特定区域内创建的文字。通过使用区域文字工具或直排区域文字工具在开放或闭合的路径内单击，可在该区域内输入文字以创建区域文字。下图所示是在椭圆路径内创建的区域文字。使用创建区域文字的工具所单击的路径必须为非复合、非蒙版的路径。

动手操作——创建路径文字和区域文字

原始文件	Chapter 6\6.3\心形花纹.ai
最终文件	Chapter 6\6.3\心形花纹ok.ai
注意事项	当使用不同的文字工具创建文字时，注意所单击的路径图形的区域
核心知识	使用路径文字工具和区域文字工具创建不同的文字效果

01 执行"文件>打开"命令，打开本书配套光盘中的Chapter 6\6.3\心形花纹.ai文件。

02 单击路径文字工具，在画面中棕色的圆形边缘路径上单击，确定路径文字的插入点。

03 在圆形路径上输入相应的文字后，单击属性栏中的"字符"选项，并在弹出的面板中设置文字字体和大小等属性，以调整文字状态。

04 使用选择工具选择红色的心形图形，并分别按下快捷键Ctrl+C和Ctrl+B，复制并原位粘贴心形图形。

05 单击区域文字工具，在红色心形的边缘轮廓处单击，在轮廓内输入相应的文字并设置文字的字体及大小等属性，以丰富该区域的文字效果。

提示　创建文字并设置文字属性

使用相关文字工具创建文字后，此时在插入点跳动的状态下不可对所输入的文字进行属性设置。若要设置文字的字体和大小等属性，可通过按下快捷键Ctrl+A，全选正在输入的文字，并在"字符"面板中进行设置。也可使用选择工具选择所输入的文字，并在"字符"面板中进行设置。

课后练习

本章通过对 Illustrator CS5 中文字的创建方法和编辑方法等操作的讲解和演练，帮助用户了解了文字的编辑处理形式，以便在绘制图形时创建丰富的文字效果。接下来通过对本章中文字操作的重点和难点进行相关知识的考查，以达到巩固学习的目的。

一、选择题

（1）在 Illustrator CS5 中查找指定的字母、单词或字符并将其替换为其他指定的内容，可应用以下（　　）命令。

　　A. 查找字体　　　　B. 查找和替换　　　　C. 显示隐藏字符　　　　D. 拼写检查

（2）选择文字工具的快捷键是（　　）。

　　A. T　　　　　　　B. B　　　　　　　　C. P　　　　　　　　　D. O

（3）以下不是用于在路径或图形内部创建容器型文字的工具是（　　）。

　　A. 区域文字工具　　B. 直排路径文字工具　C. 直排区域文字工具　　D. 横排文字工具

二、填空题

（1）文字工具组中包括_____、_____、_____、_____、_____和_____ 6 种文字工具。

（2）在 Illustrator CS5 中更改文字的大小写等属性时，可执行"文字 > 更改大小写"命令，再在弹出的子菜单中选择_____、_____、_____或_____命令。

三、上机操作

（1）串接文本。

首先创建一个段落文本，该段落文本的文字为溢流状态即未完全显示状态。再使用文字工具创建一个新的文本框，然后选择这两个文本框并执行"文字 > 串接文本 > 创建"命令，即可将溢流文本显示在新创建的文本框中。

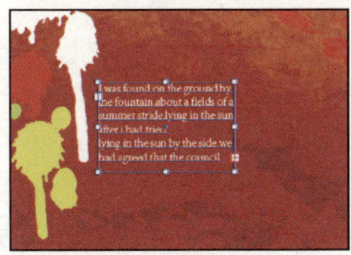 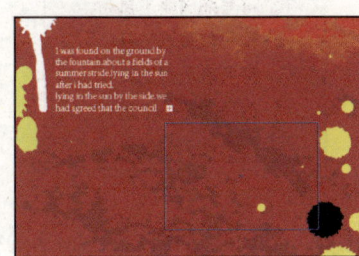 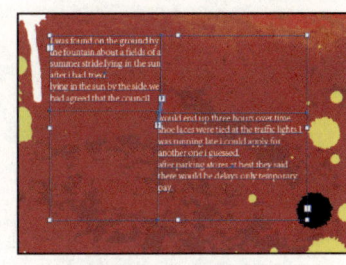

（2）创建路径文字。

首先使用绘制工具绘制一些相应的路径，并使用路径文字工具或直排路径文字工具在该路径上单击，然后输入文字即可。

Chapter 07 符号、图表与样式的应用

设计师指导

本章主要对Illustrator CS5中的符号工具组和图标工具组中的各种工具进行了讲解和应用，并介绍了图形样式的应用功能，最后应用实践操作来演示应用工具的方法。通过对这些工具和功能应用的了解，可以帮助读者利用相关预设图形制作丰富的图形效果。

核心知识点

1. 掌握符号喷枪工具、符号移位器工具和符号着色器工具等符号工具的应用方法
2. 认识各种类型的图表工具
3. 掌握图表工作的操作方法
4. 了解图层样式的应用方法
5. 掌握图层样式库的使用方法

7.1 符号的应用

在 Illustrator CS5 中可使用丰富的预设符号制作图形效果。使用符号工具组中的相关工具即可应用这些符号效果。

7.1.1 符号工具

工具箱中的符号工具默认状态下为符号喷枪工具，按住该工具，会弹出符号工具组中的其他工具选项，如下图所示。其中包括符号喷枪工具、符号移位器工具、符号紧缩器工具、符号缩放器工具、符号旋转器工具、符号着色器工具、符号滤色器工具和符号样式器工具。使用不同的符号工具并结合"符号"面板及"图形样式"面板等，可制作出不同的符号效果。

1. 符号喷枪工具

使用该工具在画面中单击或拖动鼠标，可创建单个或多个指定的符号。按住鼠标左键绘制符号的时间越长，则所绘制的符号越多，如下面 3 幅图所示。

2. 符号移位器工具

使用该工具在符号上按住左键并拖动鼠标，可调整符号的位置。若要更改符号叠加的顺序，可借助相应的快捷键。按住 Shift 键的同时单击符号，可将该符号上移一层；按住 Shift+Alt 键的同时单击符号，则将该符号下移一层。

下面两幅图分别为原图和调整符号叠加顺序后的效果。

3. 符号紧缩器工具

使用该工具单击符号可改变符号的位置和密度。按住 Alt 键可将符号推离光标。

4. 符号缩放器工具

使用该工具单击指定的符号或进行拖动可放大或缩小该符号。按住 Alt 键的同时单击可缩小符号；按住 Shift 键并单击可保持比例进行缩放。

5. 符号旋转器工具

使用该工具在符号上按住鼠标左键并拖动以调整旋转轴，可对符号进行旋转。下左图为使用符号缩放器工具放大指定符号的效果，下右图为使用符号旋转器工具对指定的符号进行旋转的效果。

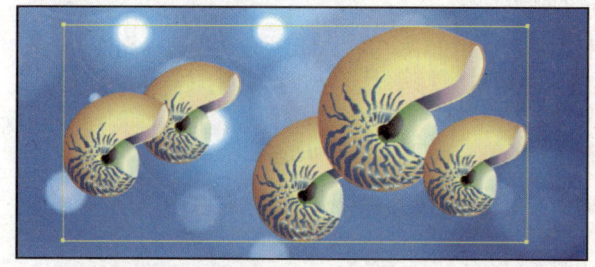 

6. 符号着色器工具

结合使用拾色器及"色板"面板，可通过单击符号的方式改变符号的颜色。单击符号次数越多，则符号着色器工具注入符号中的颜色越多。若该工具位于符号之间，则根据中心点与符号的距离注入不同浓度的颜色。调整时按住 Alt 键可减少着色的数量；按住 Shift 键则保持着色符号的色调强度。

7. 符号滤色器工具

使用该工具单击符号可更改符号的透明度。单击符号次数越多，符号越透明。按住 Alt 键并单击符号将逐渐恢复符号的不透明效果。

下左图为使用符号着色器工具着色符号的效果；下右图为使用符号滤色器工具调整透明度的效果。

8. 符号样式器工具

使用该工具应结合"图形样式"面板，将指定的图形样式应用到指定的符号中。使用该工具的同时按住 Alt 键可降低样式强度；按住 Shift 键可保持以前所设置样式的符号样式强度。

7.1.2 "符号工具选项"对话框

"符号工具选项"对话框用于设置各个符号工具的相关属性。在工具箱中双击任一符号工具，即可弹出该对话框，通过在该对话框中单击相应工具的按钮，可切换至该工具的设置选项。下左图为"符号喷枪工具"的选项设置界面，下右图为"符号缩放器工具"选项设置界面。

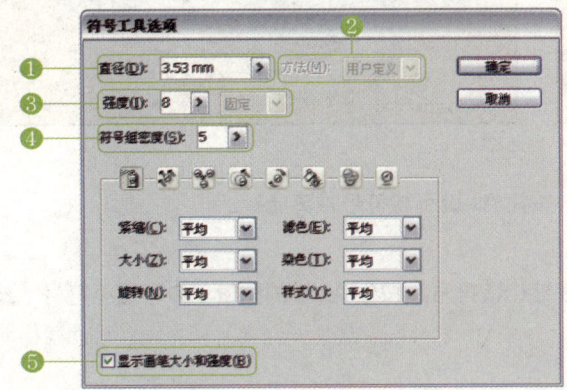 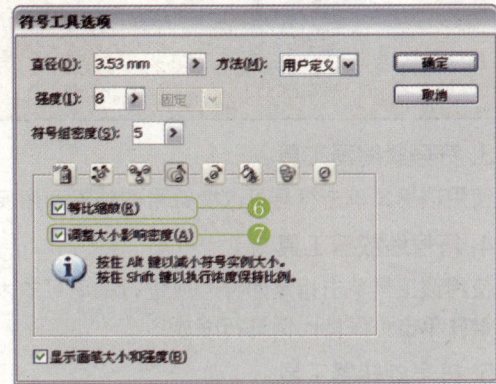

编号	选项	说明
❶	直径	用于设置喷枪的画笔直径
❷	方法	在下拉列表框中选择应用方法。其中"用户定义"选项允许手动设置符号；"平均"方法通过平均符号之间的间距来设置符号；"随机"方式用于设置符号的随机性
❸	强度	用于设置喷枪绘制的符号数量和光笔的动态控制
❹	符号组密度	设置符号之间的密集程度。数值越大则符号越密集
❺	显示画笔大小和强度	在操作中显示画笔的大小和强度效果
❻	等比缩放	使用符号缩放器工具时，符号按等比例进行缩放
❼	调整大小影响密度	定义调整符号大小时自动调整符号的密度

7.1.3 "符号"面板

"符号"面板用于载入符号、创建符号、应用符号及编辑符号。执行"窗口 > 符号"命令，可打开该面板，并可在该面板中选择不同类型的符号，如下图所示。

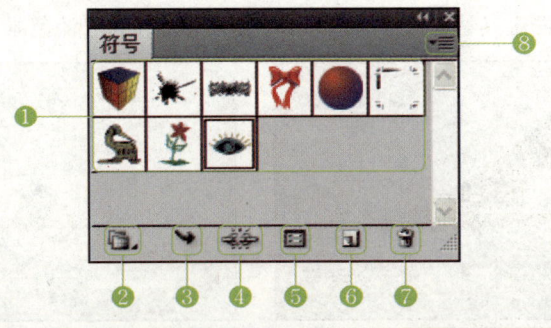

编号	选项	说明
❶	符号缩览框	用于显示各种类型的符号，将鼠标光标移动至任意符号上时，可显示该符号名称
❷	符号库菜单	在弹出菜单中选择提供的符号库，或载入自定义符号及保存符号

（续表）

编 号	选 项	说 明
❸	置入符号实例	用于将选定的符号置入实例中
❹	断开符号链接	用于断开选定符号的链接，将符号转换为路径
❺	符号选项	在弹出的"符号选项"对话框中设置符号的名称和类型等属性
❻	新建符号	将选定对象作为符号创建到"符号"面板
❼	删除符号	用于删除选定的符号
❽	扩展按钮	在扩展菜单中选择相关命令，可重新定义符号、复制符号、编辑符号、放置符号实例或替换符号等

动手操作——载入符号并绘制符号

原始文件	Chapter 7\7.1\书本.ai
最终文件	Chapter 7\7.1\书本ok.ai
注意事项	缩放符号图形的大小时，注意所选定的符号中各符号的比例
核心知识	载入预设符号、绘制符号图形并设置符号效果

01 执行"文件>打开"命令，打开本书配套光盘中的Chapter 7\7.1\书本.ai文件。

02 执行"窗口 > 符号库 > 自然"命令，弹出"自然"符号面板。在该面板中选择"树木 1"符号。

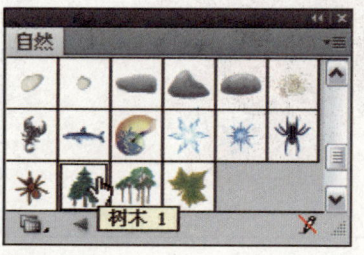

03 单击符号喷枪工具，在书本图形的右下角位置单击，以添加树木符号图形。

04 单击符号缩放器工具，在树木符号图形上按住鼠标左键并拖动，以放大该图形。

提示

缩放指定符号

使用符号缩放器工具缩放符号图形时，在指定的符号上按住鼠标左键并拖动将对该符号进行缩放。在拖动已缩放当前符号的同时，移动鼠标光标至其他符号即可对其进行缩放，这样就具有灵活的缩放形式，以便对更多符号同时进行编辑。

05 单击符号喷枪工具,在"自然"符号面板中选择"大枫叶"符号并在书本图形的左上角位置单击,以添加枫叶符号图形。

06 继续在"自然"符号面板中选择"瓢虫"符号,并在枫叶图形上单击,以添加瓢虫符号图形。

07 继续单击符号缩放器工具,按住 Alt 键向下拖动瓢虫图形,可将其缩小至一定程度。

08 单击文字工具,在书本内部的左端位置输入相应文字并设置文字的相关属性。填充其颜色为褐色(C61、M74、Y97、K39)。

09 继续使用文字工具输入其他的文字并调整其大小。然后单击选择工具,选择所有输入的文字并对齐,稍作旋转以适应书本角度。

10 继续按照同样的方法在书本图形内部的右端区域输入其他文字并作调整,以丰富画面的效果。

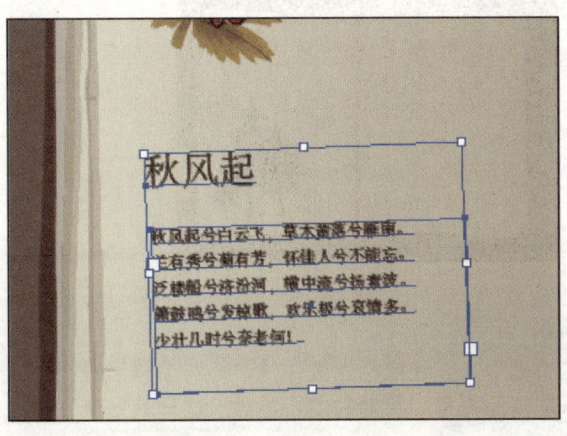
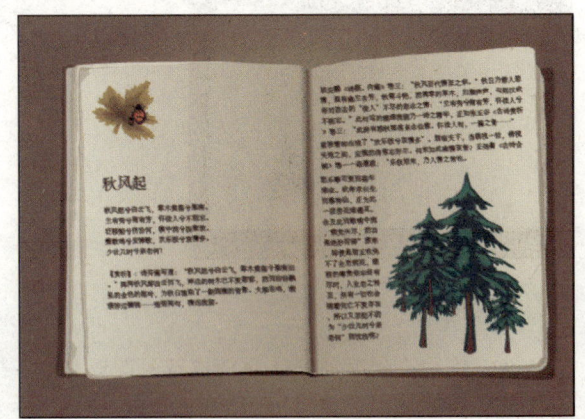

7.2 图表的应用

本节主要针对在 Illustrator CS5 中创建图表的方法和相关应用功能进行讲解。包括图标工具组中的各工具、图表数据输入框及图表类型对话框。通过对这些功能的了解,以便在绘制图形时对图表的应用操作更加得心应手。

7.2.1 图表工具

在工具箱中默认的图表工具为柱形图工具,按住该工具,可弹出该工具组选项,如右图所示。其中包括柱形图工具、堆积柱形图工具、条形图工具、堆积条形图工具、折线图工具、面积图工具、散点图工具、饼图工具和雷达图工具。使用不同的图表工具可创建不同的图表。

1. 柱形图工具

柱形图工具可创建柱形图表,用于在相同的图中提供不同统计数据类型的直接比较。使用该工具直接按住左键并拖动可绘制图表。也可单击画板,在弹出的对话框中设置图表的尺寸。

2. 堆积柱形图工具

使用堆积柱形图工具创建的图表,表示某个类别的综合及每个类别组成部分的极佳图标,其使用方法与柱形图工具一致。

3. 条形图工具

条形图工具通过一组或多组水平矩形表示图表的数据,其使用方法与柱形图工具一致。

如以下左图为柱形图;下中图为堆积柱形图;下右图为条形图。

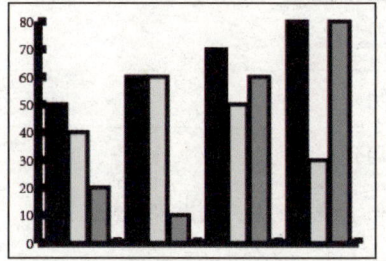 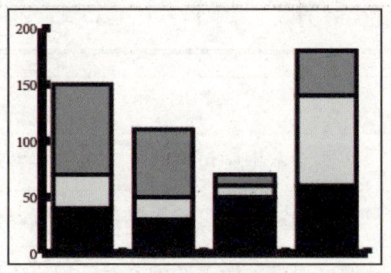 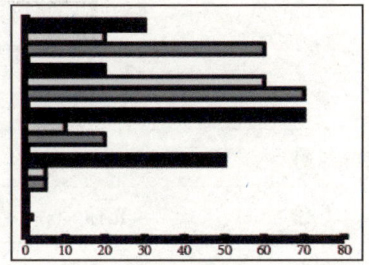

4. 堆积条形图工具

堆积条形图工具是通过堆积条形图中的条形进行数据的比较。

5. 折线图工具

折线图工具是通过关键的点相连形成不同的折线,以表示图表的数据,显示一个或多个对象在一段时间内变化的趋势。

6. 面积图工具

面积图工具是将数据以填充后的路径形式表现,且一个堆积在另一个上面,用来展示图中图例对象的总面积。

7. 散点图工具

使用散点图工具可创建散点图表,在该图表中,每个数据点是根据 x、y 坐标来确定位置,并使用直线段将各个点连接起来。

8. 饼图工具

使用饼图工具可创建饼形图表,用于比较各部分的百分比。图表按比例的大小显示饼和饼的各个楔形。

9. 雷达图工具

雷达图工具创建的雷达图以环形方式，显示在时间或特定分类的确定点上各组数据的关系。

下左图为堆积条形图表；下中图为面积图表；下右图为饼形图表。

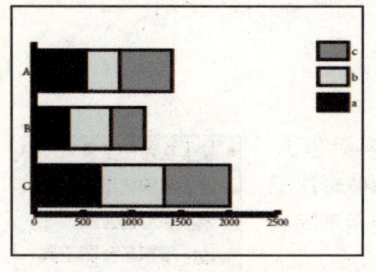 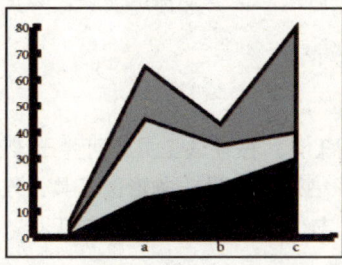 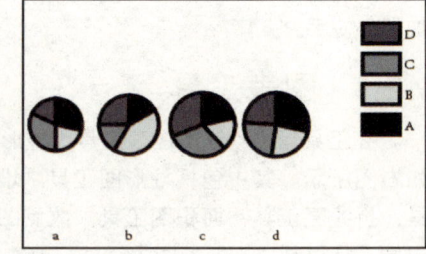

7.2.2 "图表数据输入"对话框

使用相关的图表工具在画面中绘制图表时，会弹出"图表数据输入"对话框，如下图所示。该对话框用于输入相关的统计数据。输入相应数据后应用这些数据，图表中将出现对应的数据和名称等。

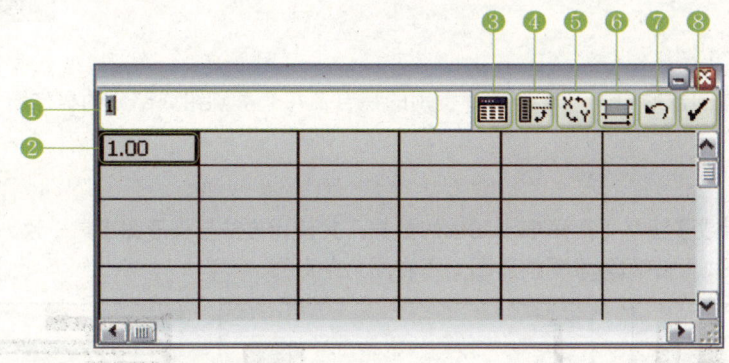

编 号	选 项	说 明
❶	文本框	在该文本框中可输入文字或数字并应用到行和列中
❷	光标	用于确定当前可输入的数据位置，可按下键盘中的方向键来调整光标
❸	导入数据	通过"导入图表数据"对话框导入制表文本文件中的图形数据
❹	换位行/列	用于置换行/列之间的数据
❺	切换 x/y	将 x/y 轴相互转换
❻	单元格样式	通过"单元格样式"对话框设置小数位数和列宽度
❼	恢复	用于将图表数据恢复到初始状态
❽	应用	用于将当前数据应用到图表中

7.2.3 "图表类型"对话框

"图表类型"对话框用于设置图表的相关属性，如图表的数值轴、样式和相关尺寸。执行"对象 > 图表 > 类型"命令，或双击工具箱中的任一个图标工具，即可弹出"图表类型"对话框，如下图所示。在该对话框中还可快速切换各图表工具的选项面板。

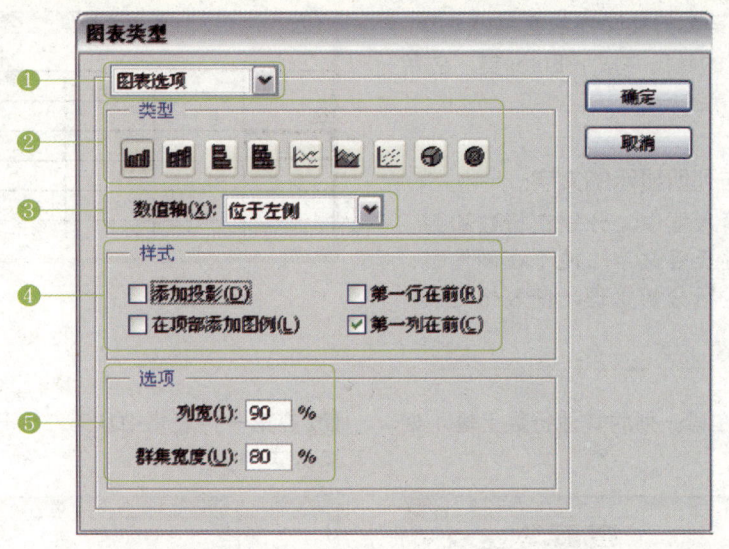

编号	选项	说明
❶	图表选项	在下拉列表框中可选择"图表选项"、"数值轴"和"类别轴",以切换至相应的选项组中
❷	类型	通过单击相应的图表按钮,可切换至不同的图表工具选项面板
❸	数值轴	在下拉列表框中可选择"位于左侧"、"位于右侧"、"位于两侧"等选项,以显示左边、右边或者两边的垂直轴
❹	样式	用于为图表添加投影、在顶部添加图例、第一行在前和第一列在前等样式的设置
❺	选项	用于设置图表列宽和群集宽度

动手操作——使用图表工具绘制图表

原始文件	Chapter 7\7.2\绘制图表.ai
最终文件	Chapter 7\7.2\绘制图表ok.ai
注意事项	在输入图表数据时,应注意文字和数字的位置
核心知识	使用图表工具绘制图表并设置图表效果

01 执行"文件>打开"命令,打开本书配套光盘中的Chapter 7\7.2\绘制图表.ai文件。

02 单击堆积柱形图工具 ,再单击画面,在弹出的"图表"对话框中设置图表尺寸参数并单击"确定"按钮。然后在弹出的"图表数据输入"对话框中去除默认的数字,并按下 Enter 键换行。

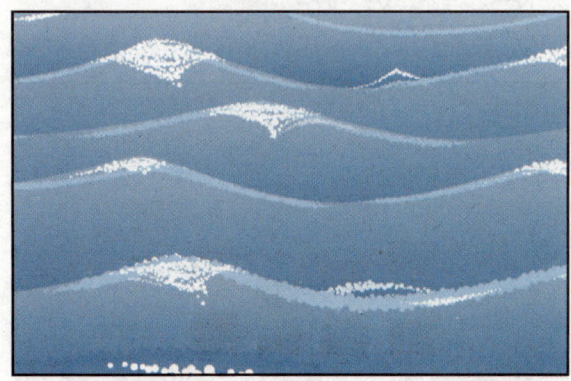

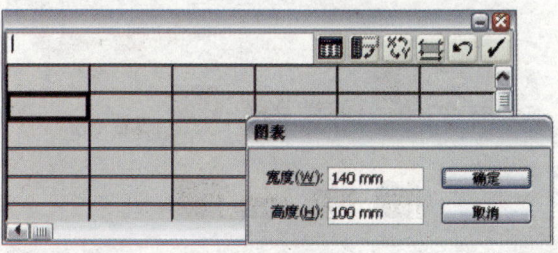

03 在选择的第一列第二行交叉所在区域状态下，在文本框中输入相应的姓氏并按下 Enter 键，应用该文字的同时切换至第三行。

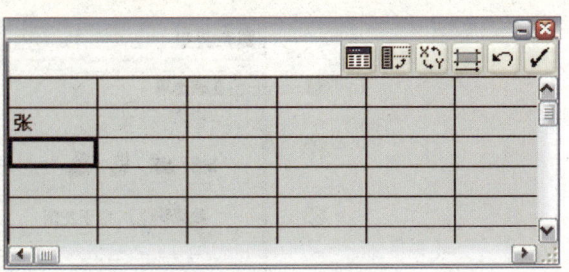

> **提示** 　　**行与列所显示的文字**
> 　　在图表数据输入框中，分别在行数和列数上输入月份和姓氏等文字，便于在制作表格时对表格数据进行分析管理，使表格更具条理性。

04 按照同样的方法在第一列的其他行数上输入相应的姓氏。

05 在第一行表格中从第二列开始按照同样的方法输入月份。

06 继续按照同样的方法在姓氏和月份表格交叉位置输入一些数字。

07 完成设置后单击"图表数据输入"对话框右上角的"应用"按钮 ✓，以应用当前设置，然后关闭该对话框。

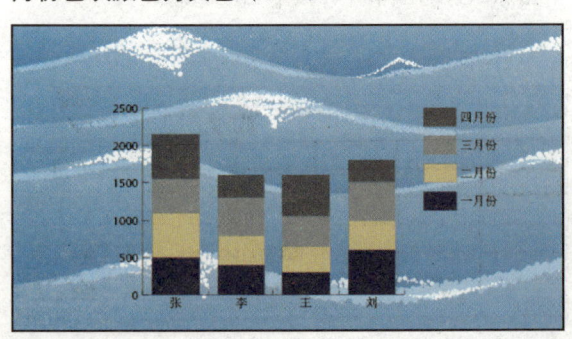

08 单击直接选择工具 ▶，按住 Shift 键选择指示一月份颜色的色块并设置其颜色为深蓝色（C93、M100、Y33、K17）。然后按照同样的方法设置二月份色块颜色为黄色（C12、M18、Y49、K0）。

09 继续按照同样的方法设置三、四月份的色块颜色分别为深红色（C36、M84、Y23、K1）和淡蓝色（C24、M0、Y7、K0）。

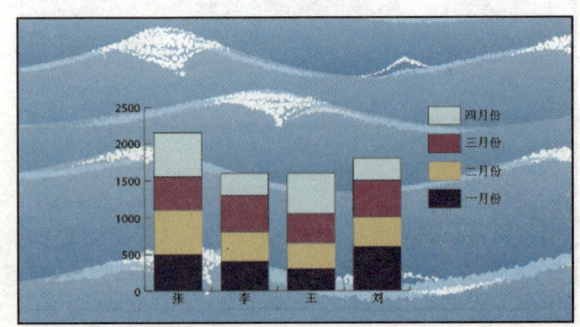

10 单击选择工具 并选择图表。然后双击堆积柱形图工具 ，在弹出的"图表类型"对话框中勾选"添加投影"复选框。

11 完成设置后单击"确定"按钮，可为图表添加阴影效果。

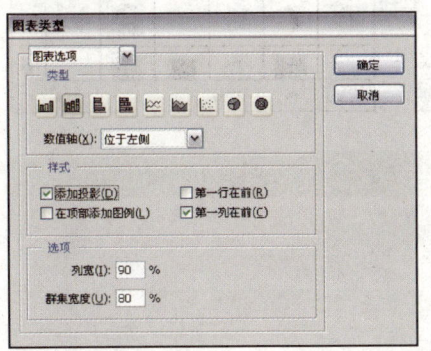
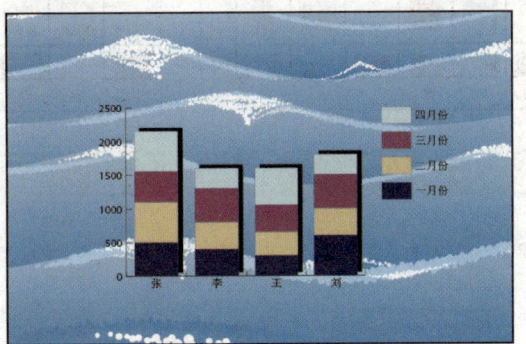

7.3 图形样式的应用

Illustrator CS5 中包括多种不同类型的预设图形样式。可通过将这些图形样式的效果应用到指定的对象中，以便制作出丰富的图形效果。本节则是针对图形样式的应用及图形样式库进行讲解。

7.3.1 应用图形样式

应用图形样式可执行"窗口＞图形样式"命令，在打开的"图形样式"面板中选择指定的图形样式并应用到所选择的对象中。下图为"图形样式"面板。

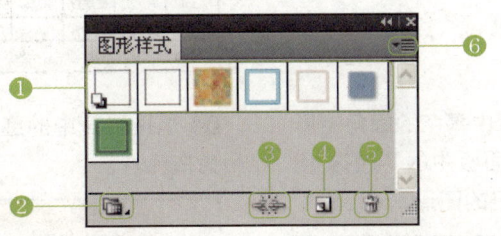

编号	选项	说明
❶	图形样式缩览图	用于显示各种图形样式的缩览图
❷	图形样式库菜单	在弹出菜单中选择提供的图形样式库可打开相应的图形样式面板，并提供有保存图形样式的功能
❸	断开图形样式链接	断开图形样式链接后对象仍保持图形样式的外观，但对图形样式的更改将不会作用于对象
❹	新建图形样式	可用于新建图形样式
❺	删除图形样式	可删除指定的图形样式
❻	扩展按钮	在扩展菜单中，可应用相关命令复制或合并图形样式、设置图形样式选项及存储当前图形样式到图形样式库中

7.3.2 图形样式库

Illustrator CS5 中提供了多种类型的图形样式库，可轻松为图形创建各种风格的图像样式。其中主要包括 3D 效果、按钮和翻转效果、文字效果、涂抹效果、照亮样式、纹理、艺术效果和霓虹效果等图形样式。可通过执行"窗口＞图形样式库"命令，在弹出的子菜单中选择相应的图形样式库；也可在"图形样式"面板中单击"图形样式库菜单"按钮，在弹出的快捷菜单中进行选择。以下 3 幅图分别为"3D 效果"、"文字效果"和"纹理"图形样式的面板。

 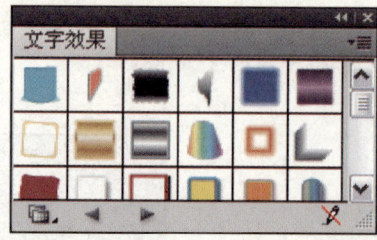 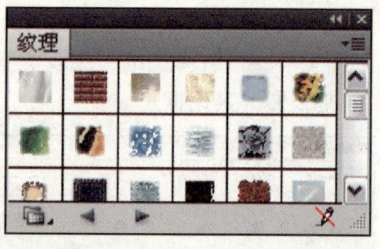

动手操作——应用不同的图形样式

原始文件	Chapter 7\7.3\图形样式.ai
最终文件	Chapter 7\7.3\图形样式ok.ai
注意事项	在应用不同的图形样式时，应注意图形间的色调关系
核心知识	为对象添加不同的图形样式以制作不同风格的效果

01 执行"文件 > 打开"命令，打开本书配套光盘中的 Chapter 7\7.3\ 图形样式 .ai 文件。

02 执行"窗口 > 图形样式库 > 涂抹效果"命令，打开该图形样式面板。

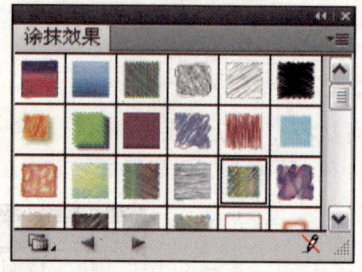

03 单击选择工具，选择画面中褐色的圆角矩形。再选择"涂抹效果"图形样式面板中的"涂抹 18"图形样式，以应用该样式至选定的图形。

04 选择画面中的红色花边图形，并更改其填充色为白色。

05 继续选择画面中的文字图形，并在"涂抹效果"图形样式面板中选择"涂抹 17"图形样式，以应用文字图形的该图形样式效果。

06 单击选择工具并框选画面中所有对象。按住 Shift 键稍放大所有对象，以调整图形样式效果。

课后练习

本章通过对 Illustrator CS5 中符号图形的创建、图表的创建和图形样式的应用操作，以及相关的工具和功能命令的讲解，让用户了解如何创建符号、图标和图形样式。下面通过对本章中符号、图表及图形样式应用操作的重点和难点进行相关知识的考查练习，以巩固学习效果。

一、选择题

（1）用于调整符号图形大小的符号工具是（ ）。
　　A. 符号紧缩器其工具　　B. 符号样式器工具　　C. 符号缩放器工具
（2）符号喷枪工具的快捷键是（ ）。
　　A. Shift+S　　　　B. S　　　　C. Shift+B　　　　D. J
（3）图表工具组中包括了（ ）种图表工具。
　　A. 5　　　　B. 7　　　　C. 8　　　　D. 9

二、填空题

（1）符号工具组中包括_____、_____、_____、_____、_____、_____、_____和_____8 种符号工具。
（2）要载入预设的图形样式，可执行_____命令，并在弹出的子菜单中选择相应的图形样式命令即可。

三、上机操作

（1）缩放指定符号。

使用符号喷枪工具在画面中绘制相应符号后，在选择符号的状态下单击符号缩放器工具并在指定的对象上按住鼠标左键以放大符号，若同时按住 Alt 键则缩小对象。

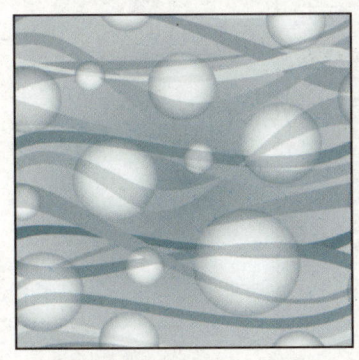

（2）创建饼形图表。

使用饼图工具在画面中按住鼠标左键并拖动以创建饼图，然后在弹出的图表数据输入对话框中输入相关文字和数字，完成后单击"应用"按钮即可。

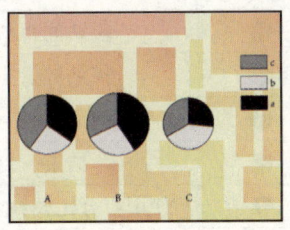

Chapter 08 滤镜与矢量特效应用

设计师指导

在Illustrator CS5中包含了多种滤镜,其各自的功能和应用效果也不同,比如矢量滤镜主要是针对矢量对象所应用的滤镜,而位图滤镜则是针对位图所应用的滤镜。除了滤镜,本章还对3D等其他效果进行了相关讲解,并展示了应用特殊效果的图形作品。

核心知识点

❶ 认识各类矢量滤镜
❷ 掌握各类矢量滤镜的应用方法
❸ 认识各类位图滤镜
❹ 掌握各类位图滤镜的应用方法
❺ 了解3D和变形等相关效果的应用
❻ 掌握为图形添加3D效果的方法

8.1 矢量滤镜和特效的应用

矢量滤镜位于"效果"菜单中,针对矢量对象而应用,大致分为"扭曲和变换"滤镜组和"风格化"滤镜组。而通过应"对象"菜单中的"创建对象马赛克"命令可将位图图像转换为矢量化的对象。

8.1.1 创建对象特效

"对象"菜单中的"创建对象马赛克"命令用于创建位图图像的矢量化特殊效果。"创建对象马赛克"命令是在原始图像的基础上将其栅格化为马赛克图形对象,而组成马赛克的各种路径将自动创建为群组。要应用该命令,位图图像必须为嵌入状态,然后选择该图像并执行"对象 > 创建对象马赛克"命令,可弹出"对象马赛克"对话框,如下图所示。

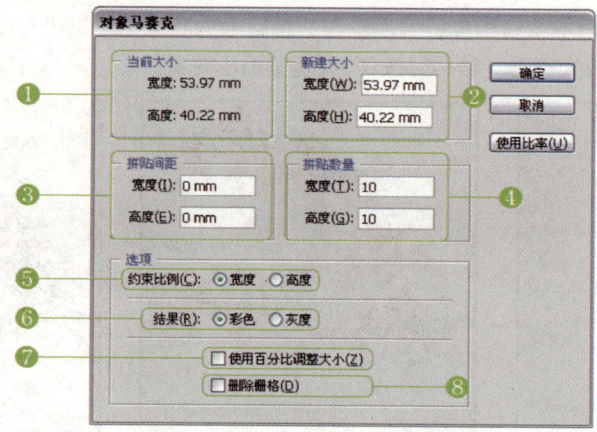

编号	选项	说明
❶	当前大小	显示当前选择的图像大小
❷	新建大小	用于设置选择图像的宽度和高度
❸	拼贴间距	用于设置马赛克图像拼贴之间的距离
❹	拼贴数量	用于设置马赛克图像的拼贴数量
❺	约束比例	用于约束马赛克图像宽度和高度的比例
❻	结果	用于设置转换为马赛克图像的结果模式为彩色或灰度
❼	使用百分比调整大小	用于设置使用百分比调整马赛克图像的整体大小
❽	删除栅格	用于删除位图原始图像。默认设置下不勾选该复选框,保留原始图像

> **提示**　"创建对象马赛克"和"创建裁切标记"命令
>
> 在以往的版本中，矢量滤镜中包含了创建滤镜组。而 Illustrator CS5 中的创建滤镜组位于"对象"菜单中，并被分为单独的两个应用命令，用于编辑矢量对象和位图图像的效果。

8.1.2 "扭曲和变换"滤镜组

"扭曲和变换"滤镜组是将对象形状进行变形或扭曲为多种形状效果。执行"效果 > 扭曲和变换"命令，可在弹出的子菜单中选择相应的扭曲或变换滤镜命令，以应用不同的扭曲或变换效果。其中包括变换、扭拧、扭转、收缩和膨胀、波纹效果、粗糙化以及自由扭曲效果。

1. "变换"滤镜

"变换"滤镜用于对对象进行缩放和位置的变换，并对对象应用镜像翻转等效果。执行"效果 > 扭曲和变换 > 变换"命令，在弹出的"变换效果"对话框中可设置相应的选项，如下左图所示。

2. "扭拧"滤镜

"扭拧"滤镜应用于扭拧对象的形状。执行"效果 > 扭曲和变换 > 扭拧"命令，在弹出的"扭拧"对话框中可设置相关选项以应用扭拧效果，如下右图所示。

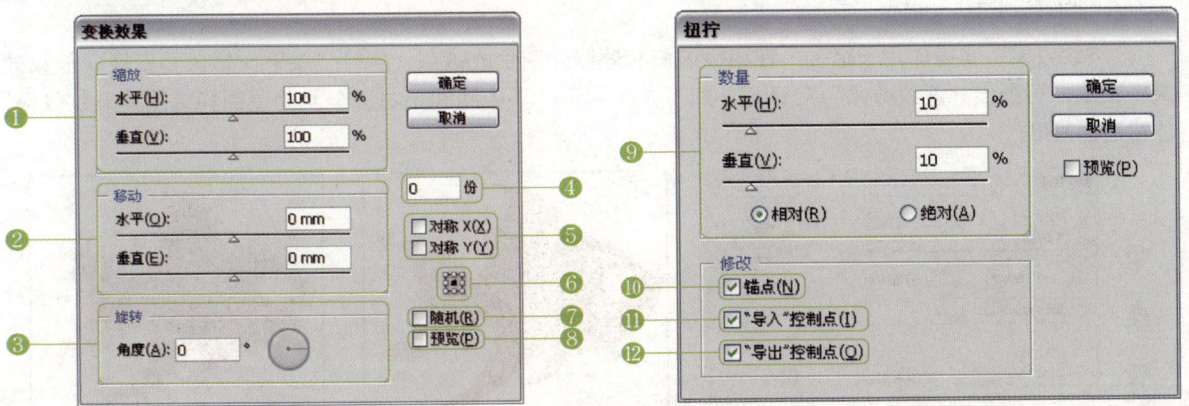

编号	选项	说明
❶	缩放	设置对象沿水平方向或垂直方向进行放大或缩小
❷	移动	设置对象沿水平方向或垂直方向进行移动
❸	旋转	通过输入数值或调整角度控制杆，以调整对象旋转的角度
❹	份数	输入数值后将以指定的复制叠加效果应用到对象的变换效果中
❺	对称X 对称Y	勾选指定复选框后，对象以 X 轴或 Y 轴为中心作水平或垂直方向的镜像对称变换
❻	基点	单击控制框中的锚点，将以指定的锚点为基点变换对象
❼	随机	勾选该复选框可应用随机的变换效果
❽	预览	勾选该复选框可预览对象的当前变换设置效果
❾	数量	用于设置对象沿水平方向或垂直方向的扭拧程度，百分比越大，扭拧程度越大；"相对"单选按钮可设置相对于原对象百分比的扭拧程度；"绝对"选项单选按钮是以指定的参数值扭拧对象
❿	锚点	设置对锚点进行扭拧
⓫	"导入"控制点	勾选该复选框表示在路径内移动控制点
⓬	"导出"控制点	勾选该复选框表示在路径外移动控制点

3."扭转"滤镜

"扭转"滤镜用于对对象进行扭转变形处理,以扭转对象的形状。执行"效果 > 扭曲和变换 > 扭转"命令,可弹出"扭转"对话框。在该对话框中设置扭转的角度参数可调整对象扭转效果。当数值大于 0 时,对象顺时针扭转;当数值小于 0 时,则对象逆时针旋转。

4."收缩和膨胀"滤镜

"收缩和膨胀"滤镜是以对象中心点为基准进行收缩或膨胀的变形处理。执行"效果 > 扭曲和变换 > 收缩和膨胀"命令,可弹出其选项对话框。在该对话框中拖动滑块或输入数值,可设置对象为收缩或膨胀状态。当数值为正值时对象膨胀;而数值为负值时则对象收缩。下左图为原图;下中图为应用的收缩效果;下右图为应用的膨胀效果。

5."波纹效果"滤镜

"波纹效果"滤镜作用于路径,在路径内侧和外侧分别生成锚点。执行"效果 > 扭曲和变换 > 波纹效果"命令,可弹出"波纹效果"对话框,如下左图所示。下中图和下右图分别为原图和应用"波纹效果"滤镜后的效果。

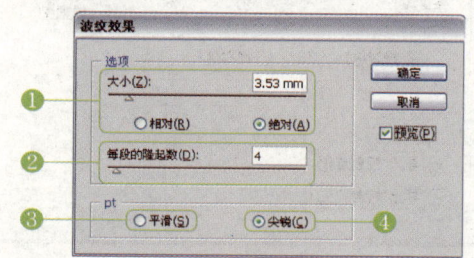  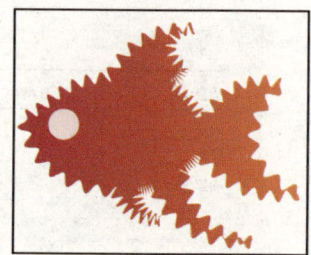

编号	选项	说明
①	大小	设置对象波纹扭曲的程度
②	每段的隆起数	设置每段路径上隆起的数量
③	平滑	路径的连接方式为平滑效果
④	尖锐	路径的连接方式为尖锐效果

6."粗糙化"滤镜

"粗糙化"滤镜是在对象的路径上添加锚点,从而使对象的效果粗糙化。执行"效果 > 扭曲和变换 > 粗糙化"命令,可弹出"粗糙化"对话框,如下左图所示。下中图和下右图分别为原图和应用"粗糙化"滤镜后的效果。

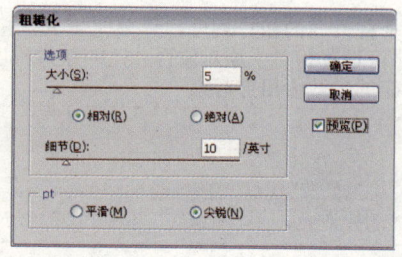  

7. "自由扭曲"滤镜

"自由扭曲"滤镜可对对象进行自由地扭曲、扭拧和倾斜等变形操作。行"效果 > 扭曲和变换 > 自由扭曲"命令,可弹出"自由扭曲"对话框,如下左图所示。在该对话框中通过拖动控制锚点以变形扭曲对象,要还原其状态,则可单击"重置"按钮。下中图和下右图分别为原图和应用"自由扭曲"滤镜后的效果。

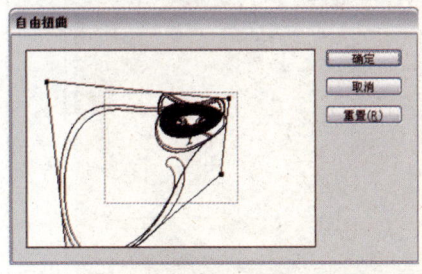 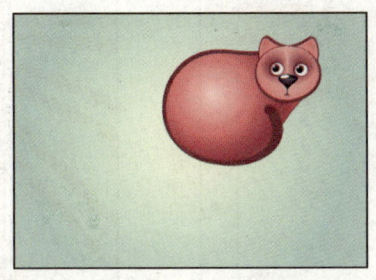 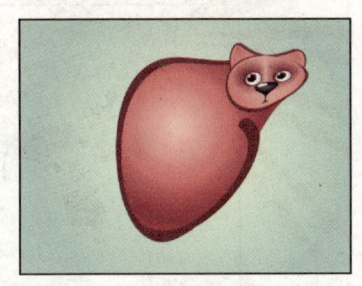

动手操作——应用"收缩和膨胀"滤镜调整对象

原始文件	Chapter 8\8.1\卡通风景.ai
最终文件	Chapter 8\8.1\卡通风景ok.ai
注意事项	注意星形的角点数和应用膨胀效果的强度
核心知识	应用"收缩和膨胀"滤镜制作图形效果

01 执行"文件 > 打开"命令,打开本书配套光盘中的 Chapter 8\8.1\ 卡通风景 .ai 文件。然后设置填充色为橙色(C6、M42、Y90、K0)。

02 单击星形工具 ,在画面中按住左键拖动以绘制星形,并同时多次按下键盘上的向上方向键↑,以增加星形的角点数。

03 执行"效果 > 扭曲和变换 > 收缩和膨胀"命令。在弹出的对话框中设置其参数并单击"确定"按钮,以变形星形图形。

04 单击选择工具 ,将变形后的星形放置在画面左上角区域。然后分别按下快捷键 Shift+Ctrl+[和 Ctrl+],以调整该对象的图层位置。

05 按住 Shift 键的同时向外拖动变形后的星形对象定界框锚点，以放大对象至一定程度。

06 单击矩形工具，在画面中的相应位置绘制一个矩形，以覆盖所选区域。

07 继续使用选择工具并框选画面中的所有对象。

08 右击选中的对象，并在弹出的菜单中选择"建立剪切蒙版"命令，以创建剪切蒙版效果。

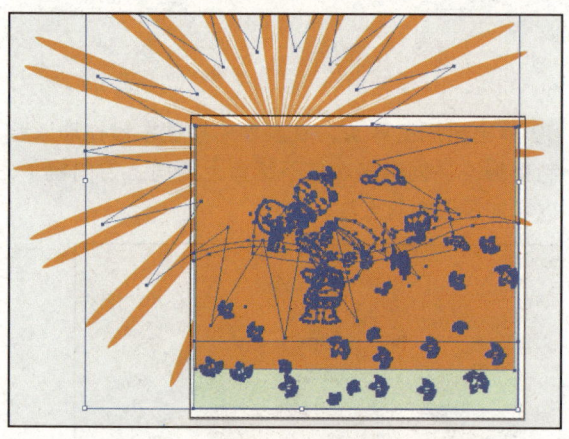

8.1.3 "风格化"滤镜组

"风格化"滤镜组为对象添加箭头或阴影，以及使路径圆角化。执行"效果 > 风格化"命令，可在弹出的子菜单中选择相应滤镜命令，以应用不同的风格化滤镜效果。包括"内发光"、"圆角"、"外发光"、"投影"、"涂抹"和"羽化"滤镜。

1. "内发光"滤镜

"内发光"滤镜在对象的内部添加过渡较为自然的发光效果。执行"效果 > 风格化 > 内发光"命令，可弹出"内发光"对话框，如下左图所示。在该对话框中可设置"模式"和"不透明度"等选项以及发光的起点为"中心"或"边缘"等选项。下中图为原图，下右图为应用了"内发光"滤镜后的效果。

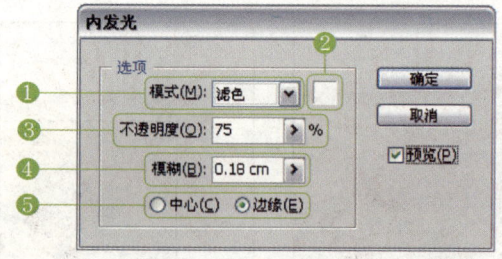

编号	选项	说明
❶	模式	用于设置指定的颜色与原对象之间的颜色混合效果
❷	颜色缩览图	单击该颜色缩览图，可在弹出的"拾色器"对话框中设置颜色
❸	不透明度	可设置指定的颜色与原对象混合后的颜色强度
❹	模糊	用于设置指定颜色的模糊程度
❺	中心、边缘	选择"中心"单选按钮可将发光居中应用；选择"边缘"单选按钮则将发光效果沿边缘应用

2．"圆角"滤镜

"圆角"滤镜使路径和路径连接部分变形为圆角形状。执行"效果 > 风格化 > 圆角"命令，在弹出的对话框中设置其半径值并应用，可调整对象的圆角状态，数值越大，边角越圆润。下左图为原图对象；下中图为应用半径值为 5mm 后的效果；下右图为应用半径值为 20mm 后的效果。

 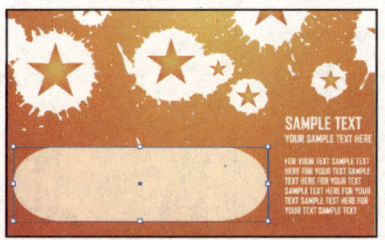 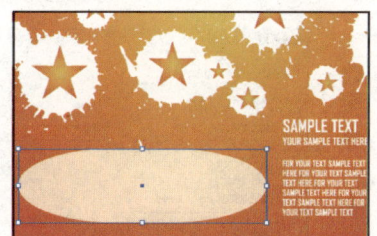

3．"外发光"滤镜

"外发光"滤镜在对象的外部添加过渡较为自然的发光效果。执行"效果 > 风格化 > 外发光"命令，可弹出"外发光"对话框，如下左图所示。在该对话框中可设置相关属性以调整对象的外发光效果，下中图和下右图分别为原对象效果和应用了"外发光"滤镜后的效果。

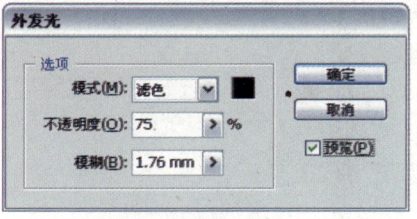  

4．"投影"滤镜

"投影"滤镜是通过对象的外轮廓创建自然渐变的投影效果。执行"效果 > 风格化 > 投影"命令，可弹出"投影"对话框，如下左图所示。在该对话框中通过设置相关属性，以调整对象的投影效果。下中图为原对象效果；下右图为添加了"投影"滤镜后的效果。

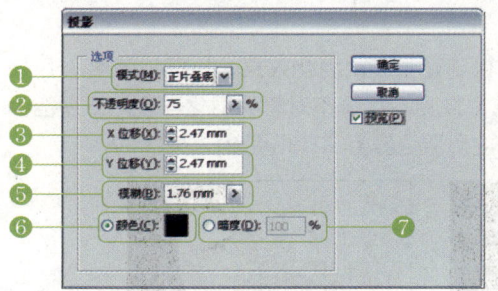  

编号	选项	说明
❶	模式	用于设置指定的颜色与原对象之间的颜色混合效果
❷	不透明度	用于设置投影的不透明效果。数值越小，则投影越透明
❸	X 位移	用于设置投影以 X 坐标进行位移
❹	Y 位移	用于设置投影以 Y 坐标进行位移
❺	模糊	用于设置投影模糊的程度
❻	颜色	用于设置投影的颜色
❼	暗度	用于设置该百分比数值。数值越大，则投影越暗

5."涂抹"滤镜

"涂抹"滤镜将对象处理为各种画笔涂抹的效果。执行"效果 > 风格化 > 涂抹"命令，可弹出"涂抹选项"对话框，如下左图所示。在该对话框中通过设置相关属性，可以调整对象的涂抹效果。下中图为原对象效果；下右图为对背景图形应用了"涂抹"滤镜后的效果。

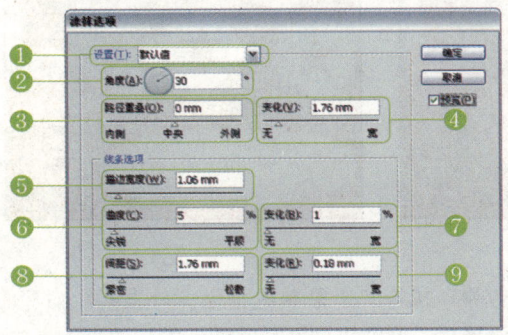

编号	选项	说明
❶	设置	通过在下拉列表框中选择相关选项以应用涂抹的类型
❷	角度	用于设置涂抹线条的绘制角度
❸	路径重叠	用于设置涂抹时描边线条的范围
❹	变化	用于设置涂抹时路径范围的变化
❺	描边宽度	用于设置描边线条的宽度
❻	曲度	用于设置描边线条的弯曲度
❼	变化	用于设置描边线条弯曲度的变化
❽	间距	用于设置描边线条之间的间距
❾	变化	用于设置线条之间间距的变化

6."羽化"滤镜

"羽化"滤镜将对象的边缘向内部进行均匀的渐隐处理，以创建柔和的羽化效果。执行"效果 > 风格化 > 羽化"命令，可在弹出的"羽化"对话框中设置其羽化值并应用，以调整对象的羽化程度。下左图为原图效果；下中图为应用羽化值为 30mm 后的效果；下右图为应用羽化值为 70mm 后的效果。

8.2 位图滤镜的应用

Illustrator CS5 中的 Photoshop 滤镜是针对位图图像而应用的滤镜。在"效果"菜单中的 Photoshop 效果包括了像素化、扭曲、模糊、画笔描边、素描、纹理、艺术效果、视频、锐化和风格化等滤镜命令。若应用其中的"效果画廊"滤镜命令,将弹出"滤镜库"对话框,其中包含了部分滤镜及其选项。应用 Photoshop 滤镜可为位图图像制作出丰富的图像效果。

8.2.1 "像素化"滤镜组

"像素化"滤镜组使图像产生不同类型的像素化效果,或呈现铜版画效果。执行"滤镜 > 像素化"命令,可在弹出的子菜单中选择相应的像素化滤镜命令,以在弹出的选项对话框中设置相关属性和参数。其中包括彩色半调、晶格化、点状化和铜版雕刻滤镜。

1. "彩色半调"滤镜

"彩色半调"滤镜可用于表现放大后的彩色印刷品的网点效果。执行"效果 > 像素化 > 彩色半调"命令,可在弹出的"彩色半调"对话框中设置网点的半径值及各个通道的网角,如下左图所示。下中图为原图像;下右图为应用"彩色半调"滤镜后的效果。

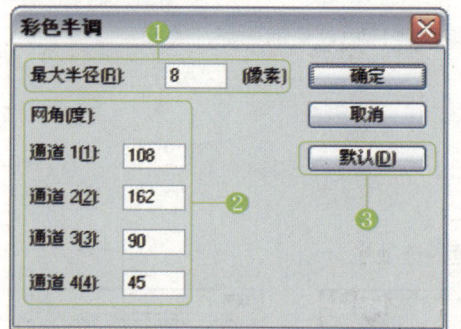

编号	选项	说明
❶	最大半径	用于设置网点最大半径的像素大小
❷	网角	用于设置各个网点通道的网点角度
❸	默认	用于将各选项恢复为默认值

2. "晶格化"滤镜

"晶格化"滤镜通过创建多边形形状的方式组成图像。执行"效果 > 像素化 > 晶格化"命令,可在弹出的"晶格化"对话框中设置其"单元格大小"的数值,以调整图像色块晶格化的程度,如下左图所示。下面右数三幅图分别为原图像及应用单元格数值为 20 和 60 之后的效果。

3. "点状化"滤镜

"点状化"滤镜用于表现图像的点画效果。执行"效果 > 像素化 > 点状化"命令，可在弹出的"点状化"对话框中设置其"单元格大小"的数值，以应用图像点状化的强度。数值越大，图像色块点状化效果越明显。

4. "铜版雕刻"滤镜

"铜版雕刻"滤镜用于表现图像的铜版画效果。执行"效果 > 像素化 > 铜版雕刻"命令，可在弹出的"铜版雕刻"对话框中设置其"类型"为精细点、粒状点、粗网点、短描边或长边等类型，以应用不同类型的点状化效果。

8.2.2 "扭曲"滤镜组

"扭曲"滤镜组使图像产生扩散亮光的效果，或改变图像质感为玻璃及海洋波纹的扭曲效果。执行"效果 > 扭曲"命令，在弹出的子菜单中可选择"扩散亮光"、"海洋波纹"或"玻璃"滤镜命令，并在弹出的对话框中设置相关属性。也可在应用该滤镜组任一滤镜后在弹出的对话框中切换该滤镜组的其他滤镜选项栏。

1. "扩散亮光"滤镜

"扩散亮光"滤镜在图像的高光部分添加反光的亮点，以使图像的整体色调更加明亮、柔和。

2. "海洋波纹"滤镜

"海洋波纹"滤镜模拟海洋波纹的形态对图像进行扭曲变形。

3. "玻璃"滤镜

"玻璃"滤镜模拟透过玻璃的纹理观看图像的质感效果。

以下 3 幅图分别为"扩散亮光"、"海洋波纹"和"玻璃"滤镜的选项栏。

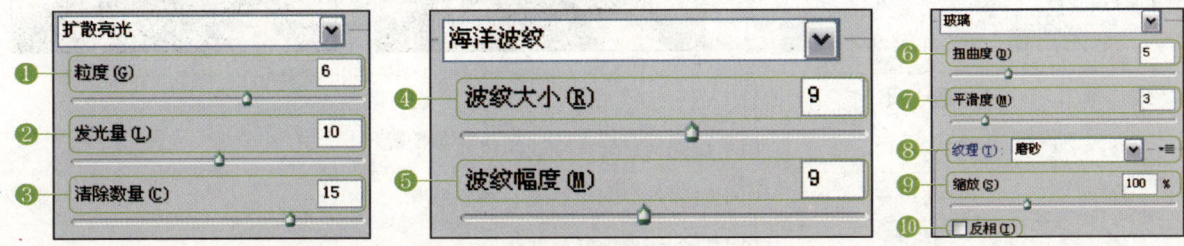

编号	选项	说明
❶	粒度	用于设置点的柔和反光程度。数值越小，点越细致
❷	发光量	用于设置光源强度
❸	清除数量	用于设置滤镜效果的影响范围
❹	波纹大小	用于设置波纹形状的大小
❺	波纹幅度	用于设置波纹扭曲的幅度
❻	扭曲度	用于设置玻璃扭曲的强度
❼	平滑度	用于设置玻璃扭曲的平滑强度
❽	纹理	在下拉列表框中可选择纹理类型。单击右端的扩展按钮，可在弹出的菜单中应用"载入纹理"命令以载入自定义纹理
❾	缩放	用于设置扭曲纹理的大小
❿	反相	用于反方向翻转应用纹理

以下 4 幅图分别为原图像及应用了"扩散亮光"滤镜、"海洋波纹"和"玻璃"滤镜后的图像效果。

8.2.3 "模糊"滤镜组

"模糊"滤镜组使图像边缘产生模糊柔化的效果,或使其呈现晃动及速度的动感效果。执行"效果 > 模糊"命令,可在弹出的子菜单中选择相应的滤镜命令,以应用不同的模糊效果。包括"径向模糊"、"特殊模糊"和"高斯模糊"滤镜。

1. "径向模糊"滤镜

"径向模糊"滤镜通过指定图像中心点的方式创建旋转或缩放的模糊效果,该模糊滤镜具有一定的动感效果。

2. "特殊模糊"滤镜

"特殊模糊"滤镜在图像边缘以外的部分中对比值低的颜色设置模糊效果,以使图像细节颜色呈现平滑的效果。

3. "高斯模糊"滤镜

"高斯模糊"滤镜为图像创建自然柔和的模糊效果,该滤镜使图像具有朦胧感。

以下 3 幅图分别为"径向模糊"、"特殊模糊"和"高斯模糊"滤镜的对话框。

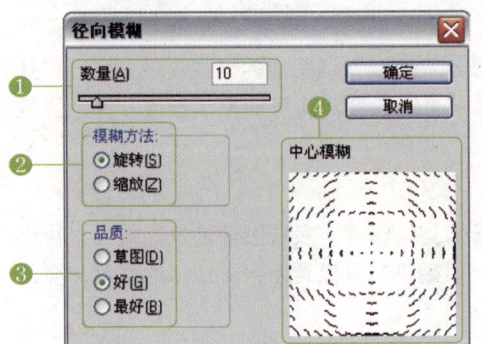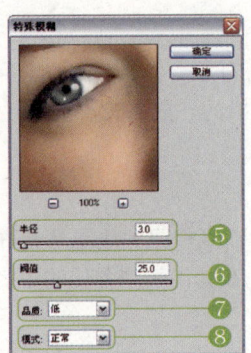

编号	选项	说明
❶	数量	用于设置模糊数量以定义模糊的强度
❷	模糊方法	用于定义模糊方法为旋转或缩放
❸	品质	用于设置模糊的品质。选择"草图"单选按钮可得到最快的模糊效果;选择"好"单选按钮可得到较好的模糊效果;而选择"最好"单选按钮可得到最佳品质的模糊效果,但运行时间较长
❹	中心模糊	通过拖动坐标中心点以调整模糊图像的中心点
❺	半径	用于设置应用该模糊滤镜后图像模糊的范围和强度
❻	阈值	用于设置应用在相似颜色上的模糊范围
❼	品质	用于设置图像应用该模糊滤镜后的图像品质
❽	模式	用于设置模糊效果的应用模式。"正常"模式是图像轮廓的正常表现状态;"仅限边缘"模式将图像轮廓表现为黑白阴影;"叠加边缘"模式将图像轮廓表现为白色
❾	半径	用于设置应用该模糊滤镜后图像模糊的强度

以下 4 幅图分别为原图像及应用了"径向模糊"、"特殊模糊"和"高斯模糊"滤镜后的效果。

8.2.4 "画笔描边"滤镜组

"画笔描边"滤镜组通过使用画笔笔触的方式表现图像的绘画质感。执行"效果 > 画笔描边"命令，可在弹出的子菜单中选择相应的滤镜命令，并在其对应的对话框中设置相关属性，以调整图像的不同绘画效果。其中包括"喷溅"、"喷色描边"、"墨水轮廓"、"强化的边缘"、"成角的线条"、"深色线条"、"烟灰墨"和"阴影线"滤镜。

1."喷溅"滤镜

"喷溅"滤镜将图像创建为染料喷溅或水喷溅的效果。执行"效果 > 画笔描边 > 喷溅"命令，在弹出的"喷溅"对话框中设置"喷色半径"可调整喷色的范围，设置"平滑度"可调整喷溅效果的平滑程度。

2."喷色描边"滤镜

"喷色描边"滤镜按照指定的方向对图像进行喷色描边处理。执行"效果 > 画笔描边 > 喷色描边"命令，在弹出的"喷色描边"对话框中可设置喷色描边的长度和范围，以及描边的方向。

3."墨水轮廓"滤镜

"墨水轮廓"滤镜通过模拟墨水着色的方式表现图像的轮廓部分，用以强调图像的描边效果。执行"效果 > 画笔描边 > 墨水轮廓"命令，在弹出的"墨水轮廓"对话框中可设置墨水轮廓的描边长度、深色强度和光照强度。

4."强化的边缘"滤镜

"强化的边缘"滤镜在图像中颜色对比度较强的边缘部分进行强化处理，以表现图像的发光效果。执行"效果 > 画笔描边 > 强化的边缘"命令，在弹出的"强化的边缘"对话框中可设置所强化边缘的宽度、亮度及平滑度。

5."成角的线条"滤镜

"成角的线条"滤镜利用规则的方向笔触表现类似油画的效果。执行"效果 > 画笔描边 > 成角的线条"命令，在弹出的"成角的线条"对话框中可设置笔触的绘制方向、笔触的长度和清晰度。

6."深色线条"滤镜

"深色线条"滤镜根据图像的明度添加亮或暗的斜线。图像的阴影部分将应用短线条，明亮部分应用长线条。执行"效果 > 画笔描边 > 深色线条"命令，在弹出的"深色线条"对话框中可设置所添加线条的描边方向，以及从图像中深色部分和浅色部分应用斜线的强度。

7."烟灰墨"滤镜

"烟灰墨"滤镜为图像创建烟墨浸染的效果。执行"效果 > 画笔描边 > 烟灰墨"命令，在弹出的"烟灰墨"对话框中可设置线条描边的宽度、压力及对比度。

8."阴影线"滤镜

"阴影线"滤镜以交叉的网格形状为图像创建类似油漆的效果。执行"效果 > 画笔描边 > 阴影线"命令，在弹出的"阴影线"对话框中可设置描边的长度、强度和锐化程度。

以下 5 幅图分别为原图像和应用了"喷溅"、"强化的边缘"、"成角的线条"和"烟灰墨"滤镜后的图像效果。

    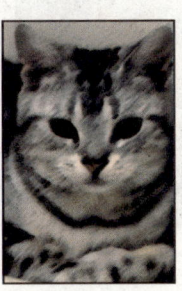

8.2.5 "素描"滤镜组

"素描"滤镜组对图像应用素描、粉笔、铬黄渐变和基底凸现等素描绘画效果。执行"效果 > 素描"命令，可在弹出的子菜单中选择相应滤镜并在对应的对话框中设置滤镜属性。包括"便条纸"、"图章"、"塑料效果"、"撕边"、"炭笔"、"绘图笔"和"铬黄"等滤镜。

1. "便条纸"滤镜

"便条纸"滤镜将图像中亮度高的部分创建为阳刻效果，将深色部分处理为灰色，从而使图像简化为便条纸的纹理效果。执行"效果 > 素描 > 便条纸"命令，在弹出的"便条纸"对话框中可设置图像的阳刻和阴刻部分的平衡效果、图像表面的粒度及图像阳刻的凸显深度。

2. "半调图案"滤镜

"半调图案"滤镜将图像创建为各种图案类型的黑白网点效果。执行"效果 > 素描 > 半调图案"命令，在弹出的"半调图案"对话框中可设置网点的大小、黑白对比度和图案类型。

3. "图章"滤镜

"图章"滤镜将图像创建为图章纹理的简化效果。执行"效果 > 素描 > 图章"命令，在弹出的"图章"对话框中可设置图像中明暗区域的平衡大小和明暗颜色边缘的平滑度。

4. "基底凸现"滤镜

"基底凸现"滤镜将图像创建为阴影基底凸现的效果。执行"效果 > 素描 > 基底凸现"命令，在弹出的"基底凸现"对话框中可设置基底凸现的应用范围和细节表现程度，以及图像边缘的柔和平滑度和基底凸现的光照方向。

5. "塑料效果"滤镜

"塑料效果"滤镜将图像创建为阴刻化的塑料质感效果，其构成原理和"基底凸现"滤镜相似。执行"效果 > 素描 > 塑料效果"命令，在弹出的"塑料效果"对话框中可设置阴刻和阳刻部分的平衡值及其平滑度，和光照的方向。

6. "影印"滤镜

"影印"滤镜将图像创建为暗色的影印效果。执行"效果 > 素描 > 影印"命令，在弹出的"影印"对话框中可设置图像边缘的暗度，以及影印图像的细节区域，其细节值越高图像越暗。

7. "撕边"滤镜

"撕边"滤镜将图像创建为撕边纹理效果。执行"效果 > 素描 > 撕边"命令，在弹出的"撕边"对话框中可设置图像明暗区域的细节值和明暗颜色边缘的暗度等属性。

8. "水彩画纸"滤镜

"水彩画纸"滤镜模拟水彩画纸的纹理材质，并将图像创建为绘制在浸染画布上的水彩绘画。执行"效果 > 素描 > 水彩画纸"命令，在弹出的"水彩画纸"对话框中可设置画布纤维的长度和图像整体的明度、对比度。

以下5幅图分别为原图像和应用了"半调图案"、"图章"、"影印"及"水彩画纸"滤镜后的效果。

9."炭笔"滤镜

"炭笔"滤镜将图像创建为炭笔笔触的绘画效果,应用该滤镜后图像整体色调将偏灰。执行"效果 > 素描 > 炭笔"命令,在弹出的"炭笔"对话框中可设置炭笔粗细、明暗对比及应用炭笔效果区域的细致程度。

10."炭精笔"滤镜

"炭精笔"滤镜模拟炭精笔绘画的效果,应用该滤镜后图像整体色调将偏暗。执行"效果 > 素描 > 炭精笔"命令,在弹出的"炭精笔"对话框中可设置前景色阶、背景色阶及纹理等属性。下左图为该滤镜对话框中的选项栏;下中图为原图像;下右图为应用了该滤镜后的效果。

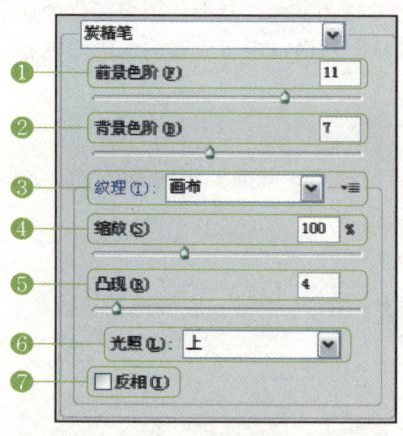  

编号	选项	说明
❶	前景色阶	用于设置前景图像使用的黑色色阶
❷	背景色阶	用于设置背景图像使用的白色色阶
❸	纹理	在下拉列表框中可设置应用的纹理类型
❹	缩放	用于设置纹理基底凸现的大小
❺	凸现	用于设置图像明暗区域的平衡值
❻	光照	用于设置炭精笔绘画图像的光照方向
❼	反相	勾选该复选框以翻转光照的方向

11."粉笔和炭笔"滤镜

"粉笔和炭笔"滤镜综合应用粉笔和炭笔笔触的方式来表现图像的绘画质感,图像的绘画效果将更加细致。执行"效果 > 素描 > 粉笔和炭笔"命令,在弹出的"粉笔和炭笔"对话框中可分别设置炭笔笔触和粉笔笔触的图像区域及其描边强度。

12."绘图笔"滤镜

"绘图笔"滤镜应用绘图笔以指定的笔触方向将图像创建为草图效果。执行"效果 > 素描 > 绘图笔"

命令，在弹出的"绘图笔"对话框中可设置笔触生成的方向和长度明暗区域的平衡值。

13."网状"滤镜

"网状"滤镜应用网状形状组成图像。执行"效果 > 素描 > 绘图笔"命令，在弹出的"网状"对话框中可设置描边长度、明暗值及描边方向属性。

14."铬黄"滤镜

铬黄滤镜将图像创建为金属质感的铬黄渐变效果。执行"效果 > 素描 > 铬黄"命令，在弹出的"铬黄"对话框中可设置铬黄渐变图像的效果、平滑度及细节值。

以下 5 幅图分别为原图像和应用了"炭笔"、"粉笔和炭笔"、"网状"和"铬黄"滤镜后的效果。

动手操作——应用"扩散亮光"滤镜调整对象

原始文件	Chapter 8\8.2\音乐的海洋.ai
最终文件	Chapter 8\8.2\音乐的海洋ok.ai
注意事项	在调整对象色调时，注意整体的融合效果
核心知识	应用"扩散亮光"滤镜调整对象的色调和质感

01 执行"文件 > 打开"命令，打开本书配套光盘中的 Chapter 8\8.2\音乐的海洋 .ai 文件。

> **提示　　打开文件的方式**
>
> Illustrator CS5 中打开文件的方式有很多种。可以执行"文件 > 打开"命令或直接按下快捷键 Ctrl+O 并在弹出的对话框中选择要打开的文件；也可以在未打开任何图像文件的情况下双击灰色工作区；还可以在欢迎屏幕界面中单击"打开"按钮以打开图像文件。

02 设置填充色为深蓝色（C99、M87、Y0、K0）。然后单击矩形工具，在画面相应位置绘制一个矩形。完成后按下快捷键 Shift+Ctrl+[，将矩形置于最底层。

03 执行"效果 > 扭曲 > 扩散亮光"命令，在弹出的对话框中设置各项参数。完成后单击"确定"按钮，以调整蓝色矩形的色调和质感。

04 单击选择工具，选择人物群组，并在"透明度"面板中设置其混合模式为"强光"、"不透明度"为30%，以调整其色调。

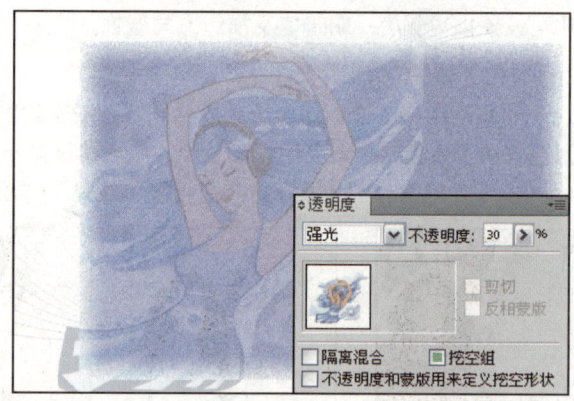

05 在选择人物群组的状态下，分别按下快捷键Ctrl+C和Ctrl+B原位粘贴人物群组，以增强其色调效。

06 单击矩形工具，在画面中绘制一个矩形。然后双击渐变工具。在"渐变"面板中设置矩形为黑白线性渐变效果，并调整渐变滑块的位置。

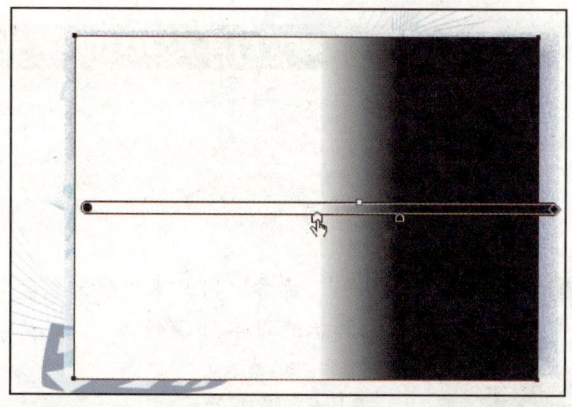

07 单击选择工具，选择所有人物群组和渐变矩形。再单击"透明度"面板右上角的扩展按钮，应用"建立不透明蒙版"命令，以调整人物群组右端的渐隐效果。

08 执行"文件>打开"命令，打开本书配套光盘中的Chapter 8\8.2\蝴蝶.ai文件。将其复制并粘贴至当前图像文件中。

09 选择蝴蝶对象,并在"透明度"面板中设置其混合模式为"柔光"、"不透明度"为 80%,以调整其色调。

10 选择蝴蝶对象并分别按下快捷键 Ctrl+C 和 Ctrl+B 原位粘贴蝴蝶。然后设置位于上方的蝴蝶群组"不透明度"为 60%,以调整其色调。

11 单击文字工具 T,在蝴蝶图形下方位置输入相应的白色文字,并分别在"字符"面板中设置文字的字体和不同的大小。

12 按照同样的方法继续在刚才输入的文字下方输入较小的文字,以丰富该区域效果。

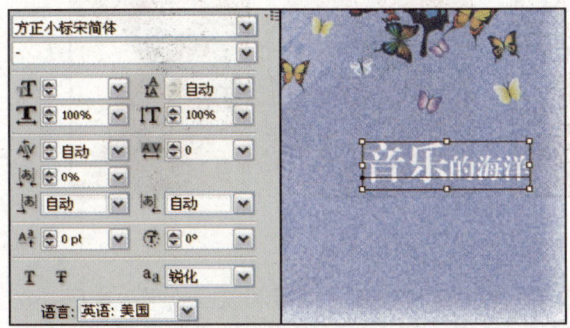

13 单击选择工具 ,框选所有对象,按照同样的方法复制并原位粘贴对象。然后设置位于上方的对象混合模式为"柔光",以增强画面的色调效果。

8.2.6 "纹理"滤镜组

"纹理"滤镜组可为图像创建多种材质效果,也可通过载入自定义纹理创建更多独特的纹理效果。执行"效果 > 纹理"命令,可在弹出的子菜单中选择相应的滤镜命令以应用不同的纹理效果。包括"拼缀图"、"染色玻璃"、"纹理化"、"颗粒"、"马赛克拼贴"和"龟裂缝"滤镜。

1."拼缀图"滤镜

"拼缀图"滤镜将图像创建为深色部分凹陷、浅色部分凸现的砖块质感效果。执行"效果 > 纹理 > 拼缀图"命令,在弹出的"拼缀图"对话框中可设置拼缀图的块状图形的大小及其凸现的强度。

2."染色玻璃"滤镜

"染色玻璃"滤镜在图像中形成不规则的彩色多边形和粗边框。执行"效果 > 纹理 > 染色玻璃"命令,在弹出的"染色玻璃"对话框中可设置组成玻璃的单元格大小、边框粗细及其中心光照强度。

3．"纹理化"滤镜

"纹理化"滤镜通过应用多种纹理将图像纹理化，从而增强图像的质感效果。执行"效果 > 纹理 > 纹理化"命令，在弹出的"纹理化"对话框中可选择不同的纹理并对纹理进行缩放控制和凸现程度的调整。

4．"颗粒"滤镜

"颗粒"滤镜在图像中添加不同分布方式的颗粒状杂点，以使图像质感更粗糙。执行"效果 > 纹理 > 颗粒"命令，在弹出的"颗粒"对话框中可设置颗粒散布的密度和对比度。

5．"马赛克拼贴"滤镜

"马赛克拼贴"滤镜创建马赛克拼贴的纹理效果。执行"效果 > 纹理 > 马赛克拼贴"命令，在弹出的"马赛克拼贴"对话框中可设置拼贴图的形状大小、拼贴之间的缝隙宽度和缝隙加亮区域的大小。

6．"龟裂缝"滤镜

"龟裂缝"滤镜在图像中创建图像龟裂的纹理效果。执行"效果 > 纹理 > 龟裂缝"命令，在弹出的"龟裂缝"对话框中可设置裂缝边缘的间隔距离、下陷深度和亮度。

以下 5 幅图分别为原图像及应用了"拼缀图"、"染色玻璃"、"颗粒"和"马赛克拼贴"滤镜后的效果。

8.2.7 "艺术效果"滤镜组

"艺术效果"滤镜组可对图像创建各种类型的艺术效果，包括各种纹理化效果和绘画效果。执行"效果 > 艺术效果"命令，可在弹出的子菜单中选择相应的滤镜命令并在弹出的对话框中设置各项属性，以应用不同的艺术效果滤镜。包括"塑料包装"、"壁画"、"干画笔"、"彩色铅笔"、"木刻"、"水彩"、"粗糙蜡笔"和"霓虹灯光"等滤镜。

1．"塑料包装"滤镜

"塑料包装"滤镜将图像创建为应用塑料材质进行覆盖的质感效果。执行"效果 > 艺术效果 > 塑料包装"命令，在弹出的"塑料包装"对话框中可设置包装效果高光区域的强度及图像的细节和平滑质感。

2．"壁画"滤镜

"壁画"滤镜可为图像创建岩壁绘画效果。执行"效果 > 艺术效果 > 壁画"命令，在弹出的"壁画"对话框中可设置画笔笔触的大小、图像细节笔触的表现及图像纹理的强度。

3．"干画笔"滤镜

"干画笔"滤镜通过应用多种纹理的方式对图像作纹理化处理，以增强图像的质感。执行"效果 > 艺术效果 > 干画笔"命令，在弹出的"干画笔"对话框中可设置画笔笔触的大小、图像笔触的细节表现及图像纹理的强度。

4．"底纹效果"滤镜

"底纹效果"滤镜通过应用不同的纹理或载入自定义纹理的方式，创建水浸纹理的效果。执行"效果 > 艺术效果 > 底纹效果"命令，在弹出的"底纹效果"对话框中可设置纹理在图像中的应用范围和图像画布质感等属性。

5．"彩色铅笔"滤镜

"彩色铅笔"滤镜可创建图像为彩色铅笔的笔触效果。执行"效果 > 艺术效果 > 彩色铅笔"命令，在弹出的"彩色铅笔"对话框中可设置铅笔笔触的粗细和整个图像的亮度。

以下 5 幅图分别为原图像及应用"塑料包装"、"壁画"、"底纹效果"和"彩色铅笔"滤镜的效果。

    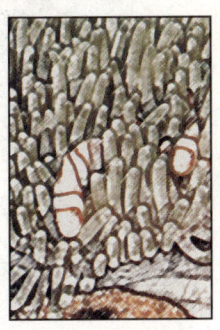

6. "木刻"滤镜

"木刻"滤镜对图像中的色阶进行简化,并创建为木刻的图像效果。执行"效果 > 艺术效果 > 木刻"命令,在弹出的"木刻"对话框中可设置图像简化后的色阶数、图像边缘的简化程度和逼真程度。

7. "水彩"滤镜

"水彩"滤镜将图像创建为模拟水彩绘画的效果。执行"效果 > 艺术效果 > 水彩"命令,在弹出的"水彩"对话框中可设置水彩的纹理化效果和图像阴影的强度。

8. "海报边缘"滤镜

"海报边缘"滤镜为图像的边缘添加黑色描边,并将整个图像海报化。执行"效果 > 艺术效果 > 海报边缘"命令,在弹出的"海报边缘"对话框中可设置图像边缘的宽度、对比度,以及图像色阶海报化的程度。

9. "海绵"滤镜

"海绵"滤镜应用湿海绵处理图像,以创建画面的水渍效果。执行"效果 > 艺术效果 > 海绵"命令,在弹出的"海绵"对话框中可设置图像海绵笔触的大小、清晰度和平滑度。

10. "涂抹棒"滤镜

"涂抹棒"滤镜应用涂抹棒的笔触对图像边缘进行模糊和浸染的处理。执行"效果 > 艺术效果 > 涂抹棒"命令,在弹出的"涂抹棒"对话框中可设置涂抹描边的长度、高光区域的大小和整个涂抹效果的强度。

11. "粗糙蜡笔"滤镜

"粗糙蜡笔"滤镜应用蜡笔笔触表现图像的粗糙效果。执行"效果 > 艺术效果 > 粗糙蜡笔"命令,在弹出的"粗糙蜡笔"对话框中可选择指定的纹理并对纹理、描边长度和图像细节等属性进行调整。

12. "绘画涂抹"滤镜

"绘画涂抹"滤镜可模拟油画绘画质感的笔触。执行"效果 > 艺术效果 > 绘画涂抹"命令,在弹出的"绘画涂抹"对话框中可设置画笔的类型和应用涂抹的画笔大小和锐化程度。

13. "胶片颗粒"滤镜

"胶片颗粒"滤镜创建胶片颗粒状的杂色效果。执行"效果 > 艺术效果 > 胶片颗粒"命令,在弹出的"胶片颗粒"对话框中可设置杂色添加的密度、图像高光区域的大小和明暗对比度。

14. "调色刀"滤镜

"调色刀"滤镜应用调色刀的笔触表现图像的绘画质感。执行"效果 > 艺术效果 > 调色刀"命令,在弹出的"调色刀"对话框中可设置笔触描边的大小、细节图像表现及描边图像的软化度。

15. "霓虹灯光"滤镜

"霓虹灯光"滤镜为图像的边缘创建指定颜色的霓虹灯光效果。执行"效果 > 艺术效果 > 霓虹灯光"命令,在弹出的"霓虹灯光"对话框中可设置霓虹灯光发光的区域大小、亮度和颜色。

以下 5 幅图分别为原图像及应用"海报边缘"、"涂抹棒"、"粗糙蜡笔"和"绘画涂抹"滤镜后的效果。

8.2.8 "视频"滤镜组

"视频"滤镜组主要对视频生成的图像进行编辑或删除不必要的行频，或将其颜色模式进行转换。执行"效果 > 视频"命令，可在弹出的子菜单中选择相应的滤镜命令，并在弹出的对话框中设置其属性，以应用不同的滤镜效果。包括"NTSC 颜色"和"逐行"滤镜。

1."NTSC颜色"滤镜

"NTSC 颜色"滤镜是 TV 显示器规则中的一个标准。TV 主要具有 NTSC 和 PAL 两种方式，其主要差别在于行频。应用"NTSC 颜色"滤镜将 TV 图像的 PAL 方式转换为 NTSC 方式，以减小计算机显示器和 TV 的差异性。

2."逐行"滤镜

该滤镜对捕捉于显示器、视频画面等生成的行频进行编辑或删除。执行"效果 > 视频 > 逐行"命令，在弹出的"逐行"对话框中可设置消除奇数或偶数的行频，以及对消除行频时生成的空白创建新场填充的方式。

8.2.9 "锐化"滤镜组

"锐化"滤镜组用于加强图像的颜色对比度，从而使图像效果更加清晰。执行"效果 > 锐化 >USM 锐化"命令，在弹出的对话框中可设置锐化像素的数量和锐化效果在图像中的应用范围等属性。以下 3 幅图分别为 USM 锐化滤镜对话框和原图像及应用该滤镜后的效果。

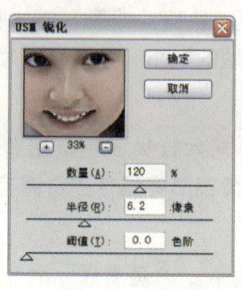  

8.2.10 "风格化"滤镜组

"风格化"滤镜组主要为以图像边缘为基准创建霓虹灯的发光效果，而图像的其他区域变为黑色。执行"效果 > 风格化 > 照亮边缘"命令，在弹出的对话框中可设置图像发光边缘的宽度、亮度和平滑度。如下 3 幅图分别为原图和应用了不同程度的边缘发光后的效果。

动手操作——应用滤镜调整图像的特殊质感色调

原始文件	Chapter 8\8.2\亲近自然.jpg
最终文件	Chapter 8\8.2\亲近自然ok.ai
注意事项	应用滤镜并设置图像混合模式等效果时，注意整体色调表现
核心知识	应用各种位图滤镜调整图像的色调

01 执行"文件>打开"命令，打开本书配套光盘中的Chapter 8\8.2\ 亲近自然 .jpg 文件。

02 在"图层"面板中选择"图层 1"中的图像子图层并将其拖动至"创建新图层"按钮，以复制该图像的子图层。

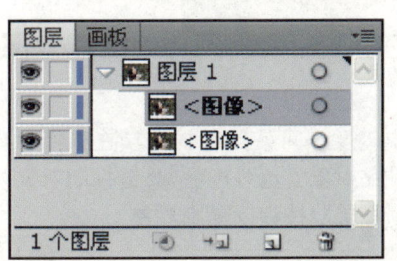

03 选择复制的图像并执行"效果>艺术效果>绘画涂抹"命令，在弹出的对话框中设置各项参数并单击"确定"按钮，以调整图像的特殊质感。

04 再次复制一个图像子图层，并在"透明度"面板中设置该图像的混合模式为"滤色"、"不透明度"为 80%，以调整图像色调。

05 复制位于底端的原始图像子图层并将其放置在最顶端，然后设置其"不透明度"为 80%。

06 单击椭圆工具，在人物面部绘制一个白色椭圆，再执行"效果>风格化>羽化"命令，在弹出的对话框中设置其参数并单击"确定"按钮。

07 使用选择工具 选择白色模糊椭圆及其下一层的图像图层，单击右键并在弹出的快捷菜单中应用"建立剪切蒙版"命令，隐藏白色椭圆外的原始图像区域以调整人物面部效果。

08 复制"图层 1"为"图层 1 复制"。然后选择该复制的图层图像并执行"效果 > 画笔描边 > 喷溅"命令，在弹出的对话框中设置其参数并单击"确定"按钮。完成后设置该图层混合模式为"滤色"、"不透明度"为 80%。

> **提示　复制对象**
>
> 要复制对象，可使用选择工具在选择对象的状态下分别按下快捷键 Ctrl+C 和 Ctrl+V 或 Ctrl+B，以复制并粘贴对象；也可按住 Alt 键拖动对象以复制对象；也可在"图层"面板中将选择的对象拖动至"创建新图层"按钮以复制对象。

09 将"图层 1 复制"中的图像编组后，使用钢笔工具 在画面相应区域绘制一个黑色图形，以恢复该区域图像。然后按照同样的方法应用"羽化"效果。

10 在"透明度"面板中设置黑色图形的"不透明度"为 70%，减淡该图层颜色，以调整人物面部色调和细节。

8.3　其他滤镜的应用

应用其他滤镜主要是针对"效果"菜单中的"3D"、"SVG 滤镜"、"变形滤镜"、"转换为形状"、"路径"和"路径查找器"等滤镜，对对象的外观进行调整而不影响对象的基本属性。本节主要介绍前面没有讲过的相关滤镜效果。

8.3.1　"3D"滤镜组

"3D"滤镜组是对对象创建 3D 立体外观效果。执行"效果 >3D"命令，在弹出的子菜单中可选择"凸出和斜角"、"绕转"及"旋转"滤镜命令。

1．"凸出和斜角"滤镜

"凸出和斜角"滤镜通过创建对象的凸出厚度、斜角样式及表面的光照效果，来表现对象的 3D 效果。应用该滤镜效果可制作出丰富的 3D 立体状态。如下左图为该滤镜对话框；下中图为绘制的简单矩形；下右图为应用了"凸出和斜角"滤镜后的效果。

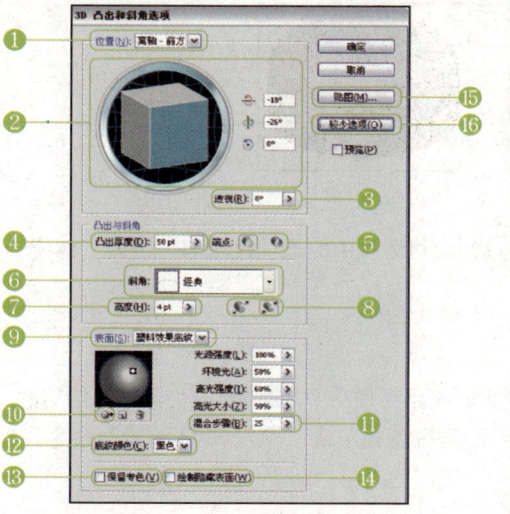  

编号	选项	说 明
❶	位置	在下拉列表框中选择用于 3D 对象旋转的轴倾向类型
❷	指定绕 X/Y/Z 轴旋转	在文本框中输入各个轴旋转的角度，或者在左方的 3D 缩览图中拖动立方体旋转，以及拖动外面的渐变颜色条进行 Z 轴的旋转
❸	透视	用于设置模拟 3 点透视的镜头扭曲度
❹	凸出厚度	用于设置 3D 效果的凸出厚度
❺	端点	用于设置对象为开启端点以建立实心外观，或是关闭端点以建立空心外观
❻	斜角	用于设置 3D 效果凸出面的斜角样式。如下 4 幅图所示为五角星添加的立体效果和不同的斜角效果
❼	高度	选择某个斜角样式时激活该选项，用于定义斜角的高度
❽	斜角外扩 / 斜角内缩	将斜角添加至原始对象 / 自原始对象减去斜角
❾	表面	定义渲染的样式
❿	将所选光源移到对象后面	将选定的光源后移到对象的背景
⓫	混合步骤	用于设置对象 3D 表面颜色的混合步骤
⓬	底纹颜色	用于设置 3D 效果的底纹颜色
⓭	保留专色	用于创建 3D 效果时保留对象的专色
⓮	绘制隐藏表面	用于对隐藏的对象表面进行渲染绘制
⓯	贴图	用于对 3D 对象的各个表面进行二维贴图
⓰	较少选项	用于单击该按钮进行基本选项的设置，再次单击则进行更多选项的设置

2."绕转"滤镜

"绕转"滤镜将对象旋转 360°或以指定的角度创建立体图形。执行"效果 >3D> 绕转"命令，弹出"3D 绕转选项"对话框。在该对话框中可设置对象绕转完的整度、对象相对中心点的偏移距离和对象绕转的基准部分等属性。下左图为原图像；下中图为应用了绕转 120°滤镜后的效果；下右图为应用了绕转 360°滤镜后的效果。

3. "旋转"滤镜

"旋转"滤镜通过三维的透视旋转创建对象的透视感。在该滤镜对话框中的选项设置与"绕转"滤镜的选项设置基本一致，这里不再详细介绍。

8.3.2 "SVG滤镜"滤镜组

"SVG 滤镜"用于在 Web 浏览器中显示作品时可以将滤镜实时应用到作品中，即该滤镜仍然是可编辑的。执行"效果 >SVG 滤镜"命令，在弹出的子菜单中可选择"应用 SVG 滤镜"或"导入 SVG 滤镜"命令。

1. "应用SVG滤镜"

执行"效果 >SVG 滤镜 > 应用 SVG 滤镜"命令，弹出的"应用 SVG 滤镜"对话框中可进行编辑、新建或删除 SVG 滤镜的操作。

2. "导入SVG滤镜"

执行"效果 >SVG 滤镜 > 导入 SVG 滤镜"命令，在弹出的"选择 SVG 文件"对话框中可选择指定的文件并导入。

8.3.3 "变形"滤镜组

"变形"滤镜组是"对象"菜单"封套扭曲"子菜单中"用变形建立"命令的延伸。两者的主要区别在于"变形"滤镜组通过"外观"面板编辑对象的变形，并在原有效果的基础上为整个对象或某一外观属性添加效果；而"用变形建立"命令则只能建立一个变形封套，且不能保证对象的原始效果。下左图、下中图为应用了"变形"滤镜组后的效果，下右图为显示于"外观"面板中的应用内容，可随时对其进行编辑调整。

  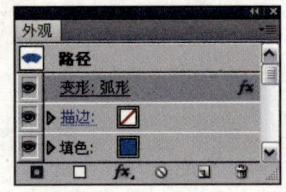

8.3.4 "转换为形状"滤镜组

"转换为形状"滤镜组中包括"矩形"、"圆角矩形"和"椭圆"滤镜命令，可应用这些滤镜将对象转换为指定的形状。应用其中一项命令将弹出"形状选项"对话框，如下左图所示。在该对话框中可切换至其他命令选项组中以应用不同的形状效果，应用后图形的路径不变，下中图及下右图为应用了"转换为形状"滤镜组后的效果。

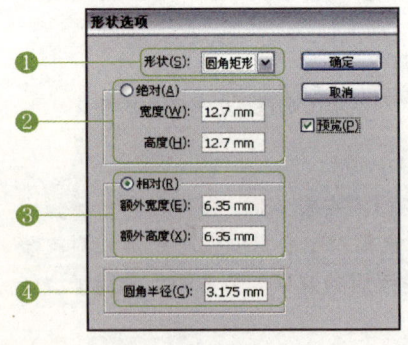   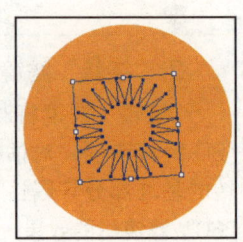

编号	选项	说　明
❶	形状	用于在下拉列表框中选择转换形状
❷	绝对	用于设置对象转换形状的绝对大小，即由对象中心点出发
❸	相对	用于设置对象转换形状时相对于原对象的大小
❹	圆角半径	用于设置"形状"为"圆角矩形"时，该选项被激活，用于设置圆角化半径值

动手操作——为3D对象贴图

原始文件	Chapter 8\8.3\矢量贴图.ai
最终文件	Chapter 8\8.3\矢量贴图ok.ai
注意事项	对3D对象的不同立面进行贴图
核心知识	应用"凸出和斜角"3D命令制作贴图

01 执行"文件 > 打开"命令，打开本书配套光盘中的 Chapter 8\8.2\ 矢量贴图 .ai 文件。

02 使用选择工具选择所有对象，执行"窗口 > 符号"命令。在弹出的"符号"面板中单击"新建符号"按钮，弹出"符号选项"对话框。在其中设置其属性并单击"确定"按钮，新建对象为符号。

03 设置填充色为亮粉色（C0、M3、Y2、K0）。单击圆角矩形工具，并在画面中绘制圆角矩形。

04 执行"效果 > 3D > 凸出和斜角"命令，在弹出的"3D 凸出和斜角选项"对话框中设置"凸出和斜角"选项凸出的厚度值。

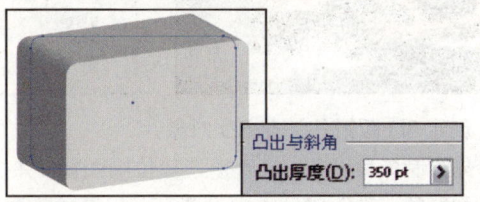

05 单击对话框中的"贴图"按钮，在弹出的"贴图"对话框中设置"符号"为前面建立的"贴图"符号，以应用至立体圆角矩形的正面。

06 单击对话框顶端"表面"选项的"下一个表面"按钮，以切换至其他立面。按照同样的方法应用贴图符号，完成立体图的贴图制作。

课后练习

本章通过对 Illustrator CS5 中矢量滤镜和位图滤镜及其他相关矢量滤镜的讲解，认识并了解了不同滤镜功能的应用方法和应用效果，有利于对图形的绘制和编辑。接下来通过对本章中相关滤镜功能和应用的重点、难点列举一些考查练习，以巩固学习效果。

一、选择题

（1）以下不属于位图滤镜的滤镜组是（　）。

　　A. 扭曲　　　　　　　B. 扭曲和变换　　　　C. 视频　　　　　　　D. 像素化

（2）以下可以将图像转换为印刷网点效果的滤镜是（　）。

　　A. 晶格化　　　　　　B. 点状化　　　　　　C. 彩色半调　　　　　D. 铜版雕刻

（3）要快速应用最近用到过的滤镜效果，可按下快捷键（　）。

　　A. Shift+Ctrl+E　　　　B. Shift+E　　　　　　C. Ctrl+E　　　　　　D. Ctrl+F

二、填空题

（1）矢量滤镜中"风格化"滤镜组中包括_____、_____、_____、_____、_____和_____6 种滤镜。

（2）3D 效果包括_____、_____和_____3 种应用滤镜。

三、上机操作

（1）制作具有冲击力的模糊效果。

选择指定的图像后，执行"效果 > 模糊 > 径向模糊"命令，在弹出的"径向模糊"对话框中设置要应用的模糊类型和模糊区域，完成后单击"确定"按钮即可。

 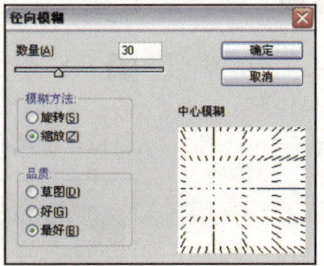 

（2）创建 3D 图形并调整 3D 对象。

可首先绘制矢量对象，或直接选择位图图像，并执行"效果 >3D> 凸出和斜角"命令，在弹出的"3D 凸出和斜角选项"对话框中设置其凸出厚度效果及其他相关属性，完成后单击"确定"按钮即可。

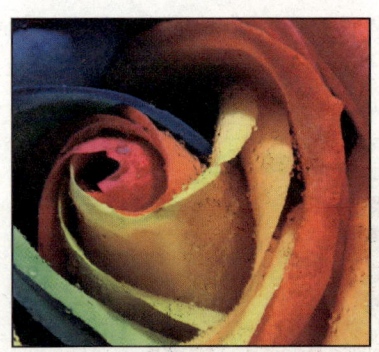  

Chapter 09 打印输出和创建 Web 图形

设计师指导

在图形设计领域中对作品的输出一般来说都需要设置一些必要的输出要求，以便在输出效果上达到尽量完美的状态。本章针对作品印前打印设置、存储Web图形，以及使用切片工具等应用功能进行了全面讲解，从而帮助读者更好的制作相关作品。

核心知识点

1. 了解"打印"对话框
2. 掌握相关的打印设置
3. 认识"存储为Web和设备所用格式"对话框
4. 掌握创建Web图形的方法
5. 掌握切片工具的相关操作方法

9.1 打印输出作品

将制作完成的作品打印输出为纸质实体，需要对打印机进行设置。本节中所要讲到的相关打印设置包括在"打印"对话框中进行设置、对裁剪区域进行设置和文件的陷印设置。

9.1.1 打印设定

要进行打印设定，可通过在"打印"对话框中进行设置。执行"文件 > 打印"命令，在弹出的"打印"对话框中可对自定义或默认的"打印预设"及打印机的选择进行设置。也可设置"常规"、"标记和出血"、"输出"、"图形"、"颜色管理"、"高级"和"小结"的预设打印选项。

1. "常规"选项

"常规"选项用于设置打印的页面、份数、介质和打印图层的类型等属性。

2. "标记和出血"选项

"标记和出血"选项用于设置打印页面的"标记和出血"的相关选项。

下左图为"打印"对话框中的"常规"选项组；下右图则为"标记和出血"选项组。

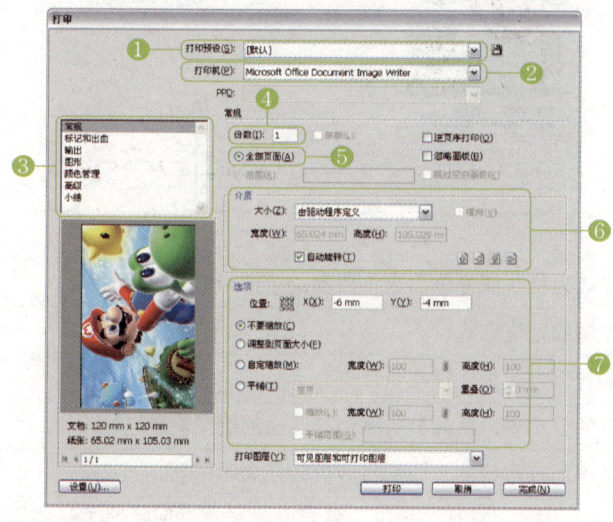
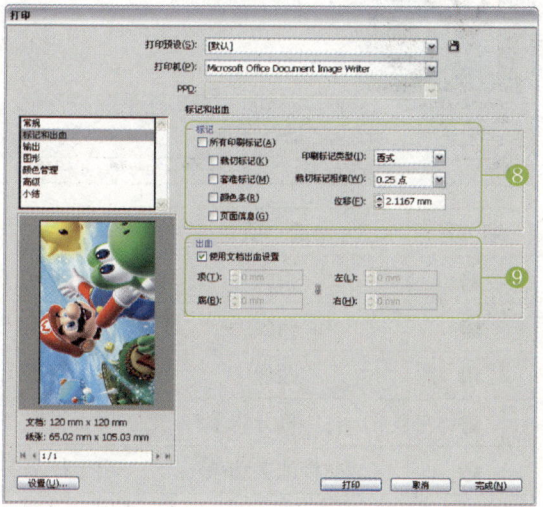

编号	选项	说明
❶	打印预设	在下拉列表框中可选择默认的打印预设
❷	打印机	在下拉列表框中可选择连接的打印机

（续表）

编 号	选 项	说 明
❸	打印选项	包括"常规"、"标记和出血"、"输出"、"图形"、"颜色管理"、"高级"和"小结"选项的打印预设
❹	份数	通过输入数字来设置打印的份数，默认数值为 1
❺	全部页面	用于设置打印全部页面或者只打印指定范围的页面
❻	介质	用于设置由何种程序定义页面大小，以及具体的页面大小和页面的取向
❼	选项	用于设置进行打印的图层类型及缩放页面的相关选项
❽	标记	用于设置应用标记的类型及标记的具体参数设置
❾	出血	用于设置页面的出血范围，即定界框或裁剪区域外的多少范围仍然可以打印

3."输出"选项

"输出"选项设置图稿的输出方式、打印机分辨率及文档油墨选项等属性。

4."图形"选项

"图形"选项设置路径的平滑度、PostScript 字体、文字的数据格式，以及渐变和渐变网格打印的兼容性等。

下左图为"打印"对话框中的"输出"选项组；下右图则为"图形"选项组。

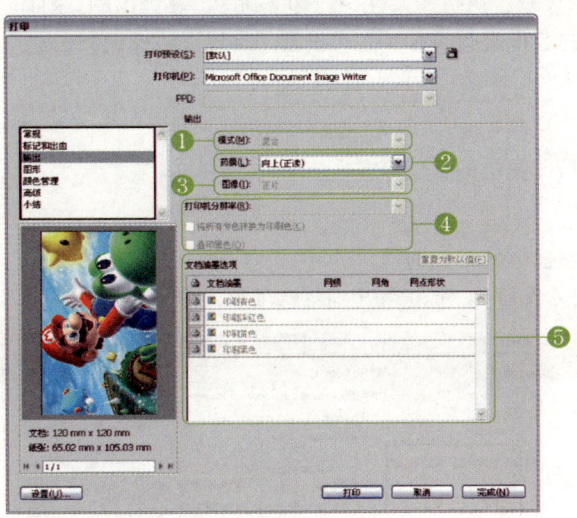 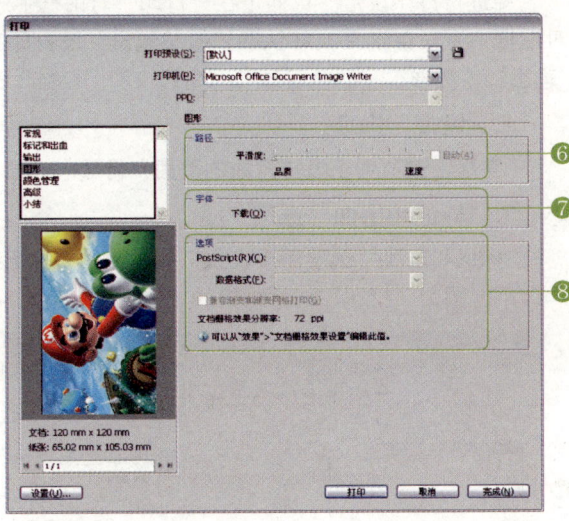

编 号	选 项	说 明
❶	模式	用于设置打印模式为复合或分色，这主要取决于打印机的配置
❷	药膜	用于设置药膜图层的定位方式
❸	图像	用于设置图像的打印方式为正片或负片
❹	打印机分辨率	用于设置打印机的分辨率，最高分辨率由打印机的类型决定
❺	文档油墨选项	用于控制各种油墨的打印状况及如何将专色转换为印刷色
❻	路径	用于设置路径的平滑度。偏向"品质"可获取高平滑度但降低了打印的速度；偏向"速度"可获取低平滑度以提高打印的速度
❼	字体	用于设置 PostScript 字体下载到打印机的方式
❽	选项	用于控制 PostScript 语言和文字的数据格式。勾选"兼容渐变和渐变网格打印"复选框，可将渐变和渐变网格转换为可兼容的 JPEG 格式

5. "颜色管理"选项

"颜色管理"选项用于设置图稿的打印方法，包括颜色处理方式，打印机配置文件以及渲染方法等。

6. "高级"选项

"高级"选项用于图稿打印为位图，以及叠印和透明度拼合器选项的设置。

7. "小结"选项

"小结"选项用于显示为文件设置的打印选项的摘要，包括警告选项。

以下 3 幅图分别为"颜色管理"、"高级"和"小结"选项组。

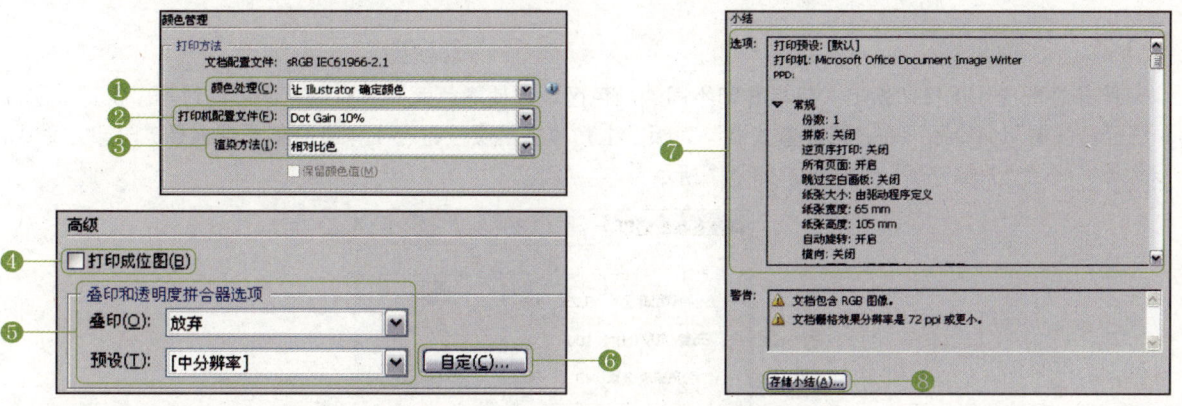

编号	选项	说明
❶	颜色处理	定义使 Illustrator 或打印机来确定颜色
❷	打印机配置文件	用于设置使用的颜色管理配置文件
❸	渲染方法	将颜色转换为配置文件时使用的渲染方法
❹	打印成位图	将文件快速打印成位图映射图像
❺	叠印和透明度拼合器选项	用于设置叠印的方式及预设图稿分辨率
❻	自定	通过在弹出的对话框中设置栅格/矢量平衡、对象的分辨率，以及是否将指定的对象转换为轮廓
❼	选项	用于显示文件设置的所有打印选项的摘要，并通过警告选项检测错误设置
❽	存储小结	在"存储为"对话框中可将当前打印预设进行存储

9.1.2 了解"画板选项"对话框

画板工具用于裁剪或拓展画板的尺寸；"画板选项"对话框可用于设置当前图像文件的画板精确属性。使用画板工具时，可通过直接拖动画板锚点的方式进行调整，也可在属性栏中设置其他参数。选择画板工具后，按下 Enter 键可打开"画板选项"对话框，如右图所示。在之前的章节中已经讲过如何设置画板的大小，所以这里主要对"画板选项"对话框进行讲解。

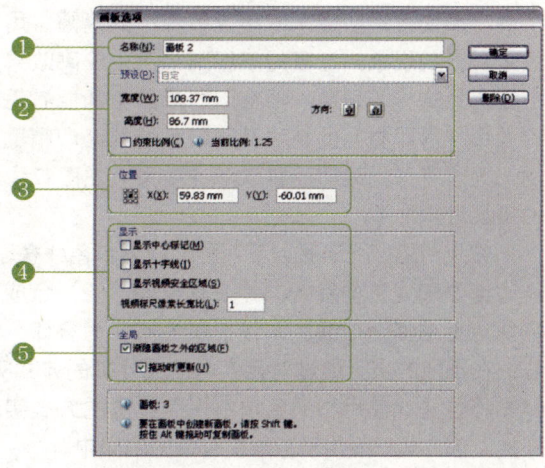

编号	选项	说明
❶	名称	用于设置当前选定画板的名称
❷	预设	通过在下拉列表框中选择预设的画板选项，以应用其他尺寸的画板；也可通过自定义画板的尺寸、比例和方向的方式应用画板
❸	位置	用于设置画板所在的位置
❹	显示	用于显示或隐藏一些辅助的标记等
❺	全局	用于显示所应用的画板区域和被裁剪的区域的状态

9.1.3 了解陷印

陷印主要应用于打印输出，是指叠印不同的颜色区域以使颜色之间没有任何间隙的过程。执行"窗口 > 路径查找器"命令后，在"路径查找器"面板右上角单击扩展按钮，在弹出的菜单中选择"陷印"命令，以弹出"路径查找器陷印"对话框，如下图所示。

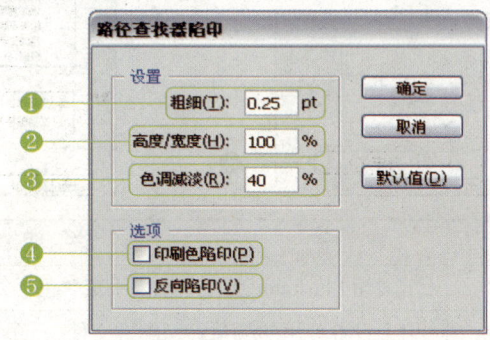

编号	选项	说明
❶	粗细	用于设置陷印的宽度，默认值为 0.25 点
❷	高度/宽度	用于设置陷印高度值，以便区别于高度。宽度允许不同的陷印兼容值，如输入最大 400%，将描边的水平粗细扩大到在"粗细"选项栏中设置量的 4 倍，并保持垂直粗细不变
❸	色调减淡	用于指定选择区域的两种颜色应变淡多少
❹	印刷色陷印	用于将专色转换成只存在于陷印路径中的印刷色
❺	反向陷印	用于转换对象周围的陷印。陷印用 100% 黑色进行填充，颜色小于黑色并且亮于邻接颜色

使用陷印技术，能够避免在印刷时由于对齐效果不够精确，而使得打印出来的图像出现小的缝隙，用于更正纯色未对齐的现象。过多的陷印则会产生轮廓效果，从屏幕中看不见这样的现象，但在印刷成品中却能看见。陷印量的大小视承印材料的特性及印刷系统的套印精度而定。左图一为没有采用陷印的错误对齐效果；左图二为采用陷印的错误对齐效果。

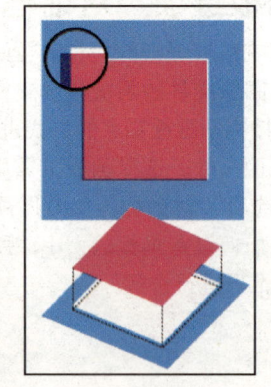 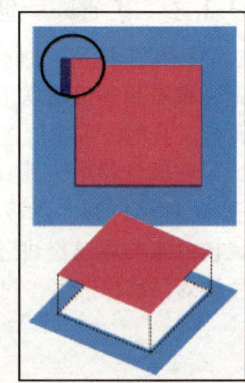

常见的陷印方法有以下 4 种。(1) 单色线叠印法：在色块上添加浅色的线条，并使其叠印。(2) 合成线法：在色块边上添加合成线，而线条属性不能为叠印。(3) 分层法：在不同的层上通过对元素内缩或外扩的方式实现陷印。(4) 移位法：使用移动色块中拐点位置的方式实现内缩或外扩，该方式一般用于与渐变有关的陷印中。

9.2 创建Web图形

Illustrator CS5 中可轻松地创建 Web 图形，并与其他 Web 应用程序具有良好的兼容性。本节主要讲解 Web 图形的创建过程、Web 图形格式、Web 切片、设置输出选项，以及为 Web 创建矢量图形。

9.2.1 "存储为Web和设备所用格式"对话框

将矢量图形优化并存储为 Web 格式，主要是在"存储为 Web 和设备所用格式"对话框中进行设置。在该对话框中对存储为 Web 格式的图形进行预览、压缩格式、颜色、透明度等设置。执行"文件 > 存储为 Web 和设备所用格式"命令，或通过按下快捷键 Shift+Ctrl+Alt+S 的方式，可弹出"存储为 Web 和设备所用格式"对话框，如下图所示。

编号	选项	说明
❶	图形预览方式	用于以不同的预览查看方式查看对象。包括原稿、优化、单联和四联
❷	工具	抓手工具：通过在 Web 预览窗口中拖动以移动视图；切片选择工具：选择图像中的切片；缩放工具：缩放视图比例，按住 Alt 键单击视图以缩小视图；吸管工具：从图像中吸取颜色并反映到"颜色表"中；吸管颜色：显示吸管工具吸取的颜色，单击该按钮弹出"拾色器"对话框，以设置特定的颜色；切换切片可视性：显示或隐藏预览窗口中的切片
❸	优化设置	通过在下拉列表框提供的优化格式及下方的选项优化图像
❹	设置选项	通过单击选项卡以切换显示"颜色表"、"图像大小"和"图层"选项栏
❺	在默认浏览器中预览	用于在实际的 Web 浏览器中预览图像效果，同时显示有关文件的所有信息及显示 HTML 源代码
❻	Device Central	可在弹出的 Adobe Device Central 面板中测试图像

> **提示**　　　　　　　　　　Adobe Device Central操作面板
>
> 单击"存储为Web和设备所用格式"对话框右下角的Device Central按钮，将弹出该选项的操作面板。在该面板中测试图像将当前作品应用为手机移动设备中的图像实时效果，可设置各种版本的设备组样本、可用设备类型、图像类型、文件名称和大小、文件格式和尺寸、图像屏幕显亮程度和对比度，以及图像在屏幕中的对齐方式等各种属性。

9.2.2 认识Web图形格式

Illustrator CS5 中提供了多种支持 Web 图像的存储格式，每一种存储格式都具备各自特定的图像属性和压缩格式选项，主要包括 GIF、JPEG 和 PNG 等存储格式。

1. GIF格式

GIF 格式是 Web 图形中最为常用的存储格式之一，包含最多 256 种颜色。GIF 使用无损压缩算法，大致寻找相同的像素区域来节省文件的占用空间。无损压缩适用于大多数平面化的彩色图像，如标志图形和文本标题等。下左图为 GIF 格式效果图；下右图为 GIF 格式存储选项。

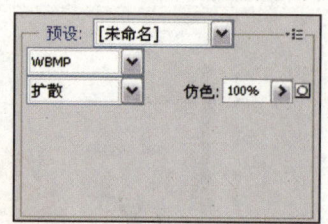

2. JPEG格式

JPEG 存储格式是照片和连续色调图像的最佳格式。Illustrator 中允许设置不同级别的 JPEG 压缩，通过在"存储为 Web 和设备所用格式"对话框中设置低、中、高、很高或最高选项以设置图像品质。使用 JPEG 格式存储可能导致锯齿图像，通过"模糊"选项可设置最大 2 像素的模糊设置。

3. PNG格式

PNG 存储格式提供了类似于 GIF 的无损压缩，支持高达 32 位的彩色图像和 256 级 Alpha 透明度通道。在"存储为 Web 和设备所用格式"对话框中允许以 PNG-8 和 PNG-24 的格式存储 PNG 图像。

4. SWF格式

SWF 格式用于支持 Macromedia Flash 各种版本的动画存储格式。通过"AI 文件到 SWF 文件"和"图层到 SWF 帧"定义，将 AI 转换为独立的 SWF 文件或将 AI 图层转换为 SWF 文件中的某一帧。下左图为 SWF 格式效果图；下右图为 SWF 格式存储选项。

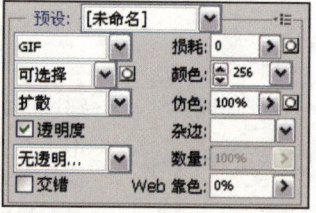

5. SVG格式

SVG 格式代表可伸缩矢量图形，是基于 XML 的开放标准格式。可在任意一款文件编辑器中保持可编辑性，从而更改对象的外观。

6. WBMP格式

WBMP 格式即 Wireless Bitmap 格式，是用于在手机或 PDA 设备中显示的图像格式。该格式的像素包括黑色和白色，可选择包括扩散、图案和杂色在内的仿色算法。下左图为 WBMP 格式效果图；下右图为 WBMP 格式存储选项。

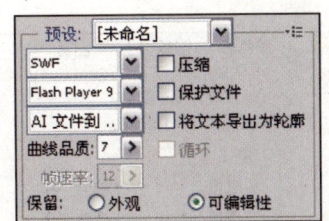

动手操作——存储文件为Web和设备所用格式

原始文件	Chapter 9\9.1\彩虹.ai
最终文件	Chapter 9\9.1\彩虹ok.gif
注意事项	注意勾选"存储为Web和设备所用格式"对话框中的"透明度"复选框
核心知识	将图形存储为Web和设备所用格式

01 执行"文件 > 打开"命令，打开本书配套光盘中的 Chapter 9\9.1\ 彩虹 .ai 文件。

02 执行"文件 > 存储为 Web 和设备所用格式"命令，弹出"存储为 Web 和设备所用格式"对话框。

03 单击对话框中的"四联"选项卡，并使用抓手工具拖动图像以调整其位置。

04 在对话框右端的选项栏中选择"预设"为"GIF 128 仿色"选项，并继续设置其他相关选项。

05 单击选项栏中的"图像大小"选项卡,并在该选项栏中设置相关属性。单击"应用"按钮,以应用设置效果。

06 单击对话框右上角的"存储"按钮,并将图像存储至指定的文件夹中,完成 Web 图像的优化和存储。

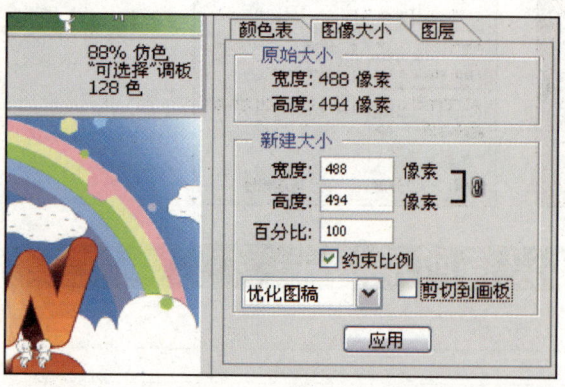

9.2.3 设置输出选项

存储图形时可通过存储不同格式和设置优化按下的方式实现图像的优化处理。在"存储为 Web 和设备所用格式"对话框中单击"优化菜单"按钮,在弹出的快捷菜单中选择"编辑输出设置"命令,弹出"输出设置"对话框。在该对话框中包括 HTML、切片、背景和存储文件 4 种设置选项。

1. HTML 选项

HTML 选项用于设置 HTML 代码的格式化选项,以及编码与 Adobe 配套软件兼容性选项。

2. 切片选项

切片选项用于设置切片输出时,生成表格或生成 CSS 及每个切片的命名方式。

3. 背景选项

背景选项用于设置将文档看作图像或背景,以及指定整个页面的背景图像和背景颜色。

4. 存储文件

存储文件选项用于定义文件命名的方式、文件名兼容性及优化文件的存储名称。

下左图为"输出设置"对话框中的 HTML 选项栏;下中图为其中的"切片"选项栏;下右图为其中的"存储文件"选项栏。

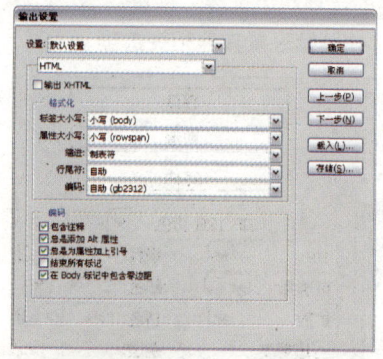
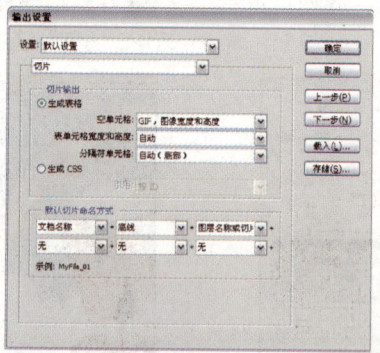
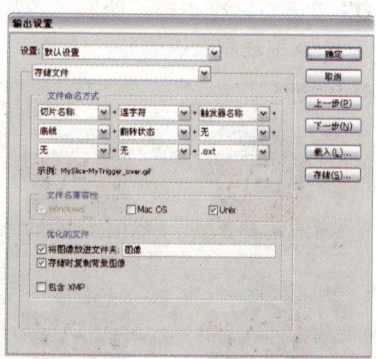

提示 以其他方式打开"输出设置"对话框

在"存储为Web和设备所用格式"对话框中单击"存储"按钮,在弹出的"将优化结果存储为"对话框中选择"设置"下拉列表框中的"其他"选项,即可弹出"输出设置"对话框。

9.2.4 为Web创建矢量图形

使用矢量图形可在 Web 浏览器中扩大图形而不会看到图像的锯齿状现象，并能在 Web 中更好地打印图像。

动手操作——存储文件为SWF动画

最终文件	Chapter 9\9.1\SWF动画ok.swf
注意事项	要释放混合图层，需在选中混合图层的状态下进行
核心知识	制作图形SWF动画效果

01 新建一个图像文件并设置填充色为红色（C0、M100、Y100、K0）。然后单击 ☆ 工具，在画面中绘制一个星形。

02 继续在画面中按住左键拖动鼠标，同时按下键盘上的向上方向键↑，以绘制一个黄色（C0、M0、Y100、K0）的星形。

03 双击混合工具，在弹出的对话框中设置其步数为 10 并单击"确定"按钮。完成后分别单击红色和黄色的星形，将其混合。

04 选择"图层"面板中的"混合"子图层，并单击面板右上角扩展按钮。在弹出的菜单中选择"释放到图层（顺序）"命令，以释放为普通图层。

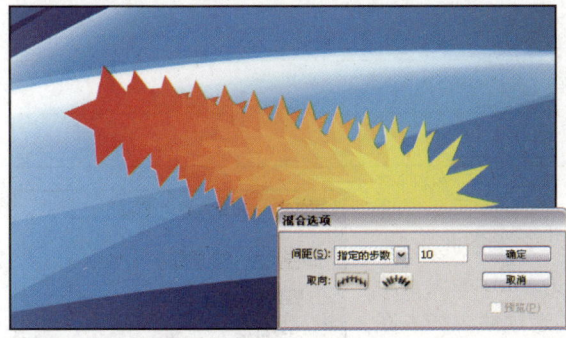

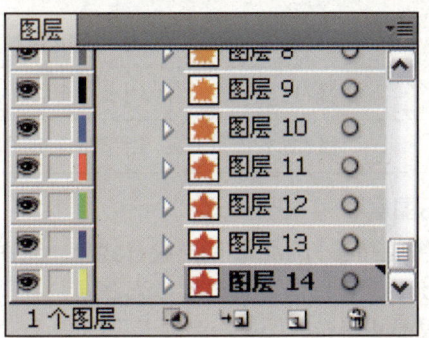

05 执行"文件 > 存储为 Web 和设备所用格式"命令，在弹出的"存储为 Web 和设备所用格式"对话框中设置存储格式为 SWF，并设置其导出的类型为"图层到 SWF 帧"。完成后勾选"循环"复选框并单击"存储"按钮，将图像文件存储至指定的文件夹中。然后在安装了 Flash Player 的前提下，打开该存储后的文件即可查看动画效果。

9.2.5 使用切片分割图像

Web 切片是将图像切割为若干个较小的块，便于在载入 Web 页面时提高下载的速度，以及为不同的切片指定不同的文件格式或为不同的切片定义不同的链接等。

1. 了解Web切片

在 Illustrator 中主要包括以下两种不同的切片建立方式。

（1）使用工具箱中的切片工具在图像中直接绘制切片，并使用切片选择工具编辑切片、移动切片位置和调整切片大小等。使用这种方法创建的切片是作为属性应用到对象中，对象本身具有可编辑性，且所创建的切片不受影响。

（2）执行"对象 > 切片"命令，在弹出的子菜单中选择"建立"命令基于选定的对象形状建立切片。当对象发生改变后切片也会随之改变。而在子菜单中应用"从所选对象创建"命令建立的切片性质和使用切片工具创建的切片性质相同。

在创建切片后，执行"对象 > 切片 > 切片选项"命令，可在弹出的"切片选项"对话框中指定切片的 URL 地址、目标和信息等属性，如右图所示。

编　号	选　　项	说　　明
①	切片类型	指定切片类型为无图像、图像或 HTML 文本。其中"无图像"表示内容为视频剪辑或载入图形的脚本；"图像"表示 GIF 或者 JPEG 等；"HTML 文本"则表示切片内容作为文件进行显示
②	名称	用于指定切片的名称
③	URL	用于指定在浏览器中进行单击操作时，切片所链接到的 URL
④	目标	用于指定载入 URL 的帧
⑤	信息	用于指定将在浏览器状态栏中的内容
⑥	替代文本	用于指定浏览器的替换文本

2. CSS图层

CSS 主要是指在 HTML 中的层叠样式表，允许图像和文本彼此重叠。Illustrator 中允许所有图层被认定为 CSS 图层。在"存储为 Web 和设备所用格式"对话框中单击"图层"选项卡可切换至该选项的选项栏，如右图所示。勾选"导出为 CSS 图层"复选框后，设置图层的可见、隐藏或不导出状态及是否仅预览选中的图层。

动手操作——创建Web切片

原始文件	Chapter 9\9.2\创建切片.ai
最终文件	Chapter 9\9.2\"创建切片ok"文件夹
注意事项	创建切片时注意切片区域外的其他图形裁剪状态
核心知识	创建Web切片并将其存储

01 执行"文件 > 打开"命令，打开本书配套光盘中的 Chapter 9\9.2\ 创建切片 .ai 文件。

02 单击选择工具，选择左上角的人物图形，并执行"对象 > 切片 > 建立"命令，以建立切片。

03 选择人物图形，并执行"对象 > 切片 > 从所选对象创建"命令，以建立切片。

04 继续使用选择工具，选择画面右上端位置的鲨鱼鳍并执行同样的命令，以建立切片。

05 执行"文件 > 存储为 Web 和设备所用格式"命令，在弹出的"存储为 Web 和设备所用格式"对话框中设置相应属性。

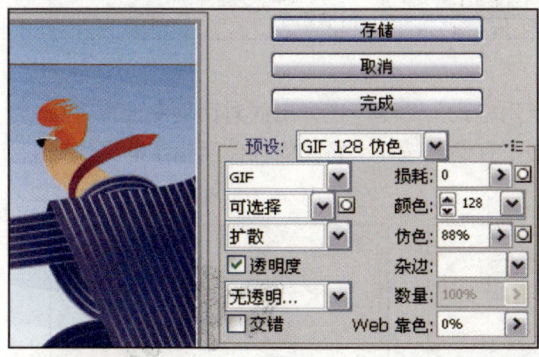

06 完成相关设置后单击"存储"按钮，将图像文件存储至指定的文件夹中。然后打开该文件即可查看存储后的切片效果。

提示 在"存储为Web和设备所有格式"对话框中选择切片

在"存储为 Web 和设备所用格式"对话框中，使用"切片选择"工具双击建立的切片，可弹出"切片选项"对话框。按住 Shift 键的同时单击其他切片则可选择多个切片。

课后练习

本章通过对 Illustrator CS5 中矢量滤镜和位图滤镜及其他相关矢量特效的讲解，认识并了解了不同滤镜功能的应用方法和应用效果，有利于图形的绘制和编辑。接下来通过对本章中相关滤镜功能和应用的重点、难点列举一些考查练习，以巩固学习效果。

一、选择题

（1）以下不属于"输出设置"对话框中的主要选项是（　　）。
　　A. HTML　　　　B. 切片　　　　C. 背景　　　　D. 打印

（2）切片工具的快捷键是（　　）。
　　A. Shift+E　　　B. Shift+B　　　C. Shift+K　　　D. Ctrl+K

二、填空题

（1）执行_____命令或按下快捷键_____，可弹出"打印"对话框。

（2）"打印"对话框中主要包括_____、_____、_____、_____、_____、_____和_____ 7 项选项设置。

（3）在"存储为 Web 和设备所用格式"对话框中，可设置图形为_____、_____、_____、_____、_____和_____ 6 种存储格式。

三、上机操作

（1）制作 SWF 动画。

首先使用图形绘制工具绘制几个图形，再使用混合工具将图形混合在一起，以创建多个渐进变化的图形。然后在"图层"面板中，单击其扩展按钮并应用"释放到图层（顺序）"命令。释放图层后执行"文件 > 存储为 Web 和设备所用格式"命令，在弹出的"存储为 Web 和设备所用格式"对话框中选择存储格式为 SWF 格式并设置其他相关属性，完成后单击"存储"按钮并存储图像即可。

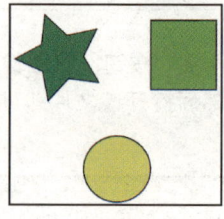
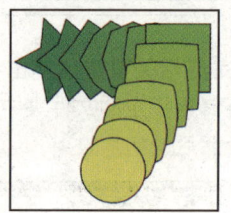
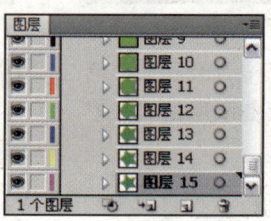
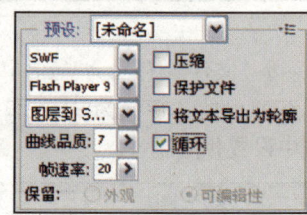

（2）存储图像为 WBMP 格式。

打开一个图像文件并执行"文件 > 存储为 Web 和设备所用格式"命令，在弹出的对话框中设置存储格式为 WBMP，并指定仿色算法为"图案"。完成后单击"存储"按钮，将图像存储至指定的文件夹中即可。

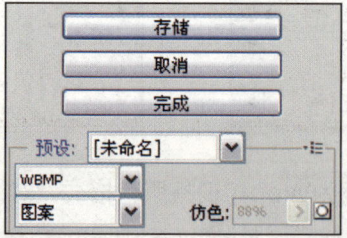

PART 02

行业应用篇

本篇导引

行业应用篇分为 10 章,汇 Illustrator 软件应用最为广 的十大设计领域。右侧为读 展示出软件在所属设计领域 经典案例和拓展案例,从而 读者将所学知识进行综合 用和实践操作。

行业案例	项目拓展	行业案例	项目拓展
VI 系统设计	标志 基本要素 办公应用 交通工具	杂志广告设计	创意品牌 日用产品 化妆品 品牌服饰
吉祥物设计	机械俱乐部 动物园 儿童乐园	招贴设计	音乐会 通讯服务 汽车俱乐部
POP 宣传广告设计	文具 回馈活动 艺术联盟	插画设计	梦幻精灵 忧郁 CG 童话世界
书籍装帧设计	CG 杂志 音乐书籍 文学书籍	产品造型设计	香水瓶 极品跑车 数码产品
画册设计	数码产品 企业宣传 传媒品牌 艺术机构	包装设计	CD 盒 个性饮料

※ **行业案例**:指导读者以 step by step 的方式完成一个真实的行业作品。
※ **项目拓展**:根据本主题行业领域特点,为读者展示相关行业设计作品。

Chapter 10　VI 系统设计

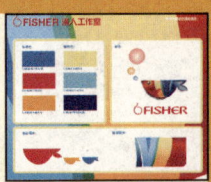

案例分析

本实例制作的是一个创意工作室的VI视觉识别系统。首先在标志形象的表现上以一个较为简单的鱼形轮廓为基本形态，并对该鱼形图形的颜色和纹理等进行细致的刻画，以丰富标志形象的色调和质感，体现出创意品牌的积极活力。完成对标志形象的设计制作后，以此为基础展开VI视觉识别系统的设计，包括基本要素系统和应用系统，并对其进行风格统一地制作。

核心技能

通过本实例的制作展示，主要目的是让读者掌握这VI视觉识别系统的制作过程；从技法上来讲，以图形的绘制为主导，通过应用不同的图形绘制方式和编辑方式制作色调丰富但又统一的方案，以达到在统一中寻求变化，在变化中追求统一的目的。

10.1　行业介绍

VI 即视觉识别系统，是 Visual Identity 的缩写，也是最具传播力和感染力的宣传形式之一。VI 是企业形象设计的重要组成部分。一个企业需要建立一个整体的、系统化的视觉符号系统，用于传播企业文化理念，树立品牌形象，并使企业内部更有凝聚力，提高工作效率，从而不断提升企业地位。因此一个成功的 VI 视觉识别系统更有利于企业经营理念的传播，以及企业知名度的建立和企业形象的塑造。

10.1.1　VI视觉识别系统的组成部分

VI 视觉识别系统接触层面非常广泛，并且由于静态识别符号具体化、视觉化的传达形式，使信息更加快速而明确地传播。视觉识别系统主要包括两方面：一是基本要素系统，主要包括企业名称、企业标志、标准字、标准色、象征图案、宣传口语和市场行销报告书等。基本要素系统是 VI 视觉识别系统的核心部分；二是应用系统，主要包括办公事务用品、制服、旗帜、招牌、标识牌、陈列展示、生产设备、交通工具、建筑环境、产品包装和广告媒体等。

10.1.2　VI系统设计基本原则

设计企业视觉识别系统，必须要把握其统一性、差异性、民族性和有效性等基本原则。

1. 统一性

为了实现企业形象对外传播的统一性，在对企业视觉识别系统的设计过程中，将运用统一的视觉化符号设计。采用简化、统一、系列、组合和通用等设计手法综合设计企业形象，使企业信息更加个性、明晰而有序，以更加快速地传播及被大众所认知，留给大众以深刻的印象。

2. 差异性

为了突出企业形象的个性和本质特征，采用个性化的设计手法是不可或缺的。设计的差异性由企业本质和文化理念等所决定，不同行业具有不同的特征，如化妆品行业与电子行业之间具有完全不同的特征，因此把握好不同行业的本质并区分其差异性是非常必要的。

3. 民族性

企业形象的塑造在很大程度上是根据民族文化性质而决定的。民族文化是企业发展的动力，建立在民族文化基础上的企业形象也是大众能普遍接受的。

4. 有效性

VI视觉识别系统是用于解决传播问题的艺术产物，通过策划与设计并将其实施，在实施过程中应得到有效地推广运用，并发挥其塑造企业形象的重要作用。因此在策划和设计过程中应根据企业自身情况定位形象，并以此为基础进行实际发展规划。

10.2 设计要点

本实例制作的是一个创意工作室的VI视觉识别系统，主要通过绘制图形的方式制作标志图形和其他基本要素、应用系统，以及添加应用素材以丰富制作效果。通过设计制作该品牌的形象宣传要素，以推广品牌。

> **原始文件**：Chapter 10\10.1\螺旋方块.ai、路牌.ai、汽车.ai
> **最终文件**：Chapter 10\10.1\VI系统设计.ai
> **注意事项**：在设计制作过程中注意整个VI视觉识别系统的统一性
> **核心知识**：制作品牌标志图形并在此基础上进行扩展设计
> **流程导引**：①制作标志　②制作基本要素系统　③制作办公应用系统　④制作路牌标识和交通工具

① 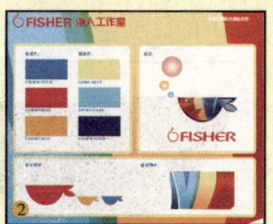② ③ 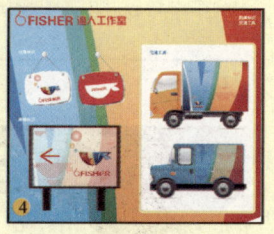④

10.3 制作步骤

本案例在制作上根据VI视觉识别系统设计的特征而分为4个方面，分别为制作标志、制作基本要素系统、制作办公应用系统和制作路牌标识和交通工具。以下分别对这几个方面作细致的步骤讲解和图例展示，以帮助用户了解制作过程。

10.3.1 制作标志

首先通过新建文件操作创建出新的图像文件，再使用钢笔工具和渐变工具绘制图形分别填充相应的渐变颜色，以丰富图形的色调效果。然后结合使用剪切蒙版和不透明蒙版等方式对图形进行精细地处理，最后通过添加文字等效果，以完善标志图形的绘制。

01 执行"文件>新建"命令，在弹出的"新建文档"对话框中设置文件名称为"VI系统设计"，并设置其他相关参数。完成后单击"确定"按钮以新建一个空白图像文件。

02 新建图像文件后，单击钢笔工具，在画面中绘制一个抽象的鱼形路径形状。

03 单击渐变工具，并在"渐变"面板中设置其填充颜色为从浅蓝色（C40、M0、Y0、K0）到深蓝色（C98、M82、Y0、K81）的线性渐变颜色。对其渐变批注者即渐变滑块等进行调整，以调整填充区域。

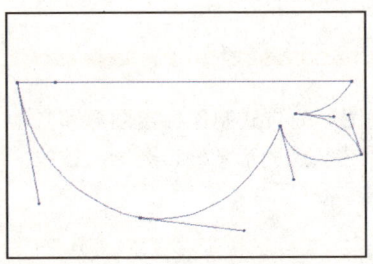
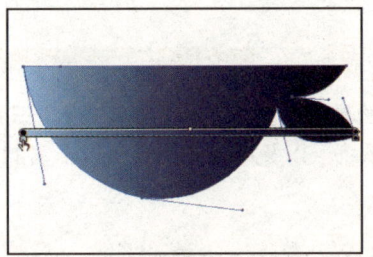

04 继续使用钢笔工具在刚才绘制的抽象鱼形轮廓内绘制相应的鱼形路径。然后使用渐变工具对其应用为同样的渐变填充色，并对渐变颜色进行调整，以应用该图形的径向渐变填充效果。

05 继续使用钢笔工具在抽象鱼形的左端绘制相应的路径形状。然后单击渐变工具，并填充为从深红色（C0、M100、Y65、K15）到橘红色（C0、M75、Y85、K0）再到深红色（C0、M90、Y75、K30）的径向渐变颜色。

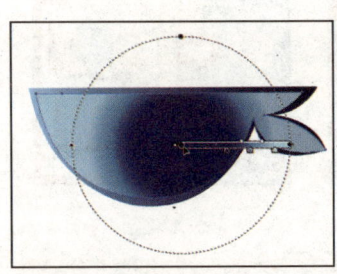
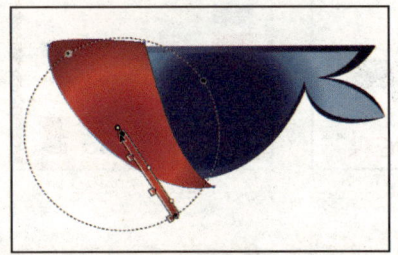

06 使用钢笔工具在红色渐变图形的右端绘制一个相应形状的路径，并使用渐变工具填充从淡黄色（C0、M6、Y48、K0）到橙色（C0、M73、Y100、K0）的线性渐变颜色。然后通过调整其渐变批注者，以调整渐变颜色的角度。

07 单击工具箱底端的"背面绘图"按钮，并使用钢笔工具在橙色渐变图形的下方绘制一个相应路径。然后使用渐变工具填充从新绿色（C52、M0、Y78、K0）到深绿色（C100、M0、Y100、K51）的线性渐变颜色。

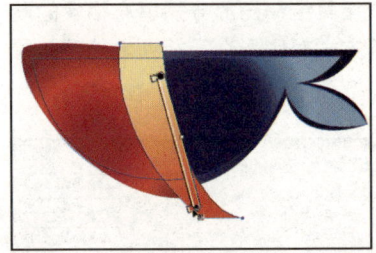
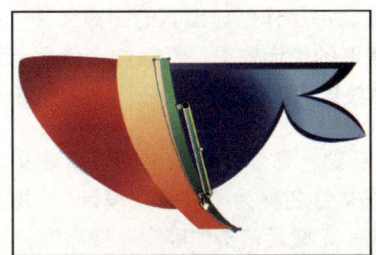

08 继续在相应区域绘制一个从浅蓝色（C51、M0、Y0、K0）到较深的蓝色（C100、M0、Y0、K16）线性渐变颜色的图形。然后在"不透明"面板中设置其混合模式为"柔光"，以调整其色调。

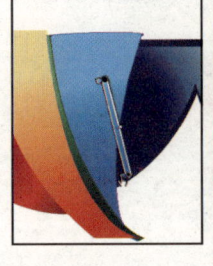
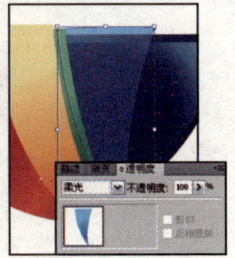

09 继续使用钢笔工具在相应位置绘制一个形状并填充其颜色为较深的蓝色（C85、M50、Y0、K0）。然后设置其混合模式为"颜色加深"、"不透明度"为70%，以调整其色调。

 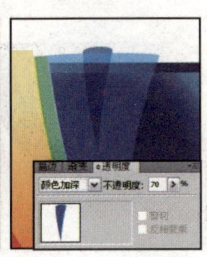

10 按照同样的方法继续在鱼形轮廓的其他区域绘制图形，并调整相应的颜色，以丰富其色调。

11 使用钢笔工具在鱼形中端绘制一个鱼鳍状的图形，并通过渐变工具填充该图形从较深的红色（C0、M90、Y66、K20）到橘红色（C0、M76、Y81、K0）的线性渐变颜色。

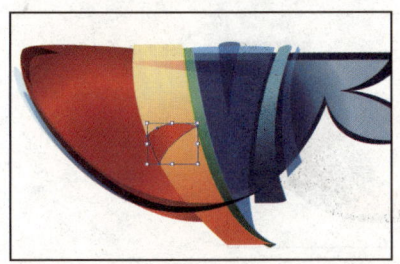

12 单击工具箱底端的"背面绘图"按钮，并使用钢笔工具在鱼鳍图形的下方绘制一个阴影状的图形。再填充其颜色为深红色（C43、M100、Y77、K7），然后设置该图形"不透明度"为60%。

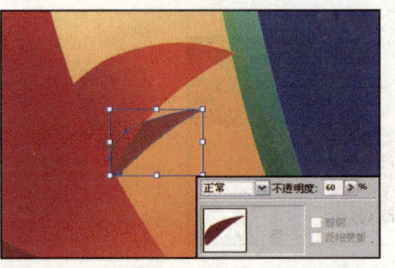

13 单击工具箱底端的"背面绘图"按钮，再单击矩形工具，在鱼鳍图形下方绘制一个矩形。然后使用渐变工具填充为黑白渐变颜色、调整其渐变角度为垂直状态。

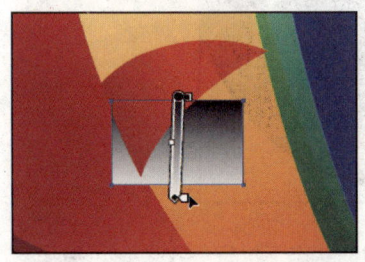

14 在"图层"面板中按住Ctrl键单击刚才绘制的鱼鳍阴影形状和矩形所在图层的定位按钮，将其选中。然后在"不透明"面板右上角单击其扩展按钮，在弹出的菜单中选择"建立不透明蒙版"命令，以制作鱼鳍阴影效果。

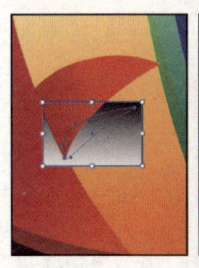 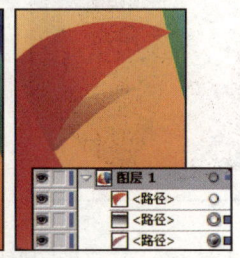

15 单击选择工具，选择位于最底层的深蓝色鱼形轮廓，并分别按下快捷键Ctrl+C和Shift+Ctrl+V，将其原位粘贴至最顶层。

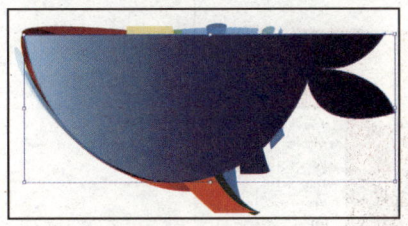

16 框选画面中的所有对象，并右击。在弹出的快捷菜单中选择"建立剪切蒙版"命令，将鱼形轮廓外多余的图形剪切。

17 单击钢笔工具，在鱼形图形上绘制一个相应的形状，并使用渐变工具填充从红色（C0、M100、Y40、K0）到白色的径向渐变颜色。然后通过对渐变批注者的滑块进行调整，以调整颜色。

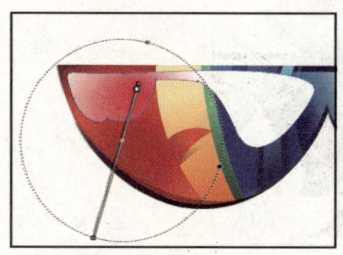

18 在"不透明"面板中设置该图形的"不透明度"为30%，以减淡其颜色，并同时显示其下方的图形颜色，作为反光效果。

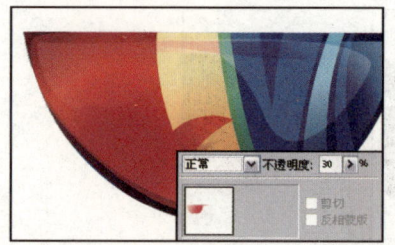

19 在选择刚才所绘制的半透明图形的状态下，执行"效果 > 风格化 > 投影"命令。在弹出的"投影"对话框中设置参数并单击"确定"按钮，为该图形添加投影效果。

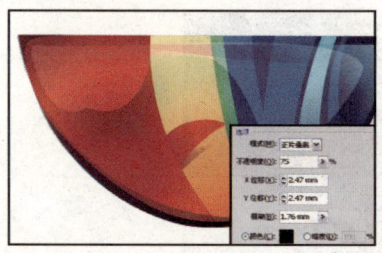

20 单击矩形工具，在添加了阴影的半透明图形上绘制一个矩形，并使用渐变工具填充为黑白渐变颜色。然后通过旋转渐变批注者及其滑块的方式调整渐变颜色的角度等状态。

21 使用选择工具选择黑白渐变矩形和添加了投影的半透明图形，单击"不透明"面板右上角的扩展按钮，选择"建立不透明蒙版"命令，对该图形右端作渐变隐藏处理，使其过渡更自然。

22 继续按照同样的方法在鱼形轮廓的下端绘制相应图形并作渐变半透明的处理，以丰富鱼形的反光效果和质感。

23 单击椭圆工具，在鱼形图形的左上角相应位置绘制一个椭圆形。然后单击渐变工具填充从淡黄色（C0、M0、Y42、K0）到中黄色（C0、M29、Y100、K0）的径向渐变颜色。

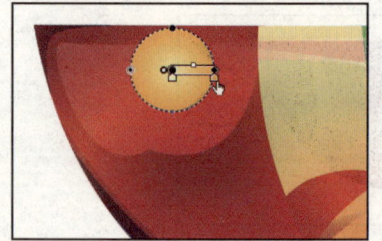

24 在选中黄色椭圆的状态下执行"效果 > 风格化 > 投影"命令，在弹出的"投影"对话框中设置参数并单击"确定"按钮，为该椭圆图形添加投影效果。

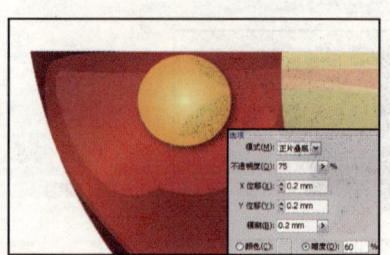

25 继续使用椭圆工具 ，在黄色椭圆上绘制两个椭圆图形，并分别填充为灰褐色（C66、M78、Y62、K24）和淡黄色（C2、M2、Y24、K0），作为鱼儿图形的眼睛，以完成鱼儿图形的绘制。

26 继续使用椭圆工具 ，在鱼儿图形的前方绘制一个椭圆。单击渐变工具 ，填充从白色到中蓝色（C90、M10、Y0、K10）的径向渐变颜色，作为鱼儿图形的泡泡。然后设置该泡泡图形的"不透明度"为70%。

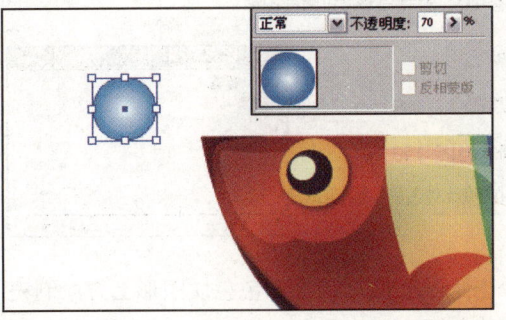

27 复制蓝色泡泡并将其放大至一定程度。然后更改其颜色为从白色到橙色（C0、M35、Y90、K0）的径向渐变颜色，再设置其"不透明度"为80%。

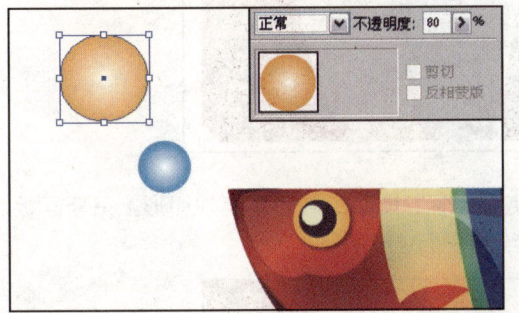

28 继续复制橙色泡泡并将其放大至一定程度。然后更改其颜色为从白色到红色（C0、M90、Y50、K0）渐变颜色，再设置其"不透明度"为50%。

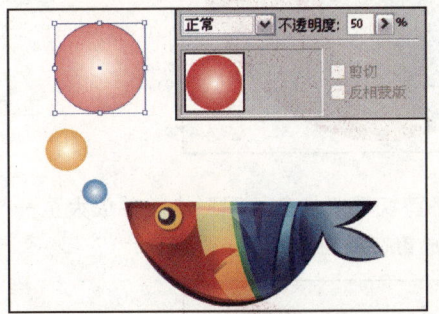

29 单击文字工具 ，在鱼儿图形的下方输入相应的红色（C0、M90、Y50、K0）文字，并在"字符"面板中设置文字的字体等属性。

30 打开本书配套光盘 Chapter 10\10.1\ 螺旋方块.ai 文件。将图形复制并粘贴至当前图像文件中。调整其大小并放置在文字的左方。然后双击"图层1"，在弹出的"图层选项"对话框中设置其名称为"标志"，并单击"确定"按钮，以更改图层名称。

 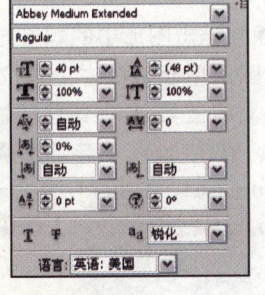

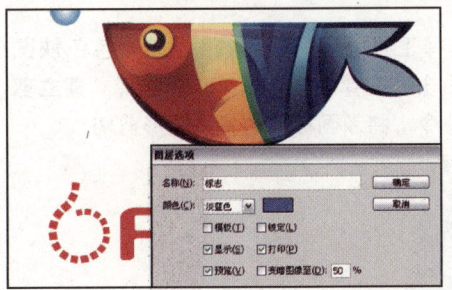

10.3.2 制作基本要素系统

首先通过新建画板并指定画板名称的方式应用新画板以绘制其他图形，然后通过新建图层并重命名的方式以区分所绘制的内容。之后通过复制前面所制作的标志图形的图形元素并指定标准色等方法，制作基本要素系统。

01 在"画板"面板中单击"新建画板"按钮 ，在弹出的"画板选项"对话框中设置其名称为"标准色辅助色辅助图形"并单击"确定"按钮。然后新建一个图层并重命名为同样的名称。

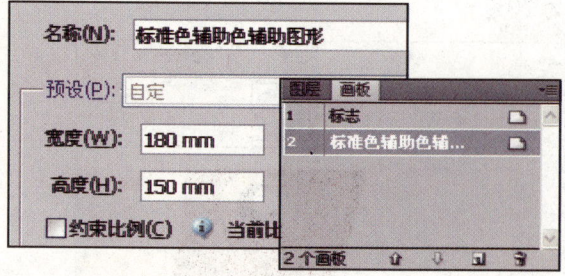

02 复制之前所制作的标志图形，并将其粘贴至当前图层中。然后通过使用选择工具 选择一些不需要的图形并将其删除。双击鱼形图形，以进入隔离状态，并将其中的一些图形删除。

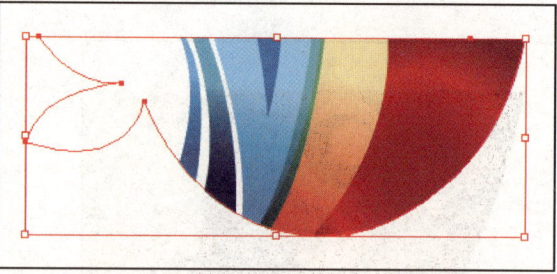

03 单击矩形工具 ，在彩色色块图形上方绘制一个矩形路径。

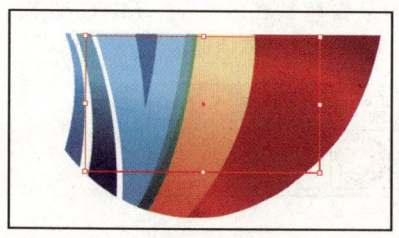

04 使用选择工具 框选矩形路径和彩色色块图形，然后右击，并在弹出的菜单中选择"建立剪切蒙版"命令，将矩形轮廓外的多余图形剪切。

05 将应用了剪切蒙版的色块图形旋转并放大至一定程度，并放置在新画板的相应位置。

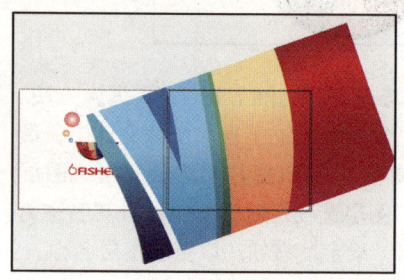

06 使用矩形工具 ，在彩色色块图形上沿新画板轮廓绘制一个矩形路径。

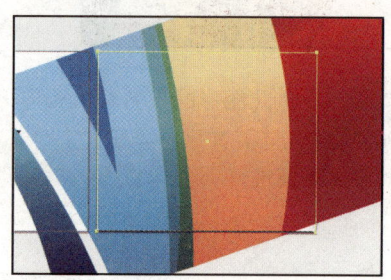

07 使用选择工具 框选矩形路径和彩色色块图形，然后右击。在弹出的快捷菜单中选择"建立剪切蒙版"命令，将新画板外的多余图形剪切。

08 复制标志图形中的螺旋方块图形，将其粘贴至当前图层中画板的左上角位置并调整大小。然后使用文字工具 在该区域输入相应的红色（C0、M90、Y50、K0）文字并设置其属性。

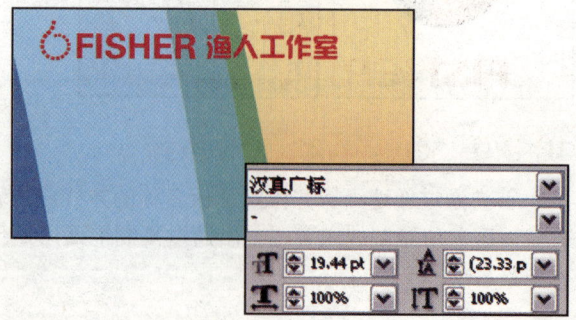

09 继续使用文字工具 在画板右上角区域输入相应的白色文字并设置其属性，以作为当前画板中所要绘制内容的标记。

10 单击圆角矩形工具 ，在画面相应位置绘制一个白色圆角矩形，同时通过按下上、下方向键以调整其圆角半径。然后设置其描边粗细为5pt，描边颜色为淡黄色（C0、M5、Y50、K0）。

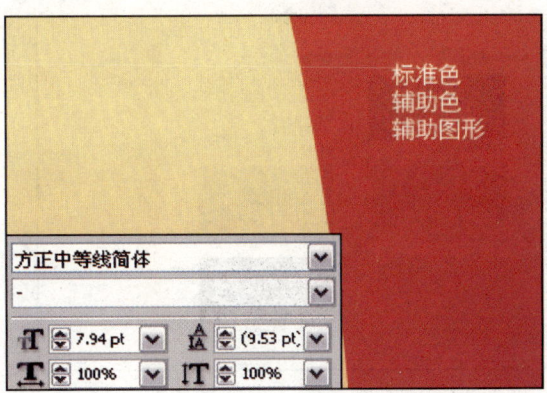

11 使用选择工具 选择白色矩形，按住左键后再按住Alt+Shift键向，右拖动该矩形以复制在相应位置。然后按照同样的方法在其下方绘制一个长条状的圆角矩形。

12 复制之前绘制的标志图形并将其粘贴至当前图层中。按下快捷键Ctrl+G将标志图形编组，并缩小至一定程度，放置在画板右端的矩形中。然后使用文字工具 在该矩形左上角输入"标志："文字并填充为蓝色（C90、M0、Y10、K10）。

13 单击矩形工具 ，在画板左端的矩形的左上角绘制一个矩形，并设置其颜色为蓝色（C90、M0、Y10、K10）。

14 使用选择工具 选择蓝色矩形，按住左键后再按住Alt+Shift键向右拖动该矩形以复制在相应位置。然后按照同样的方法向下复制这两个矩形，以得到更多矩形。

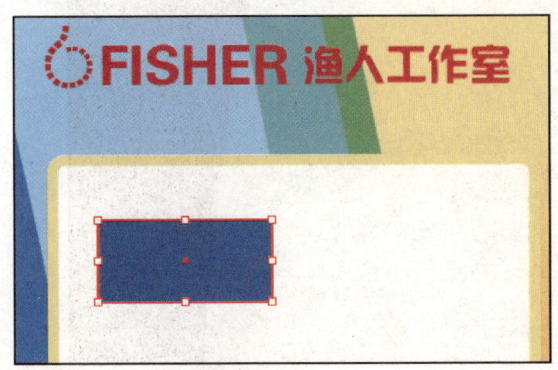

15 分别设置其他几个矩形颜色为红色（C0、M90、Y50、K10）、橙色（C0、M35、Y90、K10）、淡黄色（C0、M5、Y50、K10）、浅蓝色（C50、M0、Y10、K0）和深蓝色（C90、M70、Y0、K25）。

16 单击文字工具，在左端的矩形组上方输入文字"标准色："；在右端矩形组上方输入文字"辅助色："。然后在各个色块下方输入与该色块颜色一致的 C、M、Y 和 K 的数值。

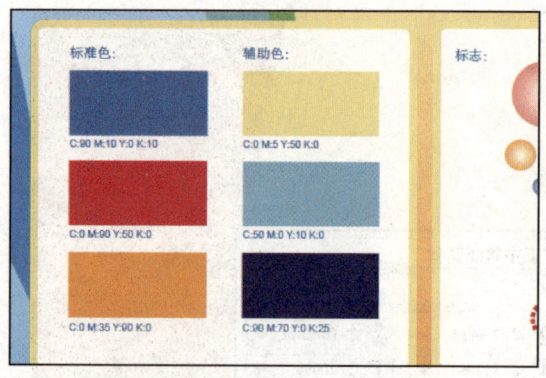

17 复制之前所绘制的标志图形的鱼形轮廓并将其粘贴至当前图层中，分别调整其大小和标准色，放置在画板下端的矩形上作为象征图形。

18 复制之前所制作的彩色色块图形并调整其大小，将其放置在画板右下角的矩形上，作为辅助图形，完成应用系统图形的绘制。

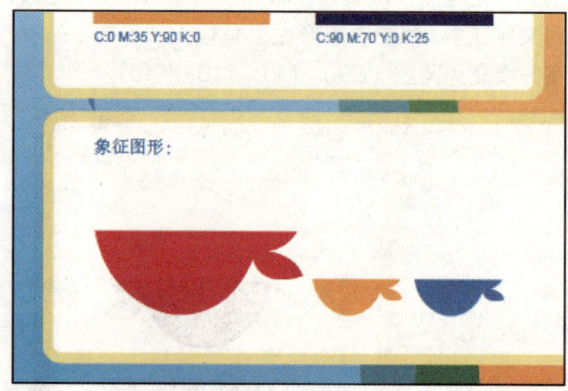

10.3.3 制作办公应用系统

再次新建画板并指定画板名称，通过新建图层并重命名的方式以区分所绘制的新内容。然后复制之前的页面背景以添加新画板的背景，并通过基本要素系统中的元素绘制新的内容。

01 单击"画板"面板中的"新建画板"按钮，新建一个画板并命名为"标办公应用"。再新建一个图层并重命名为同样的名称。然后复制"标准色辅助色辅助图形"画板中的页面背景图形，并将其粘贴至当前图层的画板上。

02 使用文字工具更改画板右上角的文字为"办公应用"，以区分所绘制的新内容。

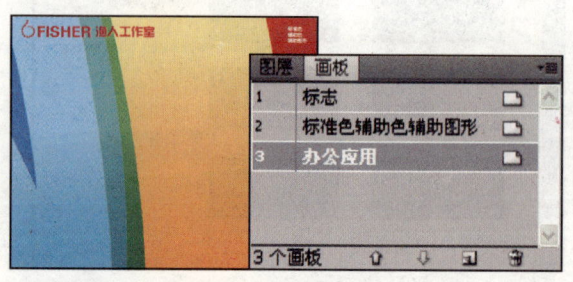

03 单击圆角矩形工具 ▭，在画板左端绘制一个与之前所绘制的同样效果的圆角矩形。

04 使用选择工具 ▶ 选择白色矩形，按住左键后再按住 Alt+Shift 键向右拖动该矩形以复制在相应位置。

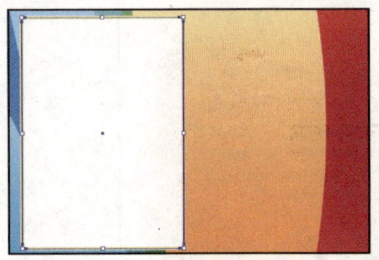

05 复制一个辅助图形，并将其放置在画面相应位置。然后使用选择工具 ▶ 双击该图形，并在隔离状态下对图形进行旋转处理。

06 双击空白区域以退出隔离模式，然后单击矩形工具 ▭，在彩色色块图形上绘制一个矩形。

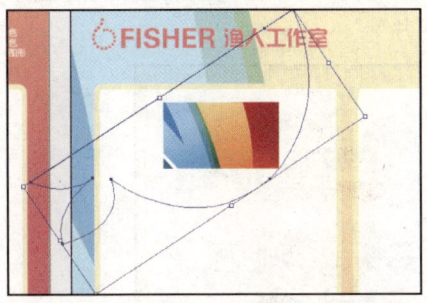

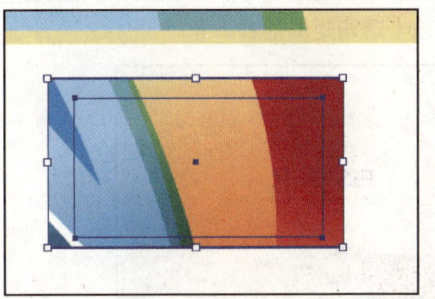

07 按住 Shift 键并使用选择工具 ▶ 选择所绘制的矩形和彩色色块图形，然后右击。在弹出的快捷菜单中选择"建立剪切蒙版"命令。

08 设置应用剪切蒙版后的矩形"不透明度"为 40%，以减淡其颜色效果。

09 在选择半透明矩形的状态下执行"效果 > 风格化 > 投影"命令，在弹出的"投影"对话框中设置各项参数，完成后单击"确定"按钮，为其添加投影效果。

10 单击圆角矩形工具 ▭，在添加了投影的半透明矩形上绘制一个相应状态的圆角矩形，填充其颜色为橙色（C0、M35、Y90、K10）。

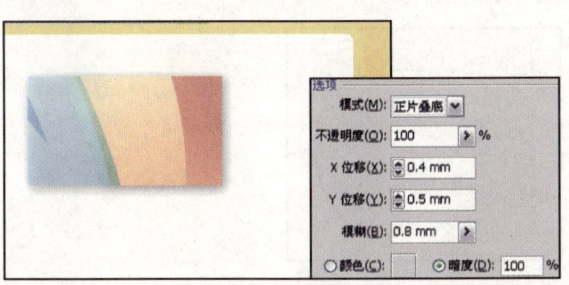

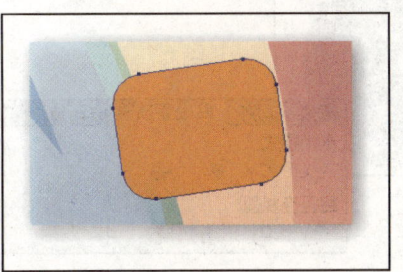

11 复制刚才的橙色圆角矩形，将其缩小至一定状态并对其作旋转处理。更改其颜色为淡黄色（C0、M5、Y50、K10）。

12 单击文字工具，在圆角矩形上输入相应的文字并设置其大小等属性。填充其颜色为深蓝色（C90、M70、Y0、K25）。

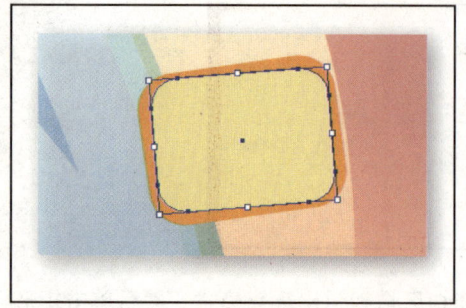

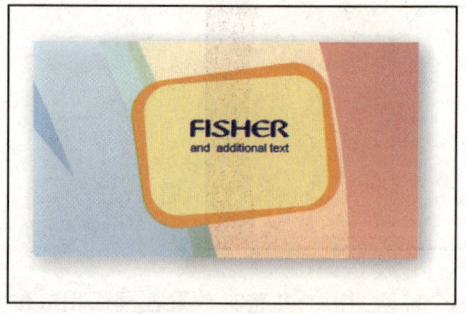

13 复制一个红色的辅助图形，调整其大小并放置在相应的位置。然后复制一个标志图形并调整其大小，放置在该半透明矩形的右下角。

14 向下复制半透明矩形并按照同样的方法制作其他图形效果。然后使用文字工具在该区域左上方输入文字"名片："。

15 单击椭圆工具，在名片图形的下方绘制一个灰色的椭圆（C0、M0、Y0、K50）。

16 继续在灰色椭圆中绘制一个较小的灰色椭圆。然后按住Shift键并使用选择工具选择这两个椭圆。

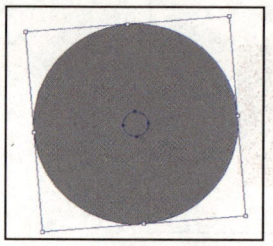

17 在"路径查找器"面板中单击"减去顶层"按钮，将灰色椭圆的中心部分减去，形成一个环形。

18 在选择灰色图形状态下，按住Alt键向左上方稍微拖动该图形，将其复制在一定位置。然后更改复制的环形颜色为亮灰色（C0、M0、Y0、K5），形成一定的投影效果。

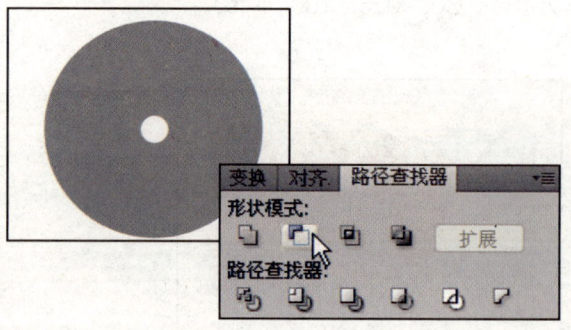

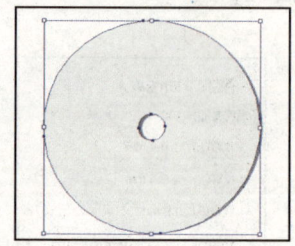

19 选择亮灰色的环形，分别按下快捷键 Ctrl+C 和 Ctrl+B 复制该环形并原位粘贴。

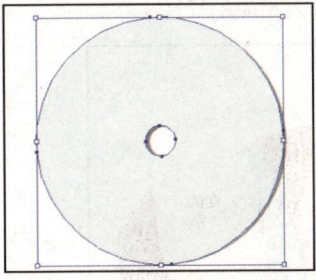

20 复制一个辅助图形并将其放置在复制后的亮灰色环形下层。然后同时选择这两个图形。

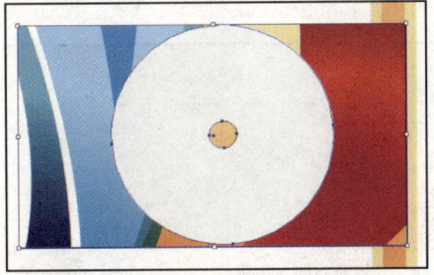

21 右击，在弹出的快捷菜单中选择"建立剪切蒙版"命令，将环形外的多余图形剪切，以形成 CD 形状效果。

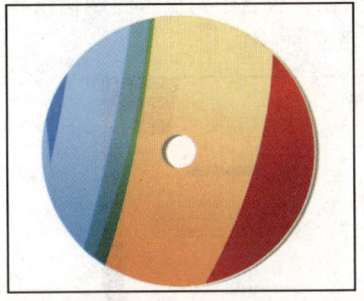

22 按照之前同样的方法绘制两个椭圆并将其中心部分剪切，以制作成环形效果。填充该环形颜色为亮灰色（C0、M0、Y0、K10）。

23 复制一个标志图形并调整其大小和旋转角度，放置在 CD 图形的相应位置。

24 单击钢笔工具，在 CD 图形上方绘制一个 CS 盒状的图形，并填充其颜色为红色标准色（C0、M90、Y50、K10）。

25 在选择红色 CD 盒的状态下执行"效果 > 风格化 > 投影"命令。在弹出的"投影"对话框中设置各项参数并单击"确定"按钮，添加该图形的投影效果。

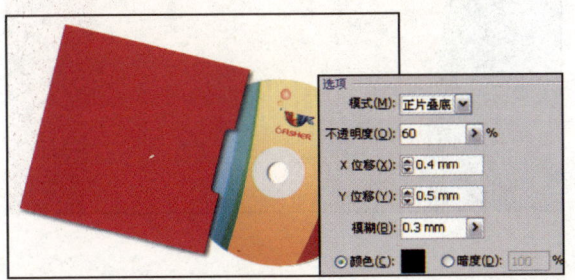

26 复制红色图形并向左上方稍微移动其位置。然后按照同样的方法，该复制的图形添加辅助图形的剪切蒙版效果。

27 使用钢笔工具 分别在 CD 盒图形的下方绘制两个飘带状的图形。填充其颜色为标准色橙色（C0、M90、Y50、K10）和红色（C0、M35、Y90、K0）。

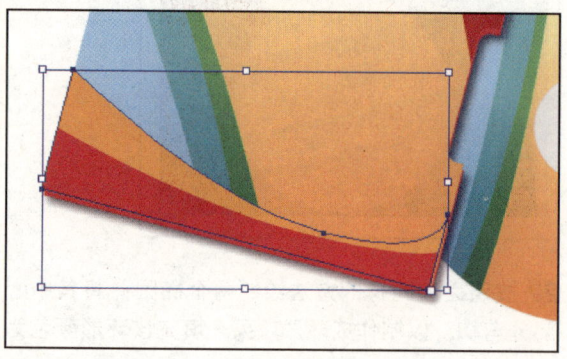

28 复制刚才调整的标志图形，放置在 CD 盒子的相应位置并稍微调整其大小。然后使用文字工具 在 CD 的左上方位置输入相应的标注文字。

29 按照同样的方法在画板右端的矩形上绘制信封应用图形。

30 按照同样的方法在画板右下角位置绘制信纸等应用图形，完成该页面的制作。

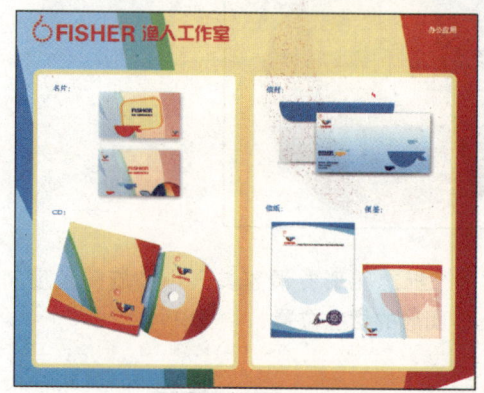

10.3.4 制作路牌标识和交通工具

再次新建画板并指定画板名称，通过新建图层并重命名的方式以区分所绘制的新内容。然后复制之前的页面背景以添加新画板的背景，并通过基本要素系统中的元素绘制该页面中的交通类应用系统。

01 在"画板"面板中新建一个画板并命名为"路牌标识与交通工具"。再新建一个图层并重命名为同样的名称。

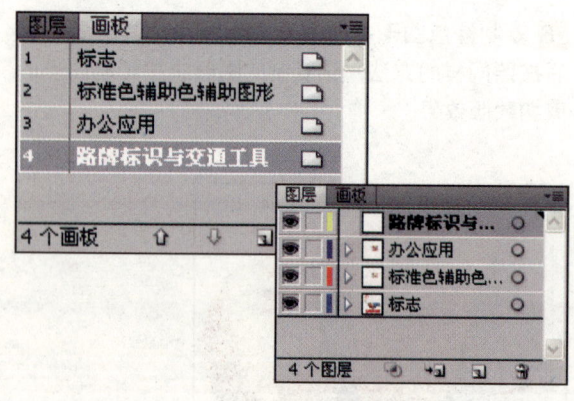

02 复制"办公应用"画板中的页面背景图形，并将其粘贴至当前图层的画板上。然后使用文字工具 更改画板右上角的文字为"路牌标识与交通工具"，以区分所绘制的新内容。

03 单击钢笔工具，在画板左端位置绘制一个白色的图形。

04 单击网格工具，在白色图形上单击以添加网格。然后选择位于图形中间的网格锚点并分别填充为黑色。

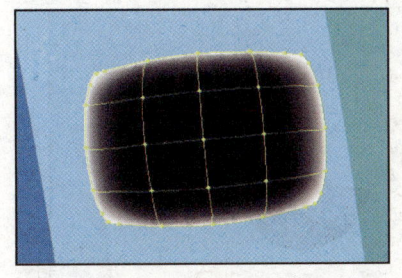

05 复制填充了网格颜色后的图形，并将其放置在该图形上方偏移了一定距离的位置上。然后填充其颜色为白色。

06 使用椭圆工具在白色图形上端相应位置分别绘制两个椭圆。然后使用选择工具选中两个椭圆和白色的图形。

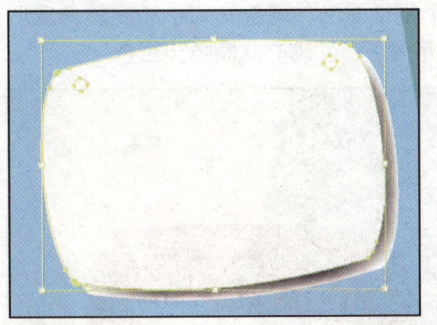

07 在"路径查找器"面板中单击"减去顶层"按钮，将白色图形上端的椭圆位置剪切镂空。

08 按照之前同样的方法在两个剪切后的椭圆位置绘制一些环形，以丰富该区域效果。

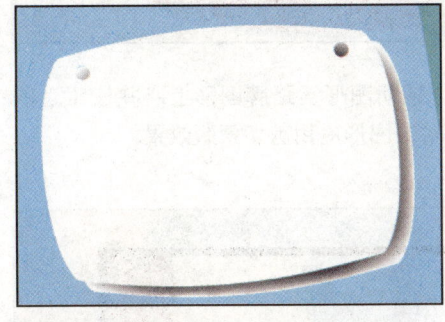
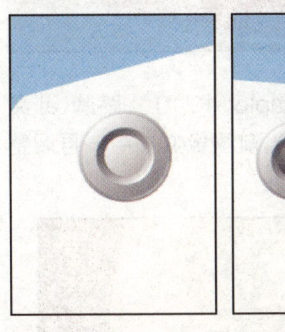

09 继续在白色图形上方相应位置绘制一个白色图像，并按照同样的方法填充网格颜色。然后按照同样的方法绘制该椭圆上端的白色图钉效果。

10 单击直线段工具，在相应位置绘制一条转折的线段，并调整其图层位置。然后设置其描边粗细为0.5pt，描边颜色为灰色（C48、M39、Y34、K0）。

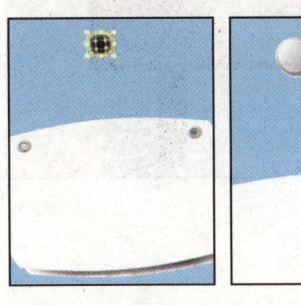

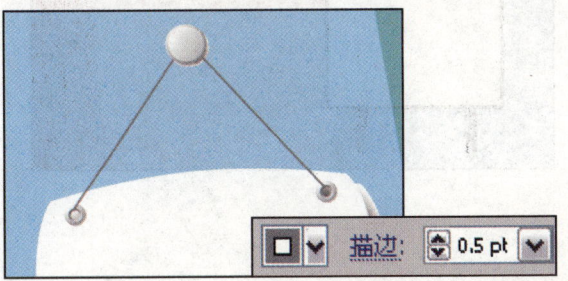

11 复制一个标志图形，调整其大小和旋转角度后放置在白色的吊牌图形上。

12 复制绘制完成的吊牌图形至其右方。然后更改其白色图形的颜色为标准色红色（C0、M90、Y50、K0）。

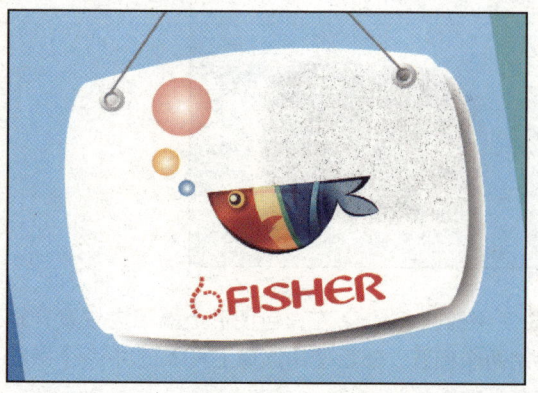
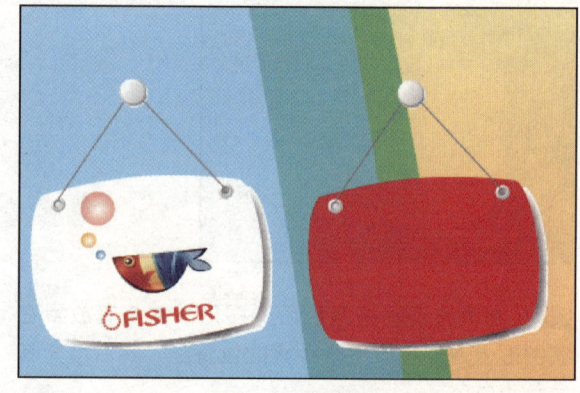

13 复制一个象征图形，调整其大小和旋转角度后放置在红色吊牌上，并填充其颜色为白色。

14 复制标志图形上的标准字，调整其大小和旋转角度并放置在红色吊牌中的白色鱼形上。

15 打开本书配套光盘 Chapter 10\10.1\ 路牌 .ai 文件。将图形复制并粘贴至当前图像文件中，再调整其大小和位置。

16 复制一个辅助图形至路牌图形上，并按照之前同样的方法对该图形应用剪切蒙版效果。

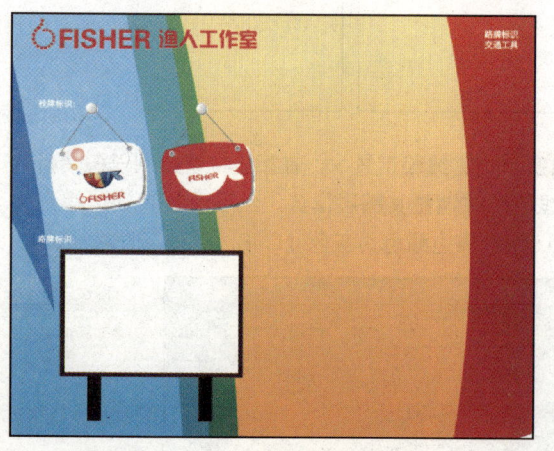

17 双击应用了剪切蒙版的图形，进入隔离模式后，设置彩色图形的"不透明度"为30%，以调整其色调。

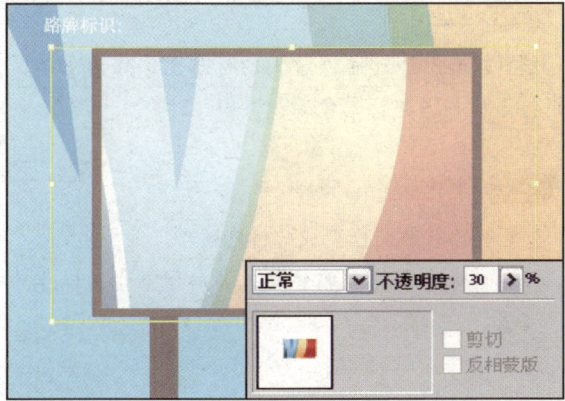

18 单击直线段工具，在路牌上绘制一个相应形状的横线段。设置描边粗细为3pt，描边颜色为红色（C0、M100、Y100、K0）。

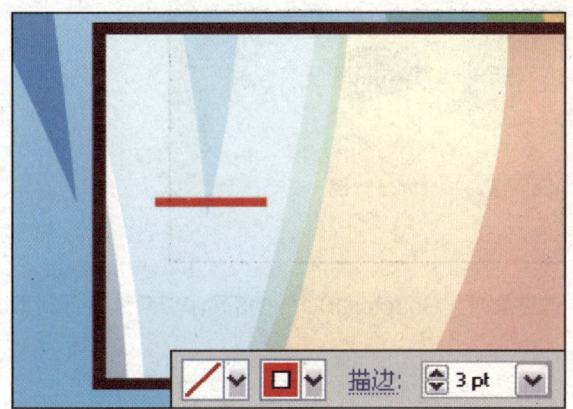

19 选择红色的线段，并在"描边"面板中设置其"箭头"选项，以应用该线段的箭头形状。

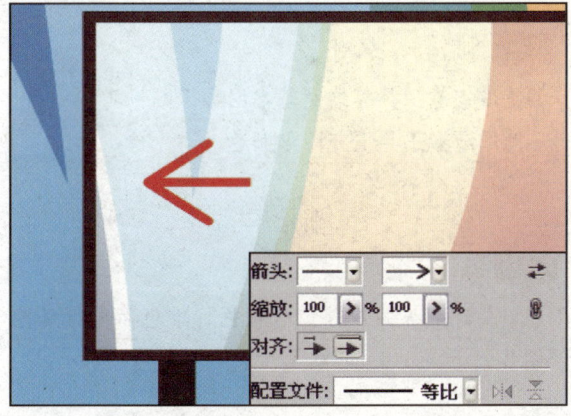

20 复制一个标志图形，调整其大小并放置在路牌上。然后复制一些象征图形并调整为大小不同的形状，将它们放置在路牌上，分别调整为半透明效果。

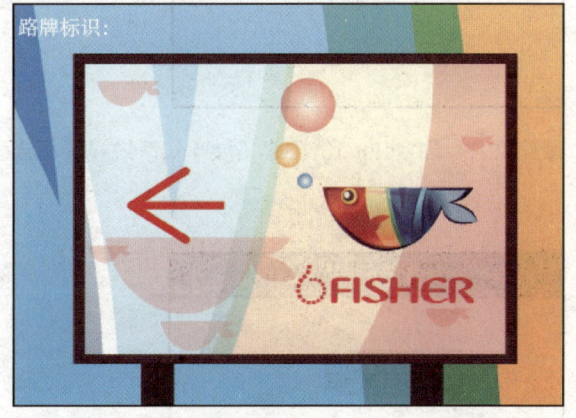

21 打开本书配套光盘 Chapter 10\10.1\ 汽车 .ai 文件。将图形复制并粘贴至当前图像文件中，再调整其大小和位置。

22 按照同样的方法绘制汽车图形下层的白色矩形，并对汽车图形中的其他区域进行装饰性的绘制调整，完成本案例的制作。

10.4 拓展项目实训

10.4.1 VI系统设计封面

最终文件:Chapter 10\10.1\拓展\1\VI系统设计封面.ai

设计点评:
该VI系统设计封面以放大的标志图形作为主体,再添加并调整背景色调。

制作步骤:
1.复制并粘贴制作完成的标志图形。
2.复制标志图像并调整其色调后栅格化,以作为背景。

10.4.2 VI系统设计标志

最终文件:Chapter 10\10.1\拓展\1\VI系统设计标志.ai

设计点评:
该标志图形以蓝绿色为主色调,制作出具有水晶质感的效果。

制作步骤:
1.使用钢笔工具等绘制基本图形。
2.使用渐变工具填充图形颜色。

10.4.3 户外广告

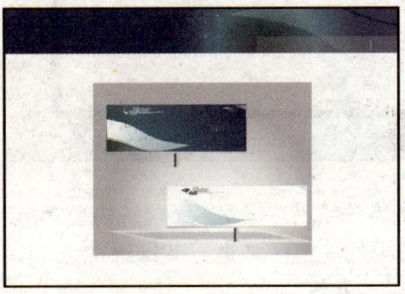

最终文件:Chapter 10\10.1\拓展\1\户外广告.ai

设计点评:
该VI设计系统的户外广告根据标准色而进行延伸制作。

制作步骤:
1.绘制基本结构图形并填充标准色。
2.添加辅助图形以制作画面结构。
3.添加标志图形和文字。

10.4.4 指示系统

最终文件:Chapter 10\10.1\拓展\1\指示系统.ai

设计点评:
该VI设计系统的指示系统主要以灰色调为主,并通过添加标志图形和文字的方式制作。

制作步骤:
1.绘制基本造型和图形元素。
2.输入指定文字。
3.添加标志图形。

Chapter 11 吉祥物造型设计

案例分析

本实例制作的是一个文化展览年会的吉祥物造型设计。以老鼠这一生肖形象作为文化年展吉祥物的基本原形，展开设计和制作。在该吉祥物造型的设计中，集合传统与现代的相关元素，体现了古典与现代的结合，以表现文化展览年会的多元化特征和文化年展中所要传达的主题思想和内容。而绘制完成的吉祥物形象生动可爱，能够给人以亲和的感染力。

核心技能

通过本实例的制作展示，主要目的是让读者通过设计制作吉祥物的过程了解相关的应用功能并掌握创作要领；从技法上讲，以图形的绘制为主导，应用多种图形绘制方式和编辑形式制作出吉祥物的整体方案，并在色调应用上轻松可爱，以制作平易近人的吉祥物形象。

11.1 行业介绍

吉祥物原本是人类社会发展过程中与自然斗争而沉淀的一种趋吉辟邪的产物，如今越来越广泛地应用到品牌、组织或活动等主体的宣传形象中。这些吉祥物的原始形象可以是人物、动物、植物或生活用品及抽象的形象等。吉祥物在事物固有的属性特征上通过设计加工而成，并对其命名，用来表达人们寄予的情感和愿望。

11.1.1 吉祥物设计要求

吉祥物的设计要求需迎合大众的口味，使其具有足够的亲和力，并体现出其自身所特有的属性和创意特征，这样才能使其更为广泛地传播并被人记住。

1. 亲切感

吉祥物的整体设计所表现的亲和力是至关重要的。吉祥物形象的表情和神态应该是开心乐观、积极向上的，在色彩上应当是明快或柔和的，并充分体现其平民性质，以拉近与大众的距离。

2. 独创性

吉祥物的设计应做到新颖别致，而不会让人觉得似曾相识。同时还要与品牌、组织或活动之间具有紧密的联系，这样才能保证其鲜明的个性形象和独有的气质。

3. 主体和多变统一性

一个吉祥物的设计要具有其主体特征和设计方向。由于应用的媒介有所不同，在原有设计主体的基础上，可对吉祥物造型进行延伸设计，以制作出一系列的造型状态，即各种姿态、角度或场景下的吉祥物造型设计。

4. 名称有趣易记

赋予吉祥物一个富有趣味而容易被人记住的名字，即同时也赋予了该吉祥物的另一种性格特征。有了名字的吉祥物将具有更强的人情味，且将其与其他卡通形象区别开来。

11.1.2 吉祥物的设计过程

吉祥物的设计首先应在品牌、组织或活动等主体基础上进行了解和分析，即对设计主体的文化属性、涵盖内容和应用目标等进行了解，了解其设计的目的和定位方向并进行分析。然后通过分析所得出的结论确定设计方向，即搜索相关材料以确定吉祥物的基本特征和造型，如主体特色、地域特色、文化特色及传统习俗等。最后通过搜集的材料进行整理，展开联想并进行设计制作、确定名称，并在此基础上进行延伸设计，以制作出一系列的造型效果。

11.2　设计要点

本实例制作一个文化展览年会的吉祥物造型设计。主要通过绘制图形并编辑图形细节的方式制作出吉祥物的整体形象，再应用轻松可爱的色调，使吉祥物造型不仅在整体结构上给人以良好的印象，在色调上也能给人以亲切感。

原始文件：Chapter 11\11.1\背景.ai
最终文件：Chapter 11\11.1\吉祥物造型.ai
注意事项：在设计制作过程中注意图形的图层顺序
核心知识：设计并制作一个富有亲和力的可爱吉祥物造型
流程导引：①绘制头部基本图形　②调整头部图形的细节　③绘制身体　④绘制气球和背景

11.3　制作步骤

本案例制作的是吉祥物造型设计，主要分为三个方面，分别为绘制吉祥物的头部、绘制吉祥物的身体和绘制吉祥物的气球和背景。以下分别从这几个方面入手对吉祥物造型作细致的步骤讲解和图例展示，以帮助读者了解设计制作过程。

11.3.1　绘制吉祥物头部

首先新建文件以创建出新的图像文件，再使用椭圆工具和钢笔工具等绘制图形，并以渐变工具分别填充相应的颜色。

01 执行"文件>新建"命令，新建一个空白图像文件。然后单击椭圆工具，在画面中绘制一个椭圆形路径。

02 单击渐变工具，填充椭圆形弹出从浅粉色（C1、M10、Y10、K0）到深赭色（C43、M91、Y79、K7）的径向渐变颜色。

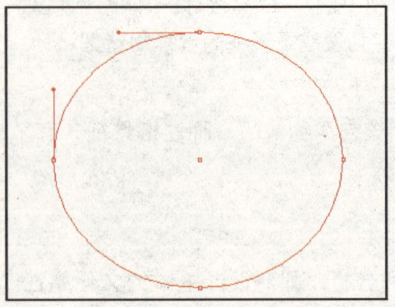 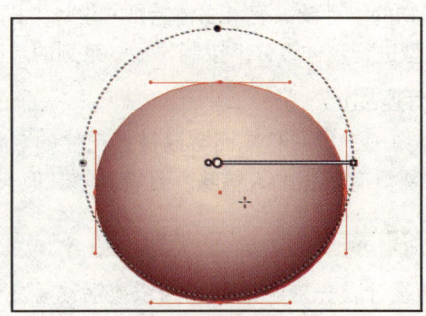

03 继续使用椭圆工具 ◯ 在较大的椭圆中绘制一个椭圆，并使用渐变工具 ■ 填充从浅粉色（C1、M13、Y12、K0）到土红色（C8、M70、Y44、K0）的径向渐变颜色。

04 单击椭圆工具 ◯，再单击工具箱底端的"背面绘图"按钮 ◯。然后在较大的椭圆左上角绘制一个椭圆。填充该椭圆颜色为偏灰的玫红色（C25、M99、Y57、K0）。

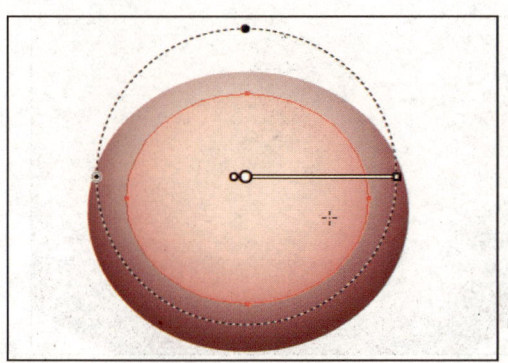

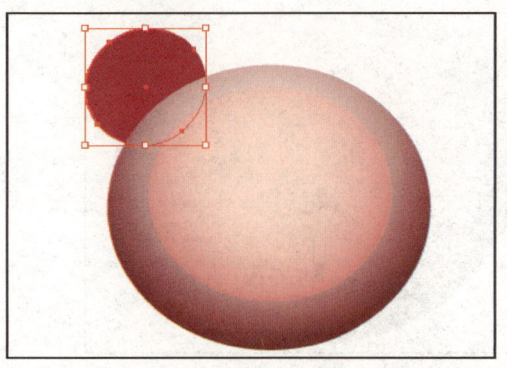

05 使用选择工具 ▶ 选择玫红色椭圆并按住 Alt 键拖动以复制该椭圆。然后稍微缩小该椭圆，并使用吸管工具 ✦ 吸取较大的渐变椭圆的颜色。完成后使用渐变工具 ■ 稍微调整其渐变批注者，以调整颜色渐变角度和位置等。

06 继续复制一个椭圆并调整其大小，置于相应位置后，填充该椭圆颜色为偏灰的粉红色（C11、M49、Y24、K0）。

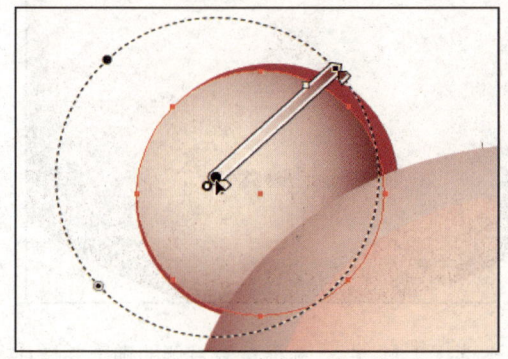

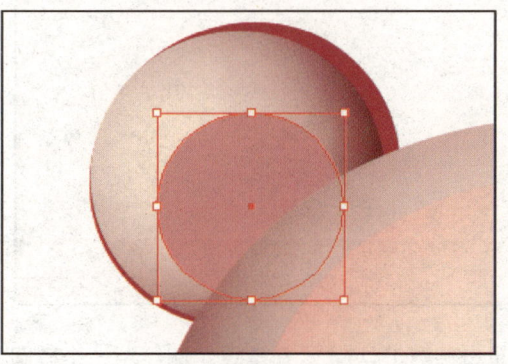

07 复制粉红色的椭圆并稍微缩小至一定位置。然后使用渐变工具 ■ 填充该椭圆颜色从淡粉色（C10、M26、Y15、K0）到白色的渐变颜色。

08 选择刚才在左上角绘制的椭圆并按下快捷键 Ctrl+G 将其编组。按住 Alt 键并使用选择工具 ▶ 拖动至右端。完成后使用镜像工具 ◈ 对该编组椭圆作镜像处理，完成耳朵图形的绘制。

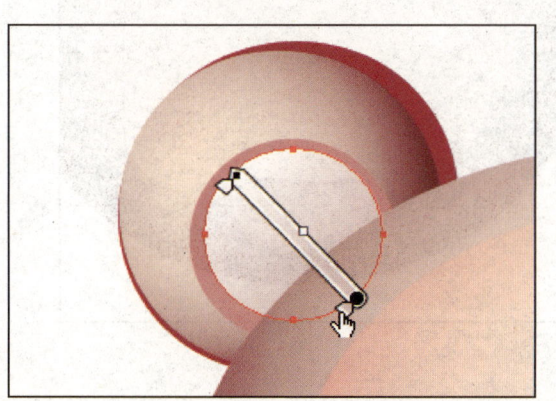

09 单击钢笔工具 ，在较大的椭圆相应位置绘制一个水滴状的图形。然后使用渐变工具 填充从亮粉色（C1、M13、Y12、K0）到土红色（C8、M70、Y44、K0）的径向渐变颜色。

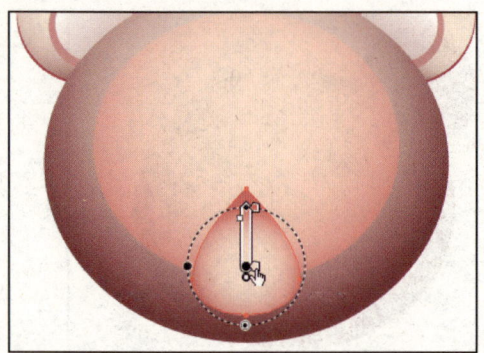

10 单击椭圆工具 ，在所绘制的水滴状图形顶端绘制一个椭圆。然后使用渐变工具 填充从淡粉色（C3、M26、Y22、K0）到红色（C10、M91、Y61、K0）的径向渐变颜色，并调整其渐变位置。

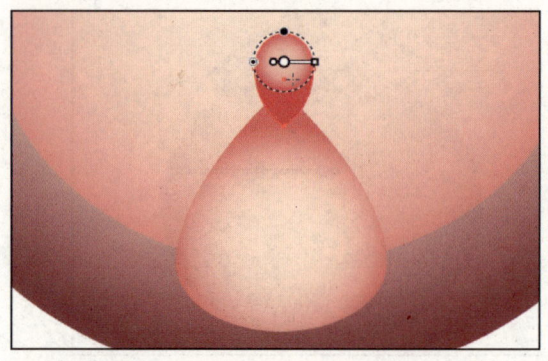

11 单击钢笔工具 ，在绘制的鼻子顶端绘制一个月牙状图形，并填充其颜色为淡粉色（C0、M24、Y10、K0），作为高光。

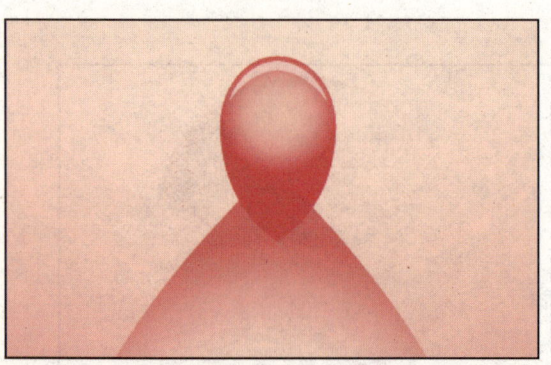

12 继续在鼻子下方的相应位置绘制一个月牙状的图形，作为嘴巴。然后使用渐变工具 填充从较灰的淡粉色（C9、M30、Y28、K0）到深赭色（C43、M90、Y79、K7）的线性渐变颜色。

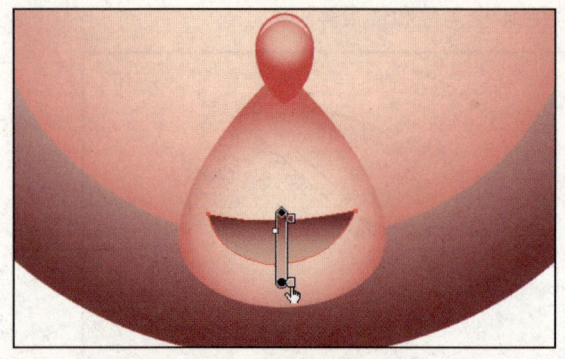

13 单击椭圆工具 ，在鼻翼左侧绘制一个椭圆。然后使用渐变工具 填充从淡粉色（C1、M14、Y10、K0）到红色（C1、M80、Y39、K0）的径向渐变颜色。

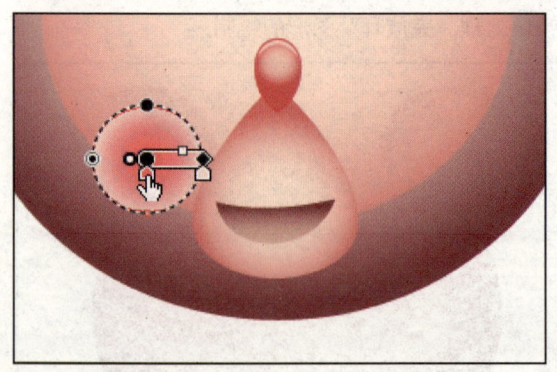

14 单击选择工具 ，选择鼻翼左侧的椭圆并按住Alt键向右拖动以复制该椭圆，作为两个眼睛的基本图形。

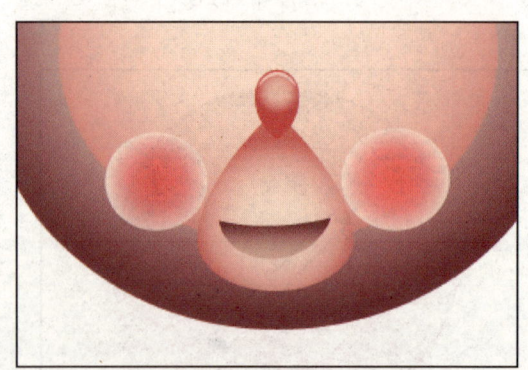

15 继续使用椭圆工具 ◯ 在鼻翼左侧红色渐变椭圆上绘制两个相应的椭圆作为眼珠，并分别填充为黑色和白色。

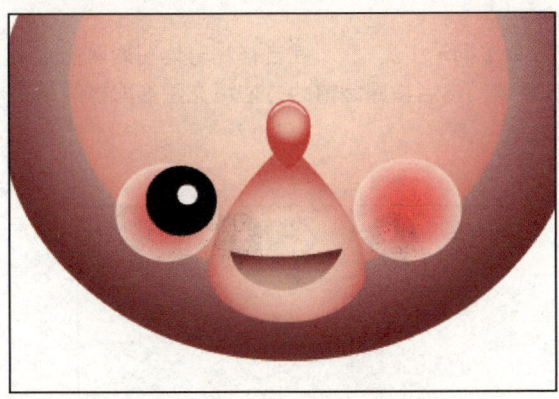

16 按住 Shift 键并使用选择工具 ▶ 选择眼珠图形。然后按住 Alt 键向右拖动至鼻翼右侧，以复制眼珠图形。

17 继续使用钢笔工具 ✎ 在吉祥物眼睛的上方绘制眉毛并填充为黑色。然后按照同样的方法复制眉毛图形。

18 单击星形工具 ☆，在画面中拖动以绘制淡粉色（C11、M55、Y27、K0）星形时按下键盘上的向上方向键以增加星形边角。然后使用旋转扭曲工具 ◉，将光标中心移动至星形中心区域，然后按住左键以旋转扭曲该星形至一定程度。

19 使用选择工具 ▶ 选择星形并复制，然后将其放置在吉祥物的耳朵图形内。

20 继续复制一个旋转扭曲后的星形至额头部分，并填充其颜色为褐色（C50、M81、Y84、K19）。

11.3.2 绘制吉祥物身体

使用钢笔工具在头部图形的下层绘制吉祥物的身体和衣服等图形，并使用渐变工具等工具填充图形相应的颜色。

01 选择吉祥物的头部椭圆，再单击"背面绘图"按钮。使用钢笔工具在头部图形下方绘制其身体路径。使用吸管工具取样并填充与头部同样的颜色再调整渐变区域。

02 单击钢笔工具，在吉祥物身体图形两侧绘制其手臂，然后按照之前的方法填充图形同样的渐变颜色。

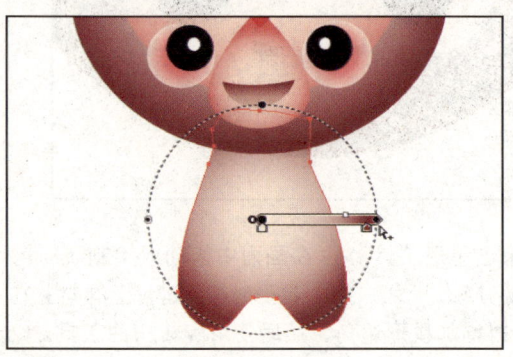

03 继续使用钢笔工具在吉祥物身体的下层绘制其尾巴图形。然后使用渐变工具填充从淡粉色（C2、M25、Y20、K0）到土红色（C9、M73、Y45、K0）的径向渐变颜色。

04 按下快捷键 Ctrl+C 和 Ctrl+B 原位粘贴尾巴图形，并使用直接选择工具向内调整路径至一定程度，然后填充其颜色为淡粉色（C0、M17、Y11、K0）。

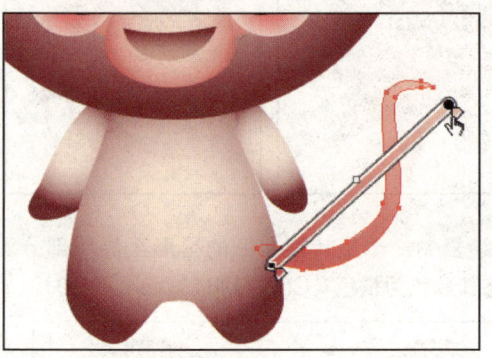
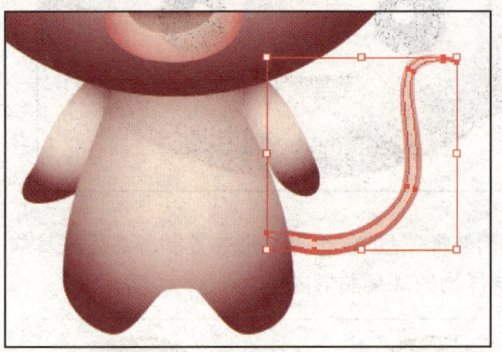

05 继续绘制其衣袖图形并填充从淡粉色（C3、M26、Y22、K0）到土红色（C10、M91、Y61、K0）的径向渐变颜色。然后复制衣袖并调整其位置后使用镜像工具对该图形作水平径向处理。

06 单击钢笔工具，绘制吉祥物的衣服图形。然后使用渐变工具填充从红色（C11、M99、Y86、K0）到暗红色（C40、M99、Y99、K0）的径向渐变颜色。

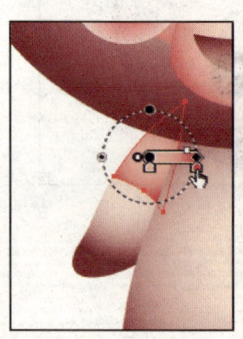

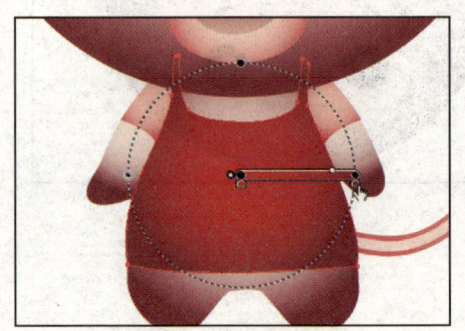

07 复制之前制作的旋转扭曲的星形，将其放置在衣服位置。然后更改其填充色为淡粉色（C0、M23、Y12、K0）。

08 使用钢笔工具 在右端的手臂处绘制一个手部图形。然后填充从亮粉色（C1、M13、Y12、K0）到土红色（C8、M70、Y44、K0）的径向渐变颜色。

11.3.3 绘制吉祥物的气球和背景

使用钢笔工具在吉祥物图形的下层相应位置绘制气球，并使用填充工具等工具填充相应的颜色。然后复制气球图形并更改其填充色以丰富画面效果，完成后添加整体背景图形。

01 单击钢笔工具 ，再单击"背面绘图"按钮 。在吉祥物图形下层右端位置绘制气球外轮廓图形，填充为灰蓝色（C62、M43、Y6、K0）。

02 使用钢笔工具 在气球轮廓内绘制一个图形。然后使用渐变工具 填充从亮粉色（C1、M14、Y1、K0）到灰蓝色（C31、M12、Y2、K0）的径向渐变颜色。

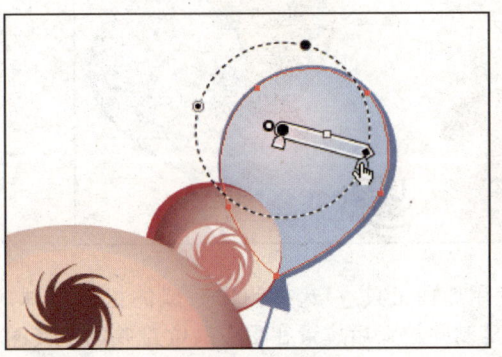

03 继续使用钢笔工具 在气球左上角绘制一个月牙状图形，并填充从白色到粉紫色（C25、M23、Y2、K0）的径向渐变颜色，作为反光效果。

04 继续在气球图形的下端相应位置绘制一个图形，然后使用吸管工具 取样刚才绘制的反光图形的颜色，以填充该图形的颜色。

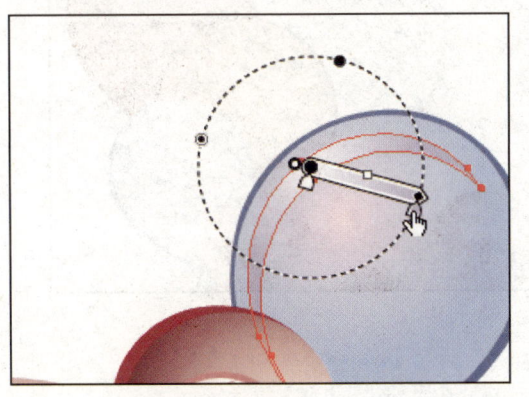
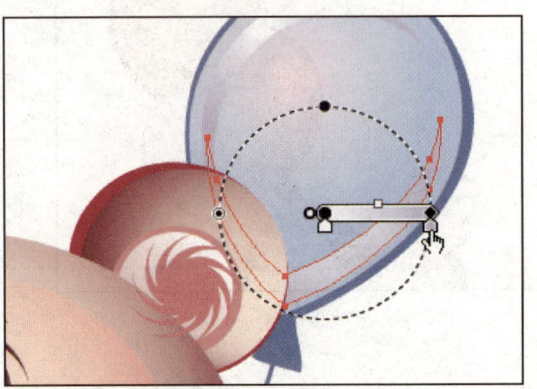

05 继续在气球图形的下端结头轮廓部分绘制一个图形，并填充该图形颜色为浅蓝色（C38、M0、Y9、K0）。

06 将刚才所绘制的所有气球图形编组。复制图形并调整其图层顺序后稍微放大图形。然后使用直接选择工具 选择气球相应部分，更改为从浅黄色（C4、M10、Y51、K0）到橙色（C6、M46、Y89、K0）的径向渐变颜色。

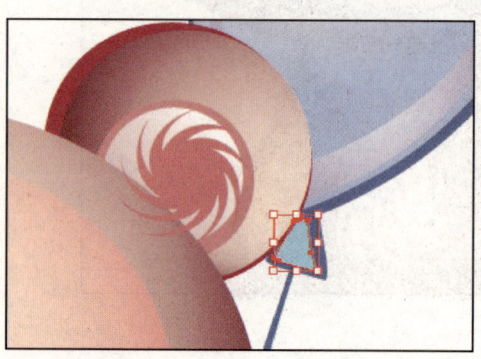
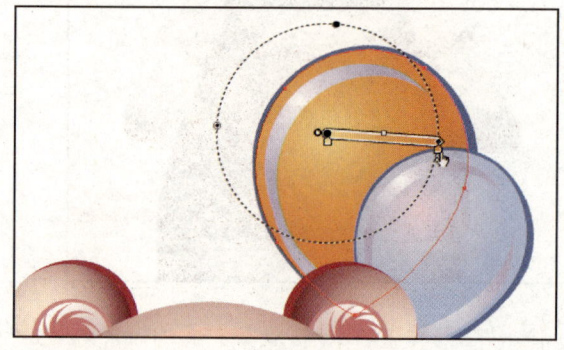

07 继续使用直接选择工具 选择复制后的气球轮廓图形，并填充其颜色为土红色（C30、M81、Y100、K0）。

08 选择橙色气球图形的高光部分，并更改为从淡黄色（C1、M1、Y12、K0）到橙色（C6、M50、Y93、K0）的径向渐变颜色。

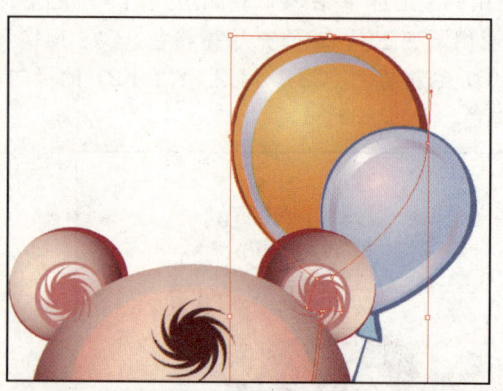
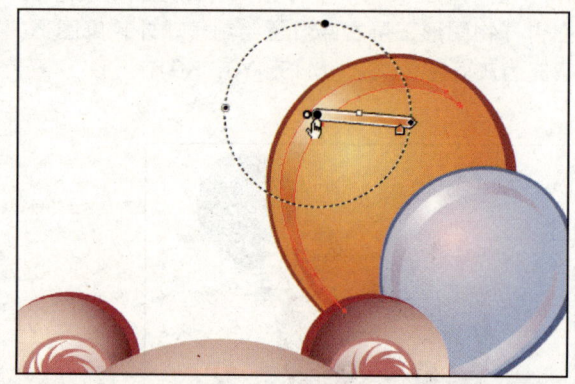

09 使用选择工具 选择制作完成的橙色气球，将其复制并放大后放置在相应的位置并调整其图层顺序。

10 按照同样的方法以指定的颜色填充复制的气球图形，以丰富画面效果。

11 打开本书配套光盘中的 Chapter 11\11.1\背景 .ai 文件，使用选择工具 选择图形，将其复制并粘贴至当前图像文件中。

12 选择添加的背景并按下快捷键 Shift+Ctrl+[，将其置于最底层，以完成本实例操作。

11.4 拓展项目实训

11.4.1 机械俱乐部吉祥物

💬 设计点评：

该吉祥物造型以夸张的卡通人物造型为主体，制作机械俱乐部的吉祥物。

💬 制作步骤：

1. 使用钢笔工具绘制主体人物的造型并填充颜色。
2. 继续绘制背景区域以丰富画面效果。

最终文件：Chapter 11\11.1\拓展\1\机械俱乐部吉祥物.ai

11.4.2 动物园吉祥物

最终文件：Chapter 11\11.1\拓展\2\动物园吉祥物.ai

▓▓ 设计点评：

该吉祥物以可爱的卡通动物形象为动物园吉祥物造型。

▓▓ 制作步骤：

1. 使用钢笔工具绘制图形。
2. 使用渐变工具等填充图形。
3. 应用"高斯模糊"滤镜效果制作图像边缘的模糊效果。

11.4.3 儿童乐园吉祥物

最终文件：Chapter 11\11.1\拓展\3\儿童乐园吉祥物.ai

▓▓ 设计点评：

该吉祥物以儿童为原形绘制卡通人物造型，作为儿童乐园的吉祥物。

▓▓ 制作步骤：

1. 使用钢笔工具等绘制图形。
2. 使用渐变工具等工具填充图形颜色。
3. 应用图形的"高斯模糊"效果以制作图形边缘的模糊效果。

 读书笔记

Chapter 12 招贴设计

案例分析

本实例制作的是一个咖啡馆的招贴海报。首先在整体结构的表现上，分割为两个部分，一部分主要表现图形元素，另一部分主要表现文字元素；在画面色调的表现上，以适应咖啡馆特色的中性暖色调为主，给人以温暖亲切的感受。而在应用元素和表现手法上，温香的咖啡、鸟儿和花朵，则更能体现出咖啡馆所特有的环境风格即具备的恬静氛围。

核心技能

通过本实例的制作展示，主要目的是让读者掌握在制作招贴设计时注意画面主体物对受众的吸引力和感染力；从技法上来讲，以图形元素为主导，吸引受众的眼球并抓住其心理，通过绘制图形并应用统一的色调制作招贴的整体效果，再通过应用细节图形元素的方式增添画面的轻松氛围。

12.1 行业介绍

招贴又称海报或宣传画，是一种极为常见的宣传形式，通过图形和文字等平面设计元素的构成表现手段传递商业、文化及其他相关信息。招贴海报的宣传媒介遍及各街道、影剧院、展场、车站、公园及商业闹市区等公共场所，具有很强的艺术号召力和感染力。

12.1.1 招贴海报的特点

招贴海报是一种强有力的宣传形式和艺术形式，其宣传应用非常广泛且应用效果较好，具备尺寸大、远视强和艺术性高的特点。

1. 尺寸大

张贴于公共场所的招贴海报，其画面尺寸有全开、对开和长三开以及特大画面等。

2. 远视强

招贴海报的设计制作具有较强的视觉突出效果，以突出的标志、标题、图形或对比强烈的色彩、大面积的留白及简练的视觉流程，赋予招贴海报较强的视觉焦点。

3. 艺术性高

商业招贴的表现形式尤为多样化，具备较强的创意特征。通过摄影、造型写实的绘画或漫画，以及创意实体制作等表现方式，给人留下真实、新颖而情趣的感受。

12.1.2 招贴海报设计的种类

招贴海报在应用类型上有所不同，大致可分为商业海报、文化活动海报、社会公益海报和影视类海报等。

1. 商业海报

商业海报是用于宣传商品或商业服务的商业广告海报。在此类招贴海报的设计上多以产品作为主题，传递给受众以相应的产品信息或品牌理念等，并往往配以受众体验的效果。

2. 文化活动海报

文化活动海报用于社会文娱活动及各类展览的宣传。不同的展览具备各自的宣传特点，设计师对展览的内容和特征运用恰当的手法表现其内容和风格。

3. 社会公益海报

社会公益海报带有一定高度的思想和人道主义等信息，具有较强的公众教育意义和社会意义。社会公益海报主题包括各种社会慈善公益、道德宣传或法治思想的宣传等，以弘扬爱心奉献思想和共同进步的精神内涵。

以下 3 幅图分别为一幅文化活动海报和两幅公益海报。

4. 影视类海报

影视类海报属于商业海报的范畴，但由于其艺术风格较为特殊使其自成一体，主要目的在于吸引观众的注意并刺激票房的收入。影视海报通常以电影的名称、主要演员、场景或故事构架等元素作为海报表现的内容。

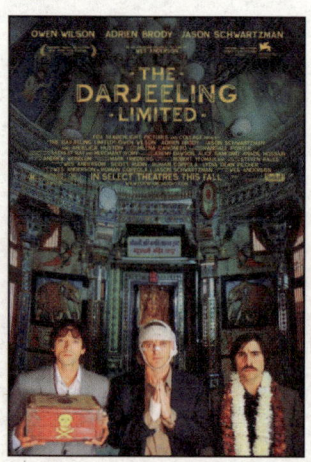  

12.2 设计要点

本实例制作的是一个咖啡馆的招贴海报，主要通过绘制图形的方式制作招贴设计的整体结构，并通过添加图形元素的方式增强画面的轻松氛围，体现出招贴设计的主体所要传达的主题思想。

原始文件： Chapter 12\12.1\鸟儿.ai、粉玫瑰.ai、喷溅.ai
最终文件： Chapter 12\12.1\招贴设计.ai
注意事项： 在设计制作过程中注意图形元素的摆放位置以突出主次感
核心知识： 设计并制作招贴，以制作出适应设计主体的画面氛围
流程导引： ①绘制主体物　②绘制丰富的图形元素　③绘制背景区域　④添加文字

12.3 制作步骤

本案例是制作的咖啡馆招贴海报，主要分为3个方面，分别为制作主体物、绘制丰富的图形元素和制作背景并添加文字。以下分别从这3个方面入手对招贴设计进行细致的制作步骤和讲解，并配以图例展示，以深入了解制作过程。

12.3.1 制作主体物

首先新建文件以创建出新的图像文件，再使用钢笔工具和椭圆工具等绘制主体物部分的图形。然后使用渐变工具等分别填充图形相应的颜色，以绘制主体物区域的咖啡杯图形及其底端的阴影等图形。

01 执行"文件＞新建"命令，在弹出的"新建文档"对话框中设置文件名称为"招贴设计"，并设置其他相关参数。完成后单击"确定"按钮以新建一个空白图像文件。

02 新建图像文件后，单击钢笔工具，在画板的底端位置绘制一个相应的路径。然后使用渐变工具填充从土黄色（C3、M38、Y85、K12）到白色的径向渐变颜色。

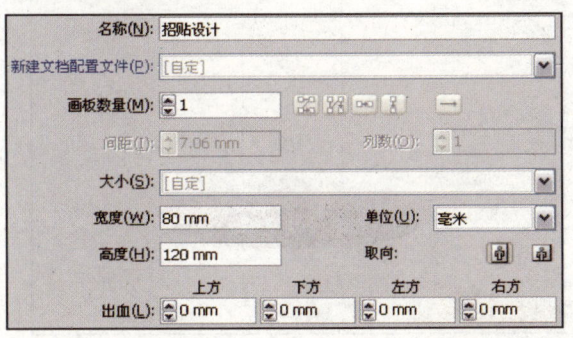 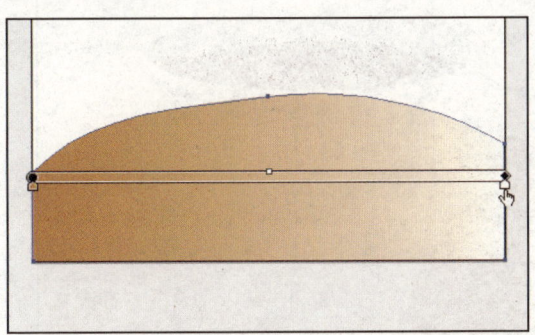

03 继续使用钢笔工具 在刚才所绘制的图形上绘制一个杯子图形。然后使用渐变工具，填充从浅灰色（C21、M15、Y14、K0）到白色的径向渐变颜色，并对其渐变批注者等稍作调整，以调整填充的颜色。

04 继续使用钢笔工具 在杯子图形内绘制一个类似椭圆状的图形，作为杯中的液体。然后使用渐变工具 填充从褐色（C54、M80、Y91、K36）到深赭色（C38、M83、Y100、K22）的径向渐变颜色。

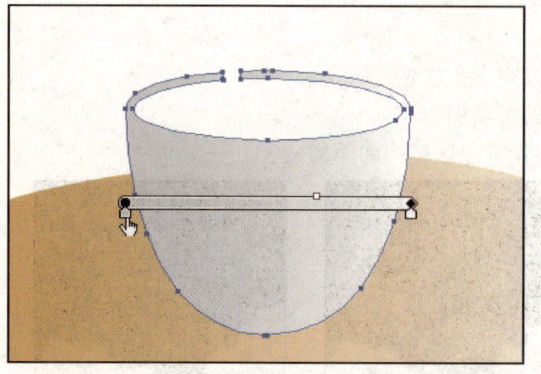

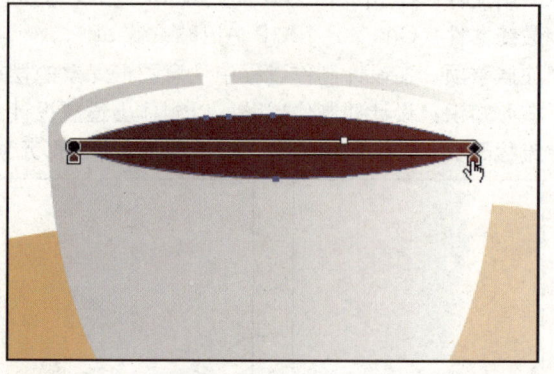

05 使用钢笔工具 在杯子图形内绘制一个图形，作为杯子的内壁。然后填充该图形从中灰色（C42、M34、Y26、K0）到浅灰色（C18、M14、Y11、K0）再到中灰色的径向渐变颜色。

06 单击"背面绘图"按钮，再使用钢笔工具 在杯子图形的右端相应位置绘制其手柄。然后填充从浅灰色（C21、M15、Y14、K0）到白色的径向渐变颜色。

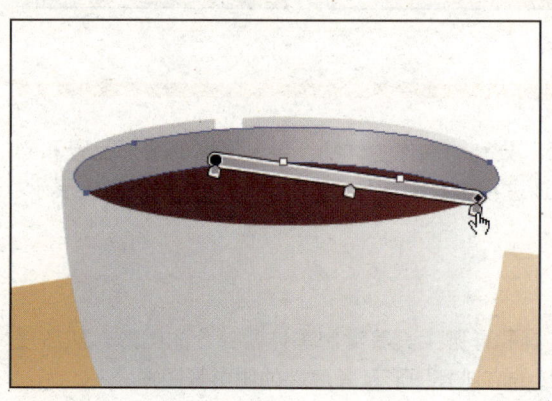

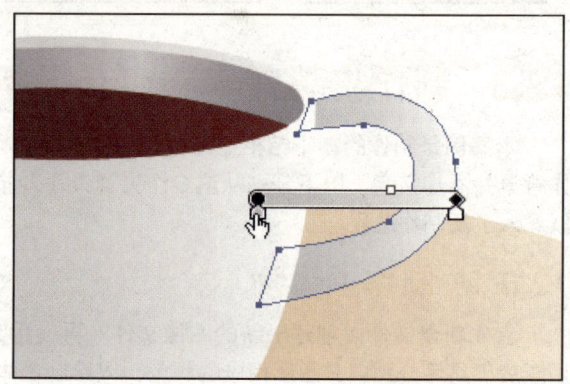

07 使用钢笔工具 在杯身部分绘制两个反光图形，并分别填充为亮灰色（C0、M3、Y5、K10）和白色。

08 继续在杯子图形上的相应位置绘制一个曲线状的闭合路径，然后填充其颜色为较亮的灰黄色（C6、M13、Y16、K0），作为蒸汽图形。

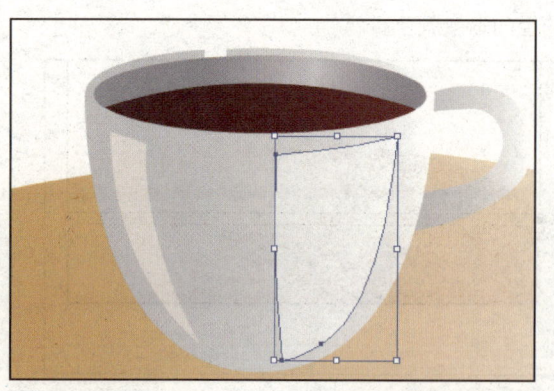

09 使用钢笔工具 在杯底部分绘制一个类似椭圆的图形，填充从土黄色（C23、M41、Y77、K0）到黄灰色（C21、M28、Y33、K0）的径向渐变颜色。

10 单击椭圆工具 ，在杯底相应区域绘制一个椭圆，并填充从中灰色（C40、M31、Y28、K0）到白色的径向渐变颜色。

11 复制刚才绘制的椭圆图形，并填充为从亮灰色（C11、M8、Y8、K0）到白色的径向渐变颜色。

12 继续复制椭圆图形并缩小至一定程度，作为杯底阴影。然后使用吸管工具 取样杯盘中的灰色椭圆图形的颜色，以填充该阴影同样的颜色。

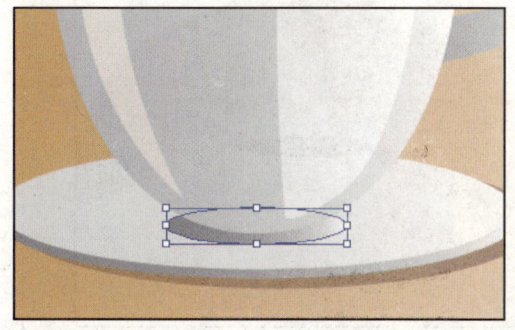

12.3.2 绘制丰富的图形元素

首先通过新建文件操作创建出新的图像文件，再使用钢笔工具和渐变工具绘制图形并分别填充相应的渐变颜色，以丰富图形的色调效果。然后结合使用剪切蒙版和不透明蒙版等方式。

01 单击矩形工具 ，在画板左下端位置绘制一个矩形，并填充从土黄色（C10、M53、Y88、K0）到灰黄色（C9、M34、Y40、K0）的径向渐变颜色

02 继续在相邻的位置绘制一个矩形，填充从土黄色（C10、M49、Y89、K0）到土红色（C30、M84、Y88、K0）的径向渐变颜色。

03 按照同样的方法在画板下端相应区域绘制其他矩形，并填充相应的颜色。

04 单击钢笔工具 ，在所绘制的矩形色块上绘制一个弧形的路径。

05 使用选择工具 选择刚才绘制的路径和矩形，右击后在弹出的快捷菜单中选择"建立剪切蒙版"命令，以隐藏弧形路径外的矩形。

06 单击椭圆工具 ，在应用了剪切蒙版的色块的上方绘制一个椭圆。填充该椭圆为从黑色到白色的径向渐变颜色。

07 使用选择工具 选择黑白渐变椭圆和下层的色块，并单击"透明度"面板右上角的扩展按钮 。应用"建立不透明蒙版"命令，以调整色块的边缘。

08 单击钢笔工具 ，在画板中下端位置绘制一个云朵状的图形，并填充从淡黄色（C6、M4、Y30、K0）到灰黄色（C22、M23、Y57、K0）的径向渐变颜色。

09 打开本书配套光盘中的Chapter 12\12.1\鸟儿.ai文件。将该图形复制并粘贴至当前图形文件上，并调整其大小和位置。

11 双击空白区域以退出隔离模式后。按下快捷键Ctrl+V粘贴图形。然后调整其大小并更改其颜色为从红色（C0、M96、Y94、K0）到土红色（C17、M71、Y86、K0）的径向渐变颜色。

13 打开本书配套光盘中的Chapter 12\12.1\粉玫瑰.ai文件。将该图形复制并粘贴至当前图形文件，并调整其大小和位置。

10 使用选择工具双击鸟儿图形以进入其隔离模式。然后选择红色花朵图形并按下快捷键Ctrl+C复制图形。

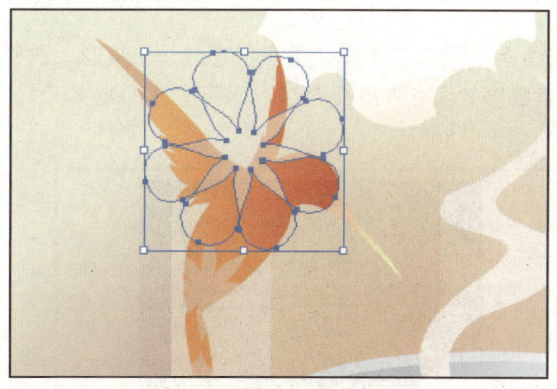

12 继续复制多个花朵图形并调整其大小，放置在画面中的其他区域。然后分别设置图形的不透明度，以丰富画面效果。

14 选择玫瑰图形并执行"效果 > 风格化 > 投影"命令。在弹出的"投影"对话框中设置其参数并单击"确定"按钮，添加玫瑰图形的投影效果。

12.3.3 制作背景并添加文字

完成主体物和一些图形元素的绘制后,通过添加背景图形的方式增强招贴设计的整体效果。然后添加文字和其他图形效果以进一步增强画面的完整性。

01 单击矩形工具 ▭,沿画板绘制一个矩形,调整其顺序并填充为褐色(C40、M70、Y100、K50)。

02 打开本书配套光盘中的Chapter 12\12.1\喷溅.ai文件。复制并粘贴至当前图形文件后调整其位置。然后设置图形"不透明度"为60%。

03 单击钢笔工具 ,在画板上端相应位置绘制一个漩涡状的路径,并设置描边色为(C45、M70、Y95、K35)。

04 单击宽度工具 ,在路径边缘按住左键并向外拖动以加宽路径局部轮廓的宽度。

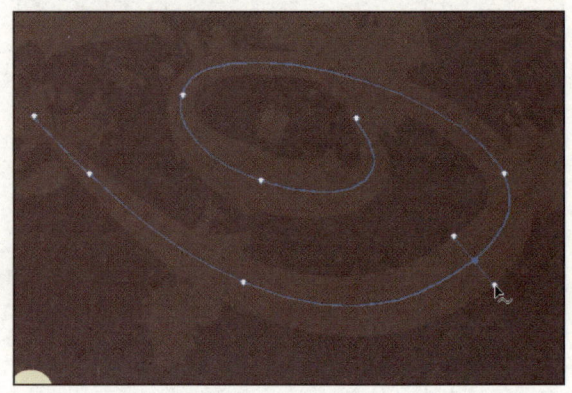

05 继续在刚才调整的路径下方绘制一个路径,并按照同样的方法调整路径的局部宽度,作为抽象的咖啡杯图形。

06 单击矩形工具 ▭,在画面相应位置绘制一个矩形,填充为褐色(C35、M60、Y80、K25)。然后设置该图形的"不透明度"为20%。

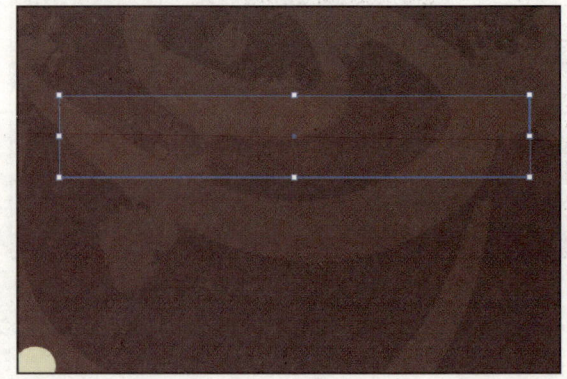

07 执行"效果 > 风格化 > 投影"命令，在弹出的"投影"对话框中设置其参数并单击"确定"按钮，添加矩形的投影效果。

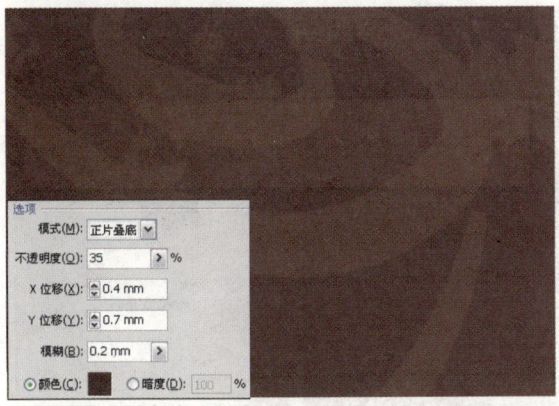

08 设置填充色为棕色（C38、M56、Y73、K0），然后单击文字工具，在矩形上输入相应的文字并设置文字字体等属性。

09 继续按照同样的方法在画面中绘制一些矩形，调整其旋转角度和透明度等属性并添加投影效果。然后添加相应的文字。

10 继续使用文字工具在画面顶端输入棕灰色（C30、M40、Y51、K0）的相应文字，并设置文字的字体和大小等属性。

11 执行"效果 > 风格化 > 投影"命令，在弹出的"投影"对话框中设置其参数。完成后单击"确定"按钮，为文字添加投影效果。

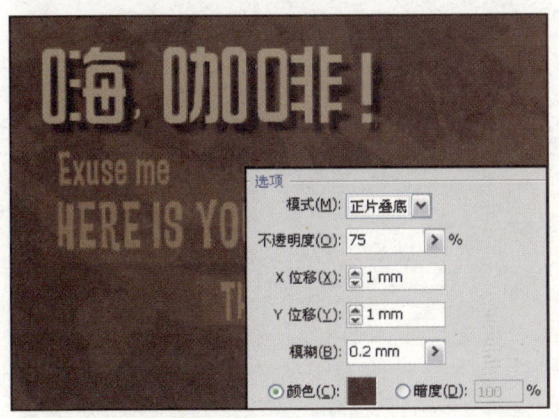

12 继续在画面上端的相应位置输入其他的文字并设置其属性，以丰富该区域的文字效果。

13 复制之前的花朵图形，设置其不透明度为50%后更改其颜色为从褐色（C14、M73、Y100、K66）到深褐色（C14、M65、Y100、K78）的径向渐变颜色。

14 复制之前的花朵图形并调整其透明度和大小等属性，放置在文字周围的相应区域，以丰富画面效果，完成本实例的操作。

12.4 拓展项目实训

12.4.1 制作音乐会宣传海报

设计点评：
本实例制作的是音乐会宣传海报，通过蓝色的花朵和单纯的背景搭配简单的文字制作而成。

制作步骤：
1. 使用钢笔工具和相关填色工具等绘制花朵图形。
2. 应用"径向模糊"滤镜制作花朵的边缘质感。
3. 添加素材图形。
4. 绘制背景图形并使用文字工具添加文字。

最终文件：Chapter 12\12.1\拓展\1\音乐会海报.ai

12.4.2 制作通信服务海报

最终文件：Chapter 12\12.1\拓展\2\通信服务海报.ai

设计点评：

本实例制作的是通信服务海报，以位图图像转换的矢量图形并结合绘制的图形添加素材花纹及文字构成。

制作步骤：

1. 绘制基本图形元素。
2. 添加文字。
3. 转换位图为矢量图形并作调整。
4. 制作图形描边效果。
5. 添加素材花纹。

12.4.3 制作汽车俱乐部海报

最终文件：Chapter 12\12.1\拓展\3\汽车俱乐部海报.ai

设计点评：

本实例制作的是汽车俱乐部海报，以位图图形为背景，添加绘制的图形元素以丰富画面效果。

制作步骤：

1. 调整位图图像背景色调。
2. 使用椭圆工具和钢笔工具及镜像工具等绘制主体和细节图形元素。
3. 使用渐变工具等填充图形丰富色彩。
4. 添加图形投影效果。
5. 添加素材图形和文字。

Chapter 13 杂志广告设计

案例分析

本实例制作的是化妆品类杂志广告。在画面结构上以产品造型为主,辅以简化明了的人物剪影图形,体现画面的基本内容。通过应用一些辅助元素即艺术化的花纹元素突出画面的精致和柔美。画面整体色调温婉秀丽,以桃红色和粉红色为主要色系,统一的同类色调营造一种柔美、细致和婉约的氛围,并同时具备较强的时尚感,体现出女性所独有的特质和魅力。

核心技能

通过本实例的制作展示,主要目的是让读者了解杂志广告设计的基本应用形式和一些制作要领;该杂志广告在制作中通过绘制背景图形并添加图形元素的方式表现画面的整体效果,使用了多种绘制手法和图形的编辑处理形式,以制作出整洁干净的画面效果。

13.1 行业介绍

杂志广告是现代社会中较为常用的宣传形式之一,其可信度较高且具备诸多优势,同时也成为一种时尚的宣传形式。

13.1.1 杂志广告的特点

杂志广告具有覆盖面广、针对性强、印刷精美及广告效应持久等优点。

1. 覆盖面广

杂志广告依附于各种杂志中,由于所发行的区域较广,其覆盖面可遍及全国甚至全球,因此具有广泛的传播性。

2. 针对性强

不同的杂志具有不同的属性和特征,针对不同的类型而应用杂志广告,并将其传播至指定的受众群体,可达到更强的宣传效果。如针对女性时尚的杂志或针对体育运动的杂志等。

3. 印刷精美且持续时间久

杂志一般都采用铜版纸四色印刷形式,其印刷精美、版式考究,同时具备较强的收藏性,因此在广告持续时间上具备较强的宣传性。

13.1.2 VI杂志广告设计的基本准则和要求

杂志广告依附于各种杂志,在图像设计、版式设计和印刷效果上都具有较高的要求。杂志广告的广告版面以页面大小为标准单位,通常为半页、全页、1/3 页、2/3 页、1/4 页和 1/6 页等形式,并可进行连页、跨页等应用。广告位置一般为封面、封二、封三、封底、扉页或插页等区域。

杂志广告在设计制作上具有较高的要求。

1. 图像及色调精美

由于杂志是深度融入于受众群体的宣传媒介，图像精度要求更高，因此在色调上应具有层次丰富的美感，以突出其视觉冲击效果。

2. 创作形式新颖

有创意又新颖的图形设计是最能体现宣传效果的设计手法之一。图像的设计形式和效果具备强烈的冲击力或亲和力，才能瞬间抓住受众的心理，给人以心理暗示。

3. 版式清晰明确

整洁或清新的版式设计，能给人以良好的印象，同时在文字的说明性上也更加清晰明了。清晰的版式设计是画面整体结果的重要表现形式，对图像和文字排放形式也有所考究，可通过推荐性的编排方式增强记忆，以达到宣传的目的。

 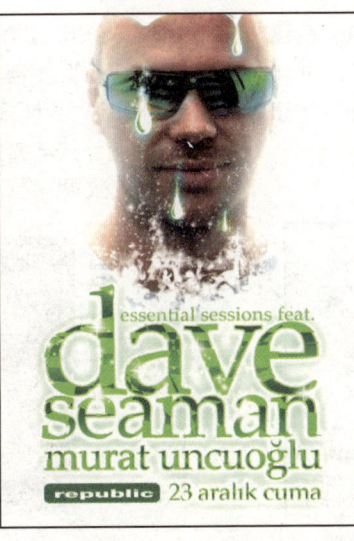 

13.2 设计要点

本实例制作的是一个化妆品类杂志广告。通过绘制画面背景以突出整体色调氛围表现设计主体的主旨；然后添加素材图形并融入背景以表现主题思想；最后添加必要的文字以增强画面整体效果。

原始文件：Chapter 13\13.1\线条人物.ai、花纹.ai、香水瓶.ai
最终文件：Chapter 13\13.1\杂志广告设计.ai
注意事项：在设计制作过程中注意背景图形与前景主体的关系
核心知识：结合使用绘制图形和编辑图形的方法制作杂志广告
流程导引：①绘制背景部分　②添加图形元素　③添加主体图形　④添加文字

13.3 制作步骤

本案例制作的是化妆品类杂志广告设计，主要分为两个方面，分别为绘制背景部分和绘制主体部分并添加文字。通过绘制杂志广告以制作富有女性风格的设计成品。以下分别对这两个方面的操作进行讲解和图例展示。

13.3.1 绘制背景部分

首先通过新建文件操作创建出新的图像文件，再使用钢笔工具、矩形工具和椭圆工具等绘制图形，然后使用渐变工具和网格工具等填充图形相应的颜色。完成后结合使用剪切蒙版和不透明蒙版等方式对图形进行精细地处理。

01 执行"文件 > 新建"命令，在弹出的"新建文档"对话框中设置文件名称为"杂志广告设计"，并设置其他相关参数。完成后单击"确定"按钮以新建一个空白图像文件。

02 单击矩形工具，在画面中绘制一个矩形。然后单击渐变工具，设置从淡黄色（C0、M16、Y33、K0）到紫色（C36、M96、Y0、K0）的径向渐变颜色。然后调整其渐变批注者的位置和角度，以调整颜色的渐变效果。

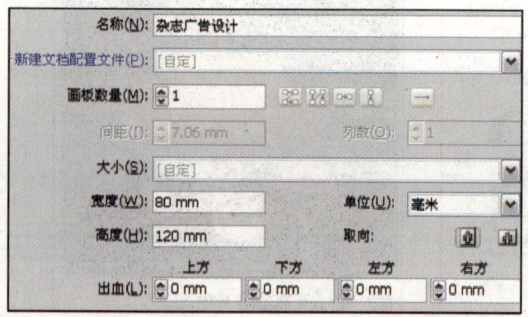 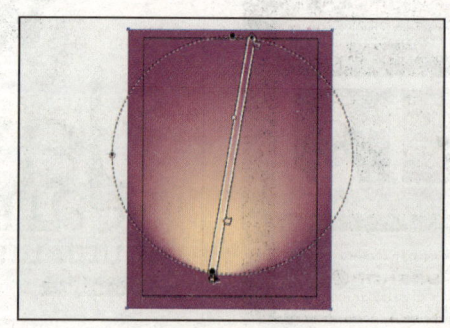

03 继续使用矩形工具 在画面相应位置绘制一个矩形，填充该矩形为从黑色到白色的渐变颜色，并调整其渐变区域。

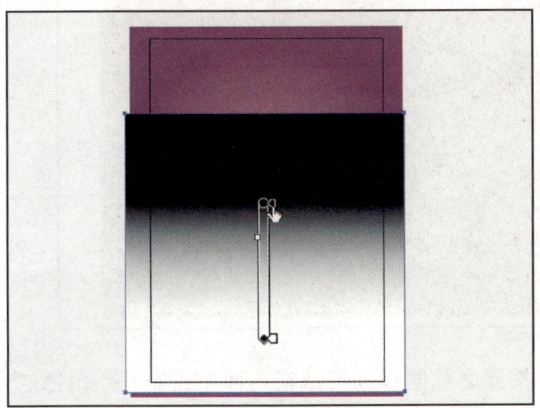

04 单击选择工具 ，框选两个矩形。然后单击"透明度"面板右上角扩展按钮 ，在弹出的菜单中选择"建立不透明蒙版"命令，以调整矩形边缘的过渡效果。

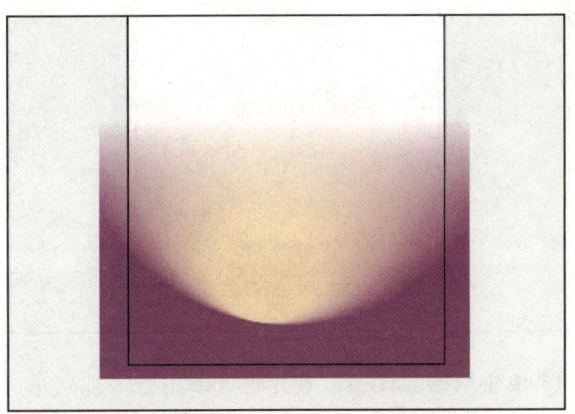

05 单击椭圆工具 ，在画面相应位置绘制一个椭圆，并填充该椭圆颜色为红色（C0、M91、Y5、K0）。然后调整其不透明度为50%。

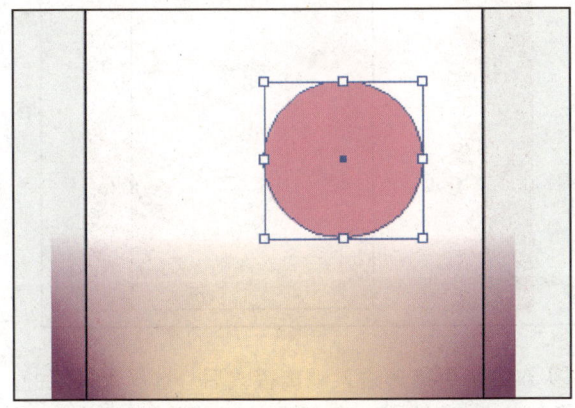

06 继续在红色椭圆上绘制一个椭圆，填充为从黑色到白色的径向渐变颜色。

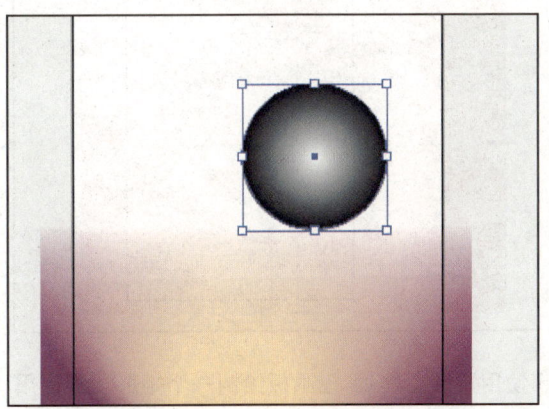

07 使用选择工具 选择刚才绘制的两个椭圆，单击"透明度"面板右上角扩展按钮 ，选择"建立不透明蒙版"命令，以调整椭圆模糊效果。

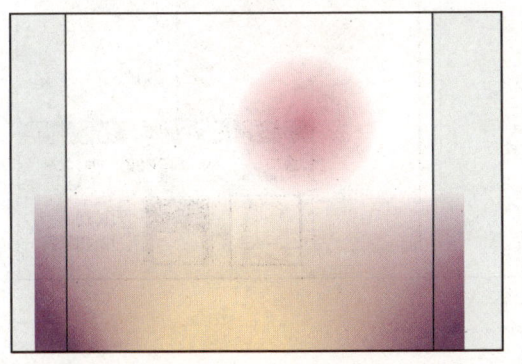

08 继续在画面右下角位置绘制一个椭圆，并填充为蓝色（C68、M61、Y0、K0）。调整其不透明为20%后执行"效果>风格化>羽化"命令，在弹出的"羽化"对话框中设置参数并单击"确定"按钮，以羽化图形边缘。

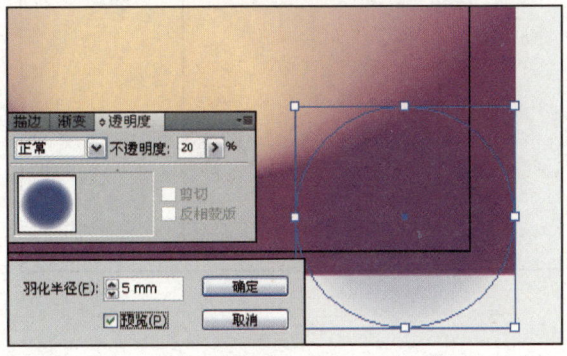

09 按照同样的方法在画面中绘制其他椭圆，并为它们添加相应的特殊效果。

10 使用矩形工具 在画面中绘制一个矩形，填充其颜色为桃红色（C0、M95、Y20、K0）。

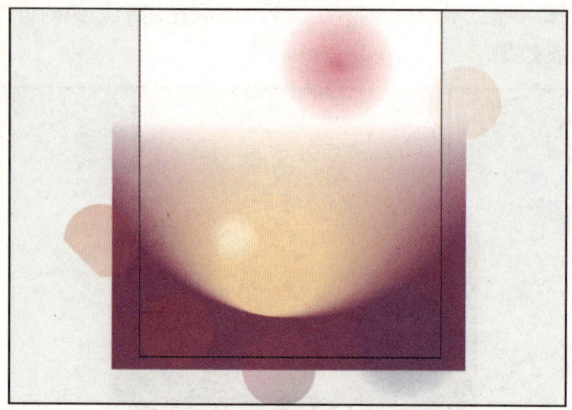

11 单击网格工具 ，在矩形上单击以添加网格。使用直接选择工具 分别选择各网格并填充为白色，使用吸管工具 取样填充过渡区域的粉色。

12 按照之前同样的方法在画面中绘制一个白色的椭圆。并为椭圆形的边缘添加羽化、模糊等效果，以增强该区域的图形色调效果。

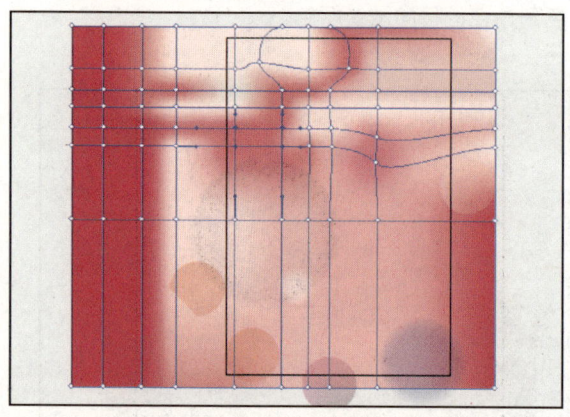

13 使用矩形工具 沿画板绘制一个矩形，再使用选择工具 选择所有图形并右击以应用"建立剪切蒙版"命令，隐藏画板外的其他区域。

14 双击画板矩形进入隔离模式后，选择最底层的径向渐变矩形并将其置于最顶层。设置其混合模式为"叠加"，以调整其色调。

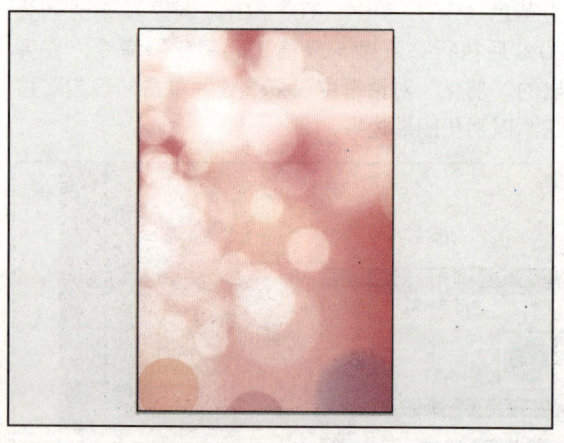

13.3.2 绘制主体部分并添加文字

完成背景部分的绘制后,通过添加图形素材的方式丰富画面效果。然后添加文字以增强画面的整体感。

01 打开本书配套光盘中的Chapter 13\13.1\花纹.ai文件。使用选择工具 选择其中的绿色花纹,将其复制并粘贴至当前图像文件后调整其大小和位置,再填充为白色。

02 复制多个花纹图形并调整其大小和位置等,然后调整其不透明等属性,以添加画板矩形边角区域的花纹效果。

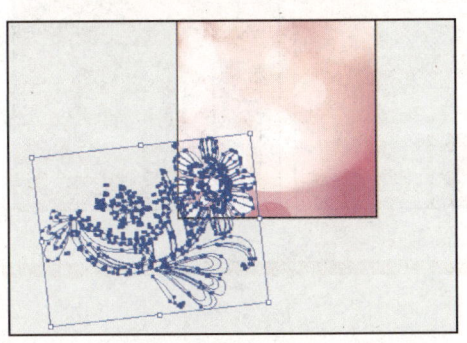

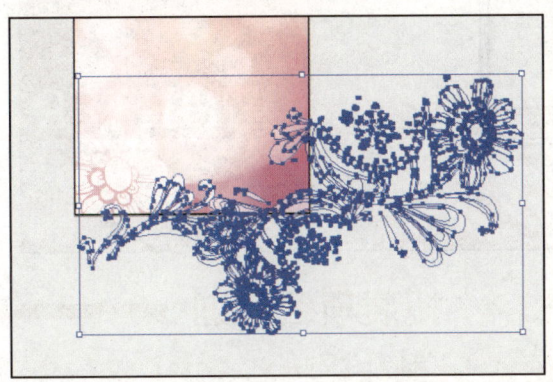

03 打开本书配套光盘中的Chapter 13\13.1\线条人物.ai文件。将图形复制并粘贴至当前图像文件后调整其位置,再填充为桃红色(C0、M95、Y20、K0)。然后在打开的花纹.ai文件中复制灰色的花纹并粘贴至当前图像文件,再调整其角度和位置。

04 单击钢笔工具 ,在线条人物的裙摆处绘制一个裙摆轮廓路径。然后使用选择工具 选择该路径和花纹图形,右击,在弹出的快捷菜单中选择"建立剪切蒙版"命令,以剪切该路径外的多余图形。

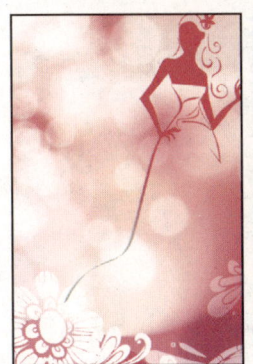 

05 打开本书配套光盘中的Chapter 13\13.1\香水瓶.ai文件。然后将其复制并粘贴至当前图像文件中,再调整其大小和位置等属性。

06 单击文字工具 ,在香水瓶上输入深紫红色(C35、M100、Y35、K10)的相应文字并设置其属性,以丰富该区域的文字效果。

07 继续在画面右下角位置输入白色的相应文字，以增强该区域的文字效果。

08 在画面适当区域输入文字以丰富画面整体的文字效果，以完成本实例的操作。

13.4 拓展项目实训

13.4.1 制作化妆品杂志广告

最终文件：Chapter 13\13.1\拓展\3\化妆品广告.ai

> 设计点评：
> 本案例通过文字和花纹图案的结合制作艺术化化妆品杂志广告。

> 制作步骤：
> 1.添加文字并创建文字轮廓，再使用旋转扭曲工具和美工刀工具等扭曲变形文字。
> 2.添加花纹素材等丰富文字效果。

13.4.2 制作品牌服饰杂志广告

最终文件：Chapter 13\13.1\拓展\4\品牌服饰杂志广告.ai

> 设计点评：
> 本案例结合位图图像和矢量图形制作品牌服饰杂志广告。

> 制作步骤：
> 1.调整位图图像的色调。
> 2.绘制图形元素并填充不同的颜色。
> 3.添加文字效果。

13.4.3 制作创意品牌杂志广告

设计点评：
本案例制作的是创意品牌杂志广告，以单纯写实的水果图形为主体元素，并配以简单的图形和文字。

制作步骤：
1. 使用钢笔工具绘制基本造型轮廓。
2. 为图形添加网格并填充网格各区域颜色。
3. 创建细节渐变图形以丰富图形效果。

最终文件：Chapter 13\13.1\拓展\1\创意品牌杂志广告.ai

13.4.4 制作日用产品杂志广告

设计点评：
本案例以产品造型为主体元素，并添加形态各异、颜色丰富的图形元素而构成。

制作步骤：
1. 使用椭圆工具和钢笔工具等绘制图形。
2. 使用网格工具等填充颜色并应用混合模式。
3. 添加文字并制作立体效果。
4. 添加光晕图形。

最终文件：Chapter 13\13.1\拓展\2\日用产品杂志广告.ai

Chapter 14 画册设计

案例分析

本实例制作的是一个文化传媒品牌的宣传画册内页。其画册内页的整体结构以随意自由的图形元素排放为主要表现形式，并通过添加文字排版的方式增强画面结构层次；在画面的图形元素应用上，以立体文字和随意的自然元素和抽象图形为主，并在色调上使用了丰富的颜色效果，以突出体现该文化传媒品牌的现代感和时尚感，以及灵活多变的特征。

核心技能

通过本实例的制作展示，主要目的是让读者了解画册内页设计的基本形式和制作要领；从技法上讲，该品牌画册内页的设计以添加自然元素、绘制图形、编辑3D文字和添加普通文字的方式为制作流程，通过组合图形元素的方式体现设计主体的思想和内容。

14.1 行业介绍

画册是DM单设计概念的延伸，在设计制作上多以流畅的线条、清晰的图像和优美的文字组合为一本美观而可读性较强的精美艺术画册，并全方位展示所要表现的主体各种信息。在商业应用中其内容主要包括企业的历史、文化、地理位置、人文信息、产品信息、品牌形象和未来展望等丰富的信息。

14.1.1 企业画册设计的要点

企业画册是日常生活中最常见的宣传画册，是企业宣传自身文化、产品信息并塑造企业形象的重要形式之一。设计制作此类画册时应注意以下几点。

1. 反映企业文化

企业文化是用于宣传并塑造企业形象的重要属性。企业文化经过长期经营管理而沉淀下来，总结出的经验和特质区别于其他企业。因此此类画册的设计应是对企业文化特质的一种反映和提炼，并根据其特质确定画册的风格特征。

2. 明确市场推广策略

在画册的设计制作时，画册版式和运用的元素、色调等，不仅要符合设计美学，更重要的是能完整地表达市场推广策略，包括产品所针对的客户群、地域、年龄段和知识层等。

3. 高度表现3大构成

图形构成、色彩构成和空间构成是评定一本画册是否符合视觉审美的重要依据。3大构成的完美表现是提升画册设计的品质和设计主体的内涵。

4. 清晰表现产品形象

产品表现这一要点主要针对产品展示页的要求，结合摄影和后期处理形式共同完成。通常在画面表现上要求产品表面光洁、明暗对比强烈而不失细节。

14.1.2　企业画册的分类

画册是平面广告中档次较高的一种设计形式，按其功用和立足点大致分为企业形象宣传画册和产品展示画册。

1. 企业形象宣传画册

企业形象宣传画册的设计以表现企业精神、企业文化、企业发展定位和企业性质等为主，重点在于主体形象，其次是产品形象。与其他画册类型相比，此类画册在设计上构图简洁、色调明确清晰、画面干净，并灵活运用点、线、面进行整体设计，以突显大气稳重的企业特质。

2. 产品展示画册

产品展示画册在设计上形式多变、内容丰富，着重体现产品的功能、特性、用途和服务等。此类画册以企业的行业定位和产品特色为出发点进行设计，并定位产品设计风格，通常表现为简洁大方、绚丽时尚或朴素雅致等。

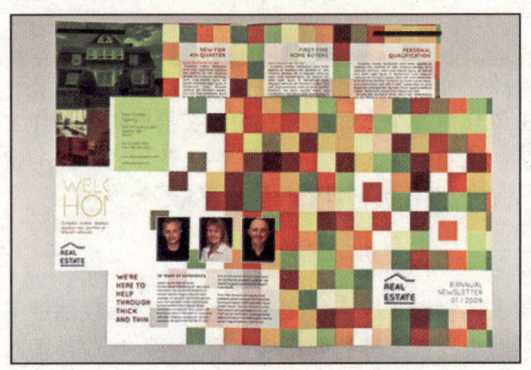 

14.1.3　画册的纸张选择

完成画册的设计后，将印刷为成品，因此纸张的选择和应用应在节约成本的基础上选择适合的纸张。若没有过多的印刷工艺要求可选择哑粉纸；若要制作特殊效果则可选择一些特殊材质的纸张。

1. 布纹纸

布纹纸是一种特殊材质的纸张，表面具有较浅的纹理效果，类似于早期粗布的颗粒质感，装饰性较强。布纹纸颜色较丰富，适合封面扉页、目录、酒类包装、信封和信纸等，但由于其纸质较脆，在制作时应多加注意。

2. 仿古纸

仿古纸是在胶版纸上加工而成的，使纸张呈现粗糙质感，用于画册中可体现质朴的魅力。

3. 高光泽纸

高光泽纸是通过在纸张上进行高光泽润饰而成的表面光滑度很高的纸张，其制作工艺有一定特殊要求，非常适合 DM 单和画册中高质量彩色图像的印刷。

14.2 设计要点

本实例制作的是一个文化传媒品牌的宣传画册，主要通过绘制图形、编辑图形和调整 3D 对象的方式进行设计和制作，并通过制作使设计主体体现出所要表达的主旨内涵。

原始文件：Chapter 14\14.1\电视机、天线.ai、沙发和爆米花.ai、喷溅.ai、眼球、墨镜.ai
最终文件：Chapter 14\14.1\画册设计.ai
注意事项：在设计制作过程中注意图形的图层顺序及色彩的融合性
核心知识：通过绘制图形并制作文字3D效果等方式制作画册内页
流程导引：①添加主体元素和背景　②绘制背景图形元素　③制作文字效果　④绘制页面2内容

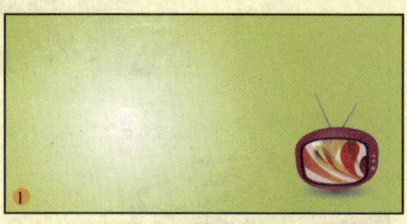

14.3 制作步骤

本案例制作的是文化传媒品牌的宣传画册设计，主要分为 3 个方面，分别为：在画板 1 中制作主体物和色块背景；绘制主体文字和细节元素；在画板页面 2 中绘制相关内容。通过绘制文化传媒产业的宣传画册，以体现设计主体的思想和特征。以下分别对这几个方面的操作进行讲解和图例展示。

14.3.1 制作主体物和色块背景

首先通过新建文件操作创建新的图像文件，再添加主体物元素以突出画面的主体。然后使用钢笔工具和渐变工具等绘制图形并填充颜色，再结合"透明度"面板设置图形的混合模式等属性，以调整画面局部色调。

01 执行"文件>新建"命令，在弹出的"新建文档"对话框中设置文件名称为"画册设计"，在"画板数量"数值框中选择"2"，并单击"按列排列"按钮，然后设置画板尺寸等参数。

02 完成设置后单击"确定"按钮新建一个空白图像文件。

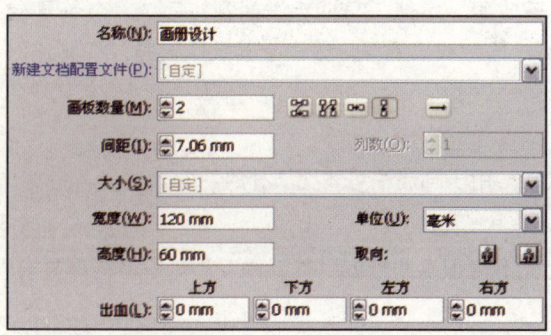
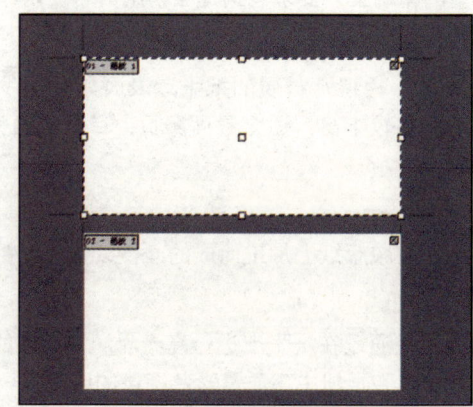

03 打开本书配套光盘中的Chapter 14\14.1\电视机、天线.ai文件，使用选择工具 选择紫红色椭圆电视机图形，将其复制并粘贴至当前图像文件中，然后调整其大小和位置。完成后使用椭圆工具 在该图形下方绘制一个椭圆路径。

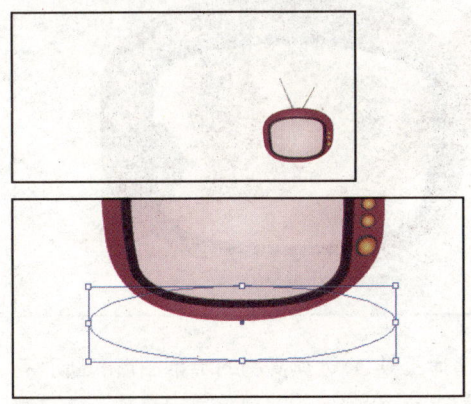

05 执行"效果 > 风格化 > 羽化"命令，在弹出的"羽化"对话框中设置其参数为3mm并单击"确定"按钮，对椭圆形边缘进行羽化，使其效果更加自然。

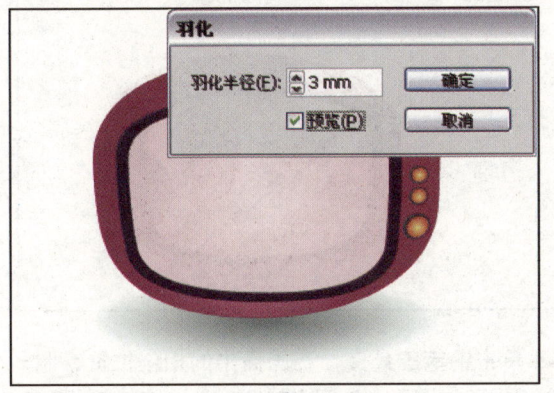

07 在"透明度"面板中设置花瓣图形的混合模式为"正片叠底"，以调整该图形与下方图形的颜色混合效果。

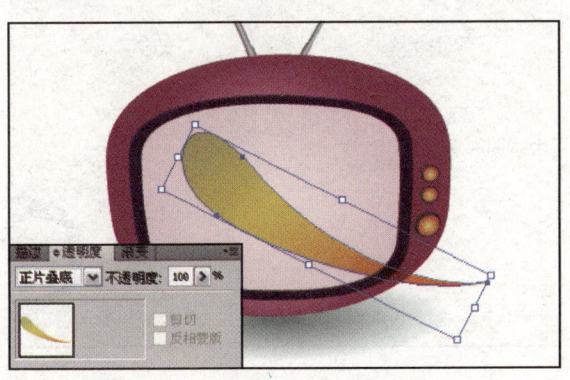

04 在"渐变"面板中设置椭圆从深灰绿色（C49、M14、Y37、K59）到淡灰绿色（C16、M0、Y10、K9）的径向渐变颜色，为电视机图形添加投影效果。

06 使用钢笔工具 在电视机上绘制一个花瓣形状。再使用渐变工具 ，设置从淡蓝色（C70、M24、Y0、K0）到黄色（C7、M10、Y87、K0）到红色（C0、M89、Y98、K0）再到深蓝色（C100、M89、Y0、K0）的径向渐变颜色，并调整渐变批注者的角度和位置等。

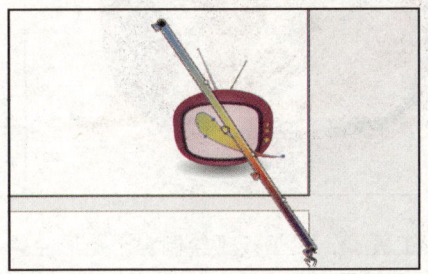

08 继续使用钢笔工具 在相应位置绘制一个较短的花瓣形状。然后使用吸管工具 单击之前的花瓣形状以取样填充颜色。完成后使用渐变工具 对该图形渐变批注者进行调整，以调整颜色。

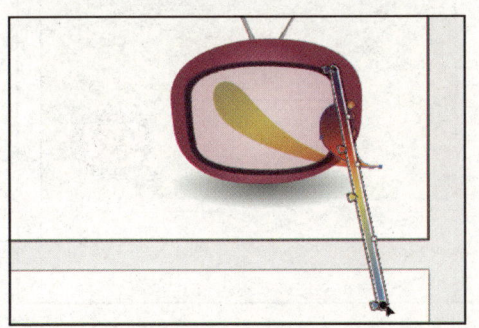

09 在"透明度"面板中设置新绘制的花瓣图形的混合模式为"正片叠底",以调整该图形与下方图形的颜色混合效果。

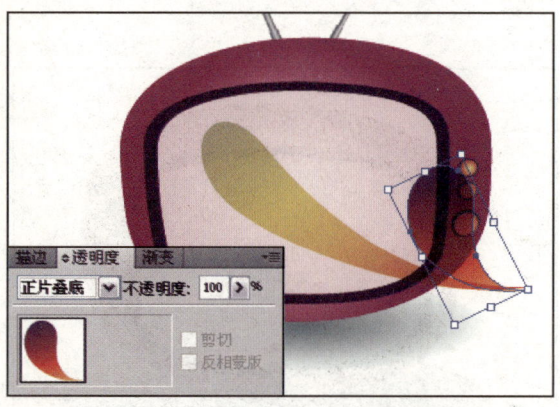

10 继续按照同样的方法在相应区域绘制更多其他的花瓣图形,以丰富该区域效果。

11 使用直接选择工具 选择电视机图形较亮的屏幕图形,并分别按下快捷键 Ctrl+C 和 Shift+Ctrl+V,将其原位粘贴至最上层。

12 使用选择工具 选择复制的屏幕图形和所有花瓣图形并右击,在弹出的快捷菜单中选择"建立剪切蒙版"命令,将屏幕图形外的区域剪切。

13 单击矩形工具 ,沿画板 1 绘制一个矩形并置于最底层。然后使用渐变工具 设置从白色到黄绿色(C20、M0、Y100、K0)的径向渐变颜色。

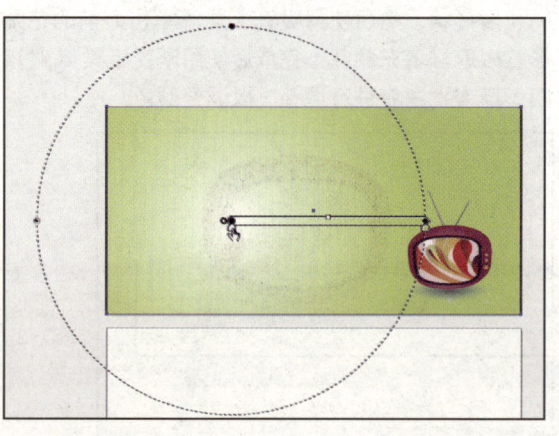

14 单击钢笔工具 ,在画面中的相应位置绘制一个不规则的图形,并填充其颜色为浅棕灰色(C16、M23、Y35、K0)。

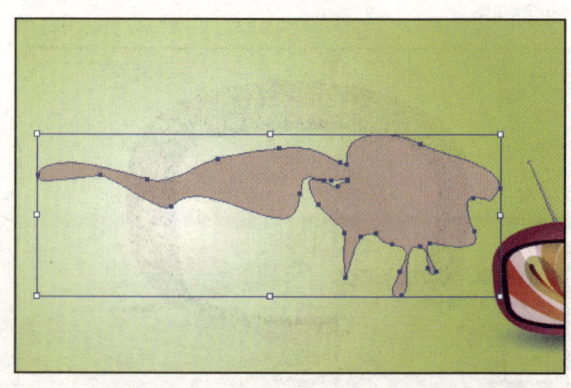

15 单击"背面绘图"按钮，再继续使用钢笔工具在相应位置绘制一个不规则图形。然后使用渐变工具填充从苹果绿（C40、M0、Y100、K0）到暗墨绿色（C100、M100、Y100、K0）的渐变颜色，并调整渐变批注者的角度和位置。

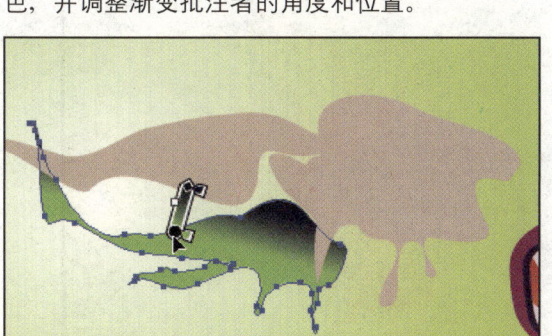

16 继续使用钢笔工具在画面相应的位置绘制一个图形，并填充其颜色为红色（C0、M100、Y100、K0）。

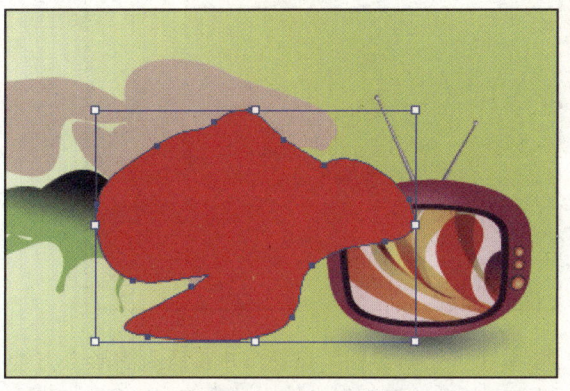

17 执行"效果 > 风格化 > 羽化"命令，在弹出的对话"羽化"中设置其参数为 5mm 并单击"确定"按钮，对图形边缘进行羽化。

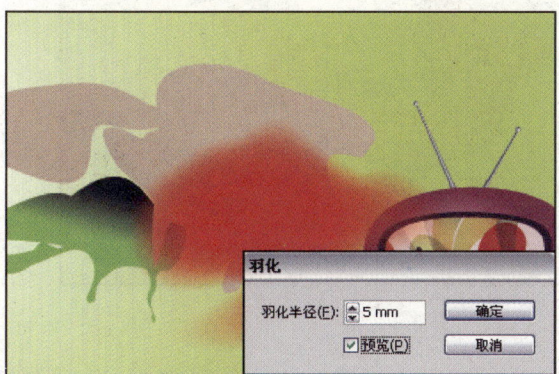

18 在"透明度"面板中设置羽化图形的混合模式为"滤色"，以调整该图形与下方图形的颜色混合效果，稍微调亮该区域。

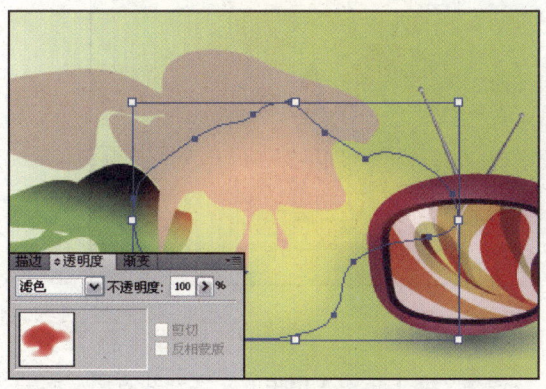

19 按照同样的方法在画面其他区域绘制相应的图形并分别填充不同的颜色，以丰富画面效果。

20 使用钢笔工具在相应位置绘制一个箭头状图形，并填充从橙色（C0、M60、Y100、K0）到中黄色（C0、M20、Y100、K0）的径向渐变颜色。

21 单击"背面绘图"按钮，再使用钢笔工具在箭头图形下层绘制其侧面图形，并填充从玫红色（C0、M100、Y0、K0）到橙色（C0、M60、Y100、K0）的径向渐变颜色。

22 继续按照同样的方法在箭头图形的下层绘制另一侧面图形。填充该图形从黄色（C0、M0、Y100、K0）到橙色（C0、M60、Y100、K0）的径向渐变颜色。

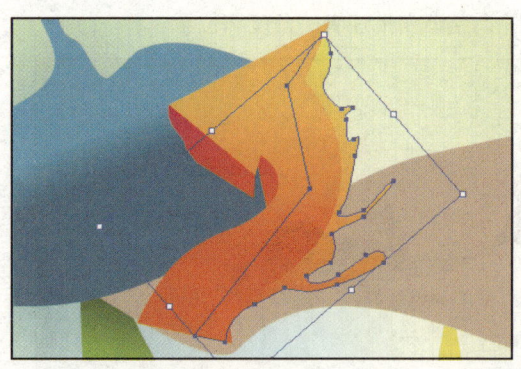

23 单击"正面绘图"按钮并在箭头图形上方绘制一个其他块面图形，填充从中黄色（C0、M20、Y100、K0）到白色的径向渐变颜色。

24 完成箭头图形的绘制后将其编组，然后复制箭头图形并调整其大小、位置和角度等，放置在画面其他区域，以丰富画面效果。

14.3.2 绘制主体文字和细节元素

使用文字工具输入相关的文字，并应用文字的 3D 凸纹效果，以制作出丰富的文字立体效果。然后绘制一些细小的图形元素以装饰画面，并添加画面说明文字完善画面整体效果。

01 单击文字工具，在画面相应区域输入红色（C0、M100、Y100、K0）字母 M，并设置文字的字体和大小等属性。

02 执行"效果 > 3D > 凸出和斜角"命令，在弹出的"凸出和斜角选项"对话框中调整旋转位置并设置其他参数，以调整字母的立体效果。完成后单击"确定"按钮。

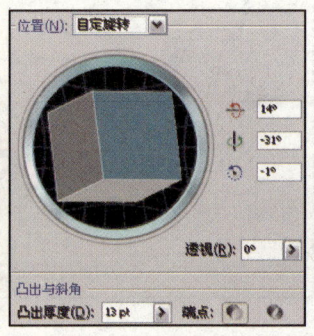

03 继续在相应位置输入粉红色（C0、M70、Y5、K0）的字母 E，并稍微调整其大小。

05 按照同样的方法输入其他主体文字并应用其 3D 效果。完成后制作其他较小的立体字母以丰富画面效果。

07 将星形图形复制并放置在其他区域后，按照同样的方法在画面中其他区域绘制更多的图形并填充不同的颜色，以丰富画面效果。

09 单击文字工具，在画面右上角区域输入相应的白色文字，并在"字符"面板中设置其字体和大小等属性。

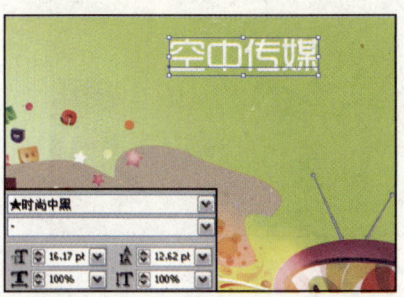

04 执行"效果 > 3D > 凸出和斜角"命令，在弹出的"凸出和斜角选项"对话框中调整旋转位置，单击"更多选项"按钮，在其中设置其他的选项组参数，完成后单击"确定"按钮。

 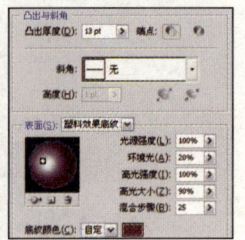

06 单击星形工具，在相应位置绘制一个星形。然后填充从粉红色（C0、M40、Y0、K0）到玫红色（C0、M100、Y0、K0）的径向渐变颜色。

08 单击画笔工具，在画面中绘制一个随意的线条路径，然后设置线条的描边颜色为白色。

10 继续使用文字工具在相应位置输入其他的文字并设置文字的字体和大小等属性，以丰富该区域的文字效果。

11 单击椭圆工具，在电视机图形上方绘制一个椭圆，并填充其颜色为玫红色（C10、M100、Y50、K0）。

12 继续使用文字工具，在椭圆中输入其他文字，并分别设置这些文字的字体和大小等属性。

14.3.3 绘制页面2内容

完成画板 1 中的内容制作后，开始制作画板 2 中的相关内容。通过添加素材图形并按照同样的方法绘制其他图形的方式丰富画面效果，完成画册内页的制作。

01 使用选择工具选择画板 1 中的背景矩形，并按下快捷键 Ctrl+C 将其复制。然后新建"图层 2"，并按下快捷键 Ctrl+V 粘贴至新图层中。完成后调整其位置在画板 2 中，并使用渐变工具稍微调整其渐变批注者。

02 打开本书配套光盘中的 Chapter 14\14.1\沙发和爆米花 .ai 文件。使用选择工具选择沙发图形，将其复制并粘贴至当前图像文件中，再调整其大小和位置。然后按照之前同样的方法制作该图形的阴影效果。

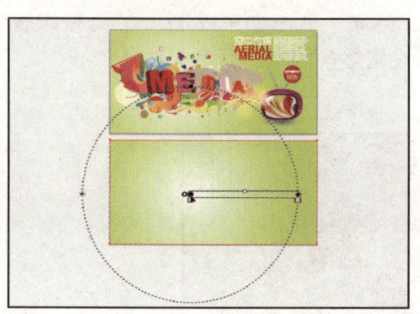
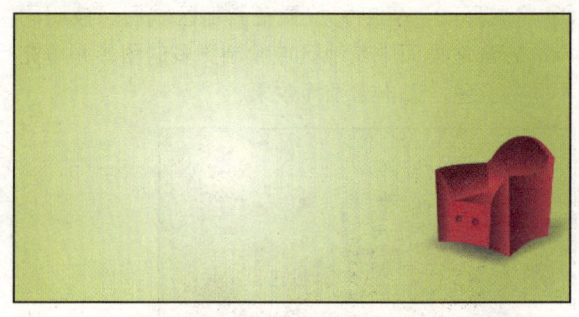

03 复制画板 1 中所绘制的不规则图形，并将其粘贴至当前图层中。分别填充这些图形颜色为淡黄色（C2、M6、Y27、K0）和浅棕灰色（C16、M23、Y35、K0）等颜色。

04 打开本书配套光盘中的 Chapter 14\14.1\喷溅 .ai 文件，将其中的图形复制并粘贴至当前图像文件中，调整图形大小和位置，以丰富画面效果。

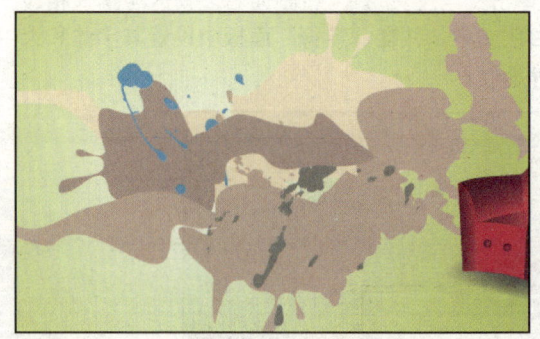

05 按住 Shift 键并使用选择工具 ▶ 选择画板 1 中的主体 3D 文字，将其复制并粘贴至当前图层中。

06 选择其中一个字母并执行"对象>扩展外观"命令，将文字轮廓化为普通图形。然后按照同样的方法分别对其他字母轮廓化。

07 使用直接选择工具 ▶ 选择文字图形 M 的正面块状图形，并填充从中黄色（C0、M15、Y100、K0）到玫红色（C9、M100、Y32、K0）的径向渐变颜色。

08 继续使用直接选择工具 ▶ 选择 M 文字图形左侧的块状图形，并填充从玫红色（C0、M92、Y27、K0）到深红色（C35、M100、Y63、K12）的径向渐变颜色。

09 继续按照同样的方法对其他主体 3D 文字图形的色块进行填充色的更改，以丰富文字图形的颜色效果。

10 单击画笔工具 ✎，在画面中绘制一些随意的线条路径，并分别设置描边色为白色和玫红色（C10、M100、Y50、K0）。

11 使用选择工具 分别选择指定的线条路径并按下快捷键 Ctrl+[，以向下调整线条路径的图层顺序至一定位置。

12 在打开的"电视机、天线.ai"文件中，使用选择工具 选择灰色的电视机图形，将其复制并粘贴至当前图像文件中，再调整其大小和位置。

13 继续打开本书配套光盘中的 Chapter 14\14.1\眼球、墨镜.ai 文件，并按照同样的方法在打开的文件中复制素材图形并粘贴至当前图像文件中，然后调整其大小和位置，以丰富画面效果。

14 单击椭圆工具 ，在画面相应位置绘制一个椭圆，并填充从橙色（C0、M60、Y100、K0）到中黄色（C0、M20、Y100、K0）的径向渐变颜色。

15 复制橙色渐变椭圆至其他位置并分别调整其大小，然后设置复制的椭圆混合模式为"正片叠底"、"不透明度"为 40%，以调整其色调。

16 单击矩形工具 ，在画面底端相应位置添加一个矩形，并填充其颜色为红褐色（C63、M86、Y54、K13）。

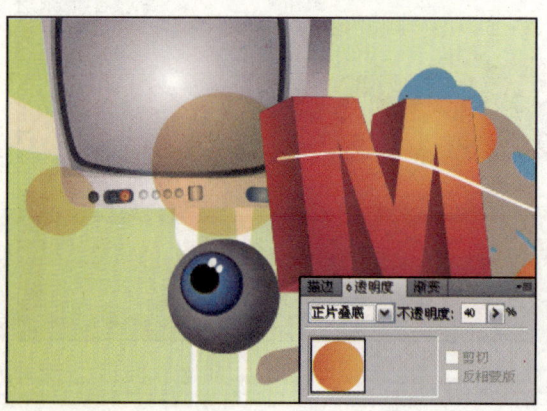

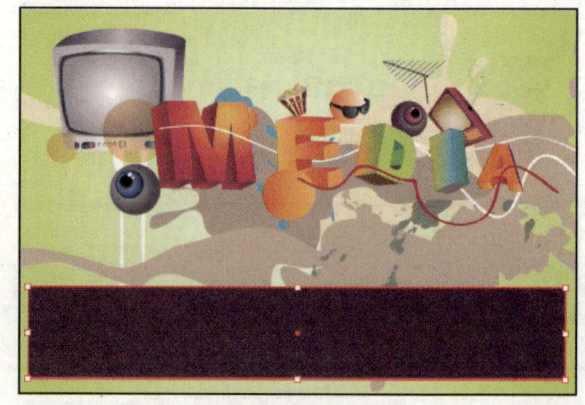

17 单击文字工具，在矩形的左端输入相应的白色文字，并在"字符"面板中设置文字的字体和大小等属性。

18 继续使用文字工具在矩形的中端和右端输入相应的文本文字，并在"字符"面板中设置文字属性。

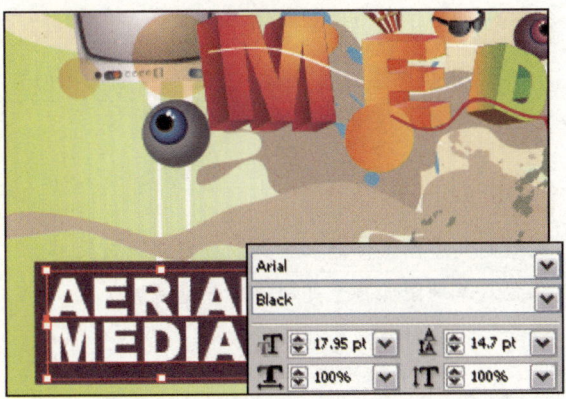

19 完成文字的输入后，选择较大的白色文字，并在"透明度"面板中设置文字的"不透明度"为90%，以调整文字的亮度效果。

20 继续选择矩形上的文本文字，并设置其"不透明度"为80%，以调整文字的亮度效果。

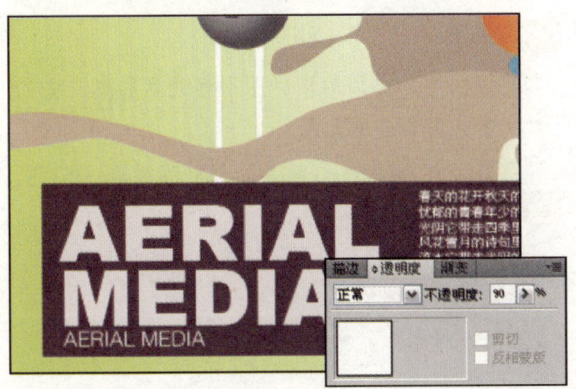

21 复制画板1中的相关文字并将其粘贴至当前图层中。调整文字的大小、颜色等属性，并放置在画面右上角位置。

22 继续复制画板1中的红色椭圆及其文字，并将其粘贴至当前图层中。稍微调整椭圆的大小并放置在沙发图形上方，完成本实例的制作。

14.4 拓展项目实训

14.4.1 制作艺术机构画册内页

设计点评：
本实例以位图图像为背景，并通过绘制图形的方式制作具有现实艺术感的画册。

制作步骤：
1. 绘制文字图形并添加素材以应用蒙版效果。
2. 置入草地图像背景并制作马赛克河流。
3. 绘制白色背景并添加文字效果。

最终文件：Chapter 14\14.1\拓展\4\艺术机构画册内页.ai

14.4.2 制作企业宣传画册

设计点评：
本实例主要以添加的素材图形等元素和制作的特效文字为主要应用元素。

制作步骤：
1. 添加文字并结合"投影"效果等制作文字效果。
2. 描摹位图并调整其颜色。
3. 添加素材图形并调整颜色。

最终文件：Chapter 14\14.1\拓展\2\企业画册.ai

14.4.3 制作传媒品牌画册内页

设计点评：
本实例以位图图像为背景，并通过绘制色块图形组合画面丰富的色调效果。

制作步骤：
1. 绘制块状图形并使用渐变工具等填充颜色。
2. 添加位图图像背景并调色，再添加素材和文字。

最终文件：Chapter 14\14.1\拓展\3\传媒品牌画册内页.ai

14.4.4 制作数码产品DM单

> 设计点评:

本实例制作的是数码产品DM单,主要以矢量图形和文字为画面构成元素。

> 制作步骤:

1. 使用文字工具添加文字。
2. 填充文字图形颜色并添加更多其他文字。
3. 绘制矢量图形。
4. 添加素材图形并作调整。
5. 绘制图形并应用3D凸纹效果。
6. 将绘制完成的DM单图形放置在一起。

最终文件:Chapter 14\14.1\拓展\1\数码产品DM单.ai

读书笔记

Chapter 15　POP 宣传广告设计

案例分析

本实例制作的是一个主题音乐会的POP宣传广告。在画面整体结构上，采用对称式的结构，以突出画面主体；在画面元素的应用上，以矢量的大树图形为主体物，辅以土地、山丘和天空等自然元素，表现出设计主体的主要思想。然后添加一些符号元素以突出设计主体的主旨，即亲近自然、聆听自然、享受自然的主旨。画面结构层次感强，色调清新，所表达的内容也较为明了。

核心技能

通过本实例的制作展示，主要目的是让读者了解该POP宣传广告的设计制作过程，以及一些制作过程中的要领；从技法上来讲，该宣传海报以自然元素图形的绘制为主导，并使用了不同的图形绘制方式和编辑方式。在色调表现上，以绿色为主色调，蓝色和黄色为辅色，不仅体现出设计主体的精神主旨，也让画面既对比又统一，丰富了画面的整体效果。

15.1　行业介绍

POP 宣传广告意为"卖点广告"，主要用于刺激消费和活跃气氛，其应用形式有展板、橱窗海报、店内台牌、价目表、吊旗、户外招牌及立体卡通模型等。POP 宣传广告的应用时间较短，其表现效果较为夸张或幽默，色彩也较鲜艳强烈，能够有效地吸引受众并刺激消费。POP 宣传广告扮演了销售员的角色，可通过悬挂、堆放、粘贴、放置走道等形式进行展示，是一种低价而高效的广告宣传形式，应用较为广泛。

15.1.1　POP宣传广告的特点

POP 宣传广告是"心的传播者"，其应用目的性较强，时间周期较短。还具备以下几个特征。
（1）时效性强：跟随商家计划的变化而随时进行调整。
（2）形式美观：POP 宣传广告制作形式特殊，能够有效地吸引顾客的注意力。
（3）富有创意：POP 宣传广告设计效果夸张而独具活力，能够起到刺激消费欲望的作用。
（4）成本低廉：由于成本较低，可随时制作或更换宣传广告，以顺应计划任务的变动而达到宣传的目的。

15.1.2　POP宣传广告的作用

POP 宣传广告非常迎合消费者的消费习惯，在商业运作中具有举足轻重的作用，主要包括促进购买欲望并提高营业额；建立消费者与卖场或展示主体之间的互动关系；随时令推出适宜的节庆广告；使受众对卖场或展示主体留下深刻印象；充当销售员的角色以代替说明商品特征；具备其他媒介所无法比拟的快速、灵动的长处；卖场或展示主体可及时制作促销 POP 宣传广告；有效地的整合资源，减少支出；用于告知新商品信息和广告活动信息；吸引受众的注意；POP 宣传广告可营造轻松随意的氛围。

15.1.3　POP制作形式

POP 宣传广告的制作形式简便且多样化，其制作成本也非常低廉。在制作形式上有彩色打印、印刷和手绘等方式。POP 广告将手绘艺术字形的涂鸦效果发挥得淋漓尽致，而且随着电脑软件技术的发展，此类广告形式在美工设计应用方面也更加发挥出快速、高效而美观的优势。另外，POP 还可接收来自数码相机、扫描仪类的图片素材，因此其特别适合宣传广告的低成本和大量制作的需求。

15.2 设计要点

本实例制作的是一个主题音乐会的 POP 宣传广告，通过绘制图形、输入文字并进行相关编辑的方式制作画面的整体效果。通过设计制作，使海报图形效果更加丰富而精彩。

原始文件： Chapter 15\15.1\小提琴.ai、鸟.ai、音乐符号.ai
最终文件： Chapter 15\15.1\POP宣传广告.ai
注意事项： 在设计制作过程中注意画面整体结构的层次感
核心知识： 使用各种绘制工具和文字工具等制作POP宣传广告
流程导引： ①绘制背景 ②绘制大树 ③添加素材图形 ④制作文字效果

15.3 制作步骤

本案例制作的是主题音乐会的 POP 宣传广告，主要分为 3 个方面，分别为绘制背景部分、绘制画面主体图形和添加文字并制作文字效果。通过绘制 POP 音乐宣传广告并应用相应色调的方式，体现主题音乐会的思想内涵。以下分别从这 3 个方面对操作过程进行讲解和图例展示。

15.3.1 绘制背景部分

首先通过新建文件操作创建出新的图像文件，再使用钢笔工具绘制不同形状的图形，使用渐变工具和网格工具等填充图形相应的颜色，以制作背景部分中的基础图形效果，增强画面的层次感。

01 执行"文件 > 新建"命令，在弹出的"新建文档"对话框中设置文件名称为"宣传海报"，并设置其他相关参数。完成后单击"确定"按钮以新建一个空白图像文件。

02 单击矩形工具，沿画板大小绘制一个矩形。填充颜色为淡蓝色（C25、M0、Y5、K0）。然后使用钢笔工具在画板底端绘制一个波浪图形，并填充颜色从淡蓝绿色（C40、M0、Y15、K0）到相邻色（C44、M5、Y20、K0）的径向渐变颜色。

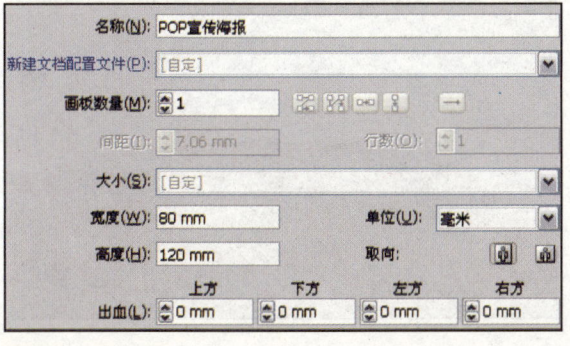 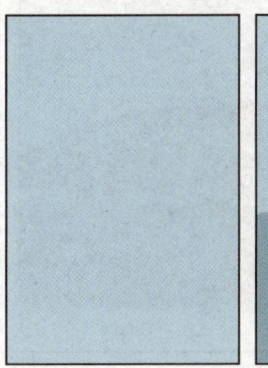 

03 继续使用钢笔工具,在画板底端相应位置分别绘制两个波浪状图形,并分别填充颜色为浅蓝色(C55、M0、Y10、K0)和淡蓝绿色(C45、M2、Y16、K0)。

04 使用选择工具选择位于最上层的淡蓝绿色图形,并执行"效果 > 风格化 > 投影"命令,在弹出的"投影"对话框中设置各项参数。完成后单击"确定"按钮,为该图形添加投影效果。

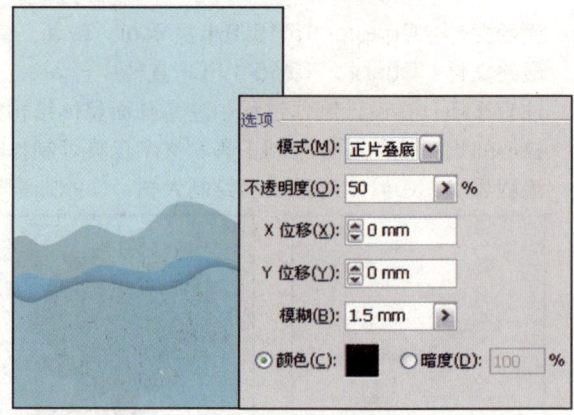

05 使用钢笔工具在画面相应位置绘制两个云朵状图形,并分别填充颜色为较亮的淡蓝色(C18、M0、Y2、K0)、(C6、M0、Y1、K0)。然后调整图形的图层顺序至相应位置。

06 使用钢笔工具在画板底端位置绘制一个闭合的弧形路径,并填充颜色为绿色(C67、M5、Y86、K5)。

07 单击网格工具,在滤色图形上单击以添加网格。然后选择边缘的网格交点并填充颜色为较深的绿色(C74、M24、Y94、K0),以增强层次感。

08 继续使用钢笔工具在绿色弧形上绘制一个不规则图形,并填充颜色为较深的绿色(C72、M28、Y85、K0)。

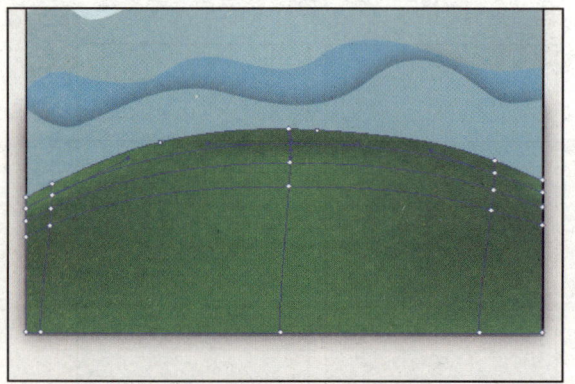

09 继续在绿色的弧形上绘制一个弧状图形，并填充颜色从浅黄绿色（C10、M5、Y86、K6）到深黄绿色（C28、M7、Y100、K10）的径向渐变颜色。

10 在黄绿色弧形上绘制一个图形并填充颜色从黄绿色（C10、M10、Y86、K8）到深黄绿色（C17、M20、Y100、K19）的径向渐变颜色。

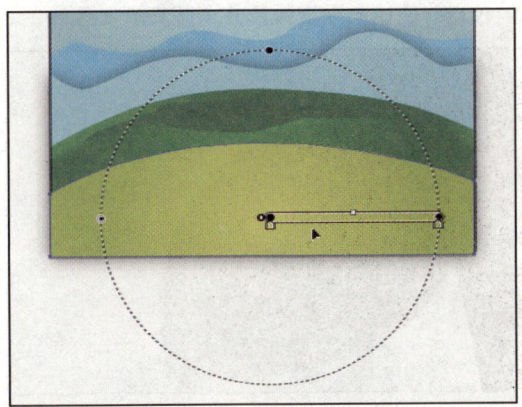
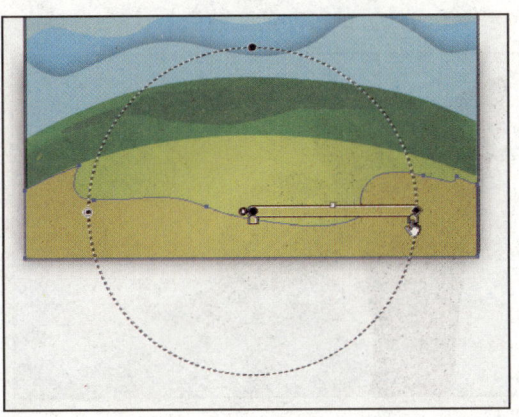

11 在刚才绘制的图形上绘制一个图形并填充颜色从深黄绿色（C10、M13、Y86、K13）到棕黄色（C20、M28、Y100、K16）的径向渐变颜色。

12 继续按照同样的方法在黄绿色的图形上方绘制其他图形，并填充颜色为黄色（C10、M0、Y90、K8），以丰富该区域效果。

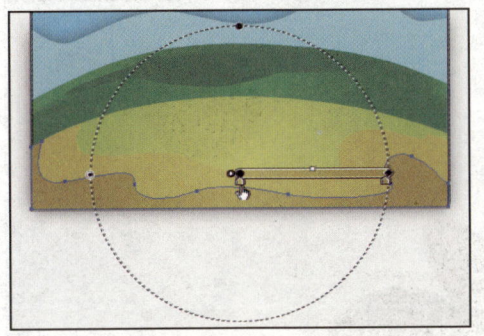

15.3.2 绘制画面主体图形

绘制画面中的主体物即大树图形，首先绘制树干并使用网格工具填充颜色，再绘制树叶图形并填充其颜色，完成后复制树叶图形以完善大树等图形的制作。

01 单击钢笔工具，在画面中心相应位置绘制一个树干状的图形，并填充颜色为浅褐色（C35、M60、Y80、K25）。然后单击网格工具，在树干上单击以添加网格。

02 使用直接选择工具选择树干的边缘网格区域，并填充颜色为深褐色（C40、M70、Y100、K20）。

03 单击钢笔工具，在树干旁边绘制一个树叶状图形，并填充从暗绿色（C89、M63、Y90、K34）到绿色（C80、M19、Y87、K0）再到苹果绿（C39、M0、Y100、K0）的径向渐变颜色。

04 继续使用钢笔工具，在树叶图形上绘制叶脉图形，并填充从苹果绿（C40、M0、Y100、K0）到绿色（C99、M5、Y99、K3）再到暗绿色（C89、M56、Y90、K32）的径向渐变颜色并调整其渐变区域。

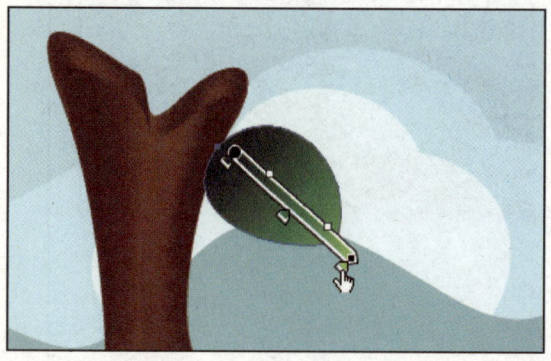

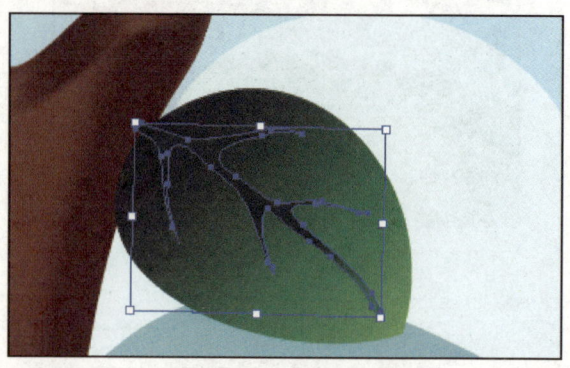

05 完成树叶图形的绘制后将其编组。然后按住 Alt 键并使用选择工具将其复制到其他区域，再稍微调整其大小。完成后使用镜像工具对其作镜像处理。

06 使用直接选择工具选择树叶图形，再次使用渐变工具对其渐变批注者稍作调整，以调整树叶的渐变颜色效果。

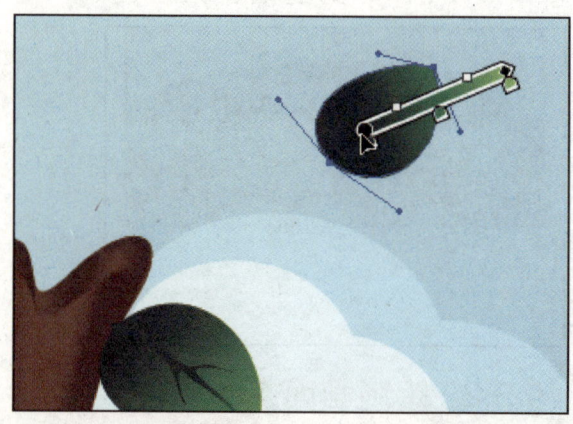

07 单击选择工具，将树叶图形复制并粘贴至其他区域、调整树叶的大小和旋转角度，以填满整个树冠区域。

08 打开本书配套光盘中的 Chapter 15\15.1\ 小提琴 .ai 文件。使用选择工具选择小提琴图形，将其复制并粘贴至当前图像文件中，然后调整其大小和位置等属性，放置在树冠中。

09 打开本书配套光盘中的 Chapter 15\15.1\ 鸟 .ai 和音乐符号 .ai 文件，将它们复制并粘贴至当前图像文件画面的左上角区域，并进行相应调整。

10 单击钢笔工具，在大树图形下方的绿色阴影图形部分绘制两个块状图形，并分别填充颜色为橙色（C0、M50、Y100、K0）和橘黄色（C0、M25、Y100、K0）。

11 在橙色的图形上方绘制两个块状图形并分别填充颜色为深红色（C25、M100、Y100、K25）和红色（C25、M100、Y100、K0），作为房屋轮廓。

12 继续在房屋图形上绘制烟囱图形，并分别填充颜色为橘红色（C0、M75、Y100、K0）和橙色（C0、M50、Y100、K0）。

13 在房屋图形的橙色区域绘制两个窗户轮廓图形，并分别填充颜色为青莲色（C72、M100、Y2、K0）和紫色（C50、M100、Y0、K0）。

14 在紫色色块上绘制一个格子图形作为窗户，并填充颜色为橘黄色（C0、M25、Y100、K0）。

15 按照同样的方法继续在相邻的位置绘制其他的房屋图形，以丰富该区域的图形效果。

16 在房屋图形相邻位置绘制阴影图形并填充颜色为棕黄色（C0、M27、Y100、K33），然后分别将房屋图形编组。

15.3.3 添加文字并制作文字效果

输入不同的文字以丰富画面效果，并对局部文字进行轮廓化处理。通过对指定的文字应用"投影法"和"内发光"滤镜等处理丰富文字的特殊效果。

01 单击文字工具，在树冠上输入相应的文字并设置文字的字体和大小等属性，填充颜色为橙色（C0、M50、Y100、K0）。

02 继续使用文字工具在树冠相应位置输入其他文字并设置其属性，填充颜色为白色。

03 使用选择工具选择白色文字，并执行"对象 > 扩展"命令，在弹出的"扩展"对话框中保持相应设置并单击"确定"按钮。

04 将文字扩展为轮廓图形后，接着再按下快捷键 Shift+Ctrl+G 解散编组。

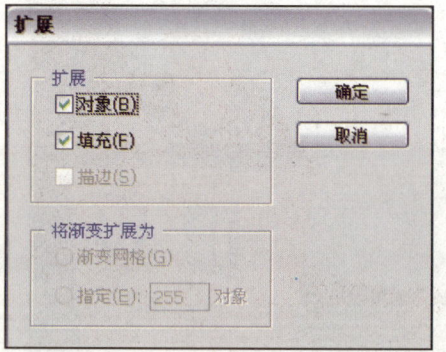

05 使用选择工具单独选择白色文字图形 S，执行"效果 > 风格化 > 投影"命令，在弹出的"投影"对话框中设置其参数并单击"确定"按钮。

07 选择文字图形 M，并继续按照同样的方法对其应用"投影"和"内发光"滤镜。

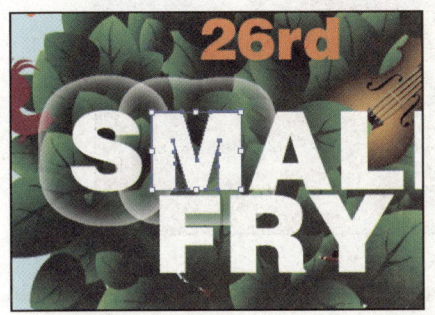

09 单击文字工具，在画面树干顶端位置输入相应的白色文字，并在"字符"面板中设置文字的字体和大小等属性。

11 继续使用文字工具在画面相应位置按住左键并拖动以添加文本框，输入相应的白色文字后设置其属性。

06 继续执行"效果 > 风格化 > 内发光"命令，在弹出的"内发光"对话框中设置其参数并单击"确定"按钮，以调整文字的相应效果。

08 按照同样的方法对其他文字图形应用同样的滤镜效果。完成后将这些文字图形的编组。

10 继续在画面底端的黄色图形区域输入相应的文字，并设置文字的字体和大小等属性。然后填充其颜色为深绿色（C84、M45、Y100、K8）。

12 继续在画面其他区域输入其他的文字并设置文字属性，以丰富画面效果，完成本案例的制作。

15.4 拓展项目实训

15.4.1 制作文具POP宣传广告

设计点评：
本实例通过绘制图形并填充细腻而层次感丰富的颜色绘制主体图形，再添加文字以构成画面效果。

制作步骤：
1. 使用钢笔工具绘制图形。
2. 使用网页工具填充图形丰富的颜色层次效果。
3. 绘制图形细节区域以增加质感效果。
4. 添加符号图案以丰富画面效果。
5. 使用文字工具添加文字。

最终文件：Chapter 15\15.1\拓展\1\文具POP宣传广告.ai

15.4.2 制作回馈活动POP宣传广告

设计点评：
本实例通过绘制立体图形并调整边缘特效，再添加图形元素等方式制作色调艳丽而画面结构活泼的POP宣传广告。

制作步骤：
1. 使用圆角矩形工具绘制图形并调整图形状态。
2. 应用内发光滤镜效果调整图形边缘状态。
3. 绘制立体图形侧面效果图并填充颜色。
4. 添加文字并应用扭曲变换效果。
5. 添加素材图形以丰富画面。

最终文件： Chapter 15\15.1\拓展\2\回馈活动POP宣传广告.ai

15.4.3 制作艺术联盟POP广告

设计点评：
本实例通过绘制主体物图形和添加花纹素材图形，再添加文字以制作POP宣传广告。

制作步骤：
1. 绘制背景图形。
2. 添加花纹和花朵素材。
3. 绘制主体物造型并填充丰富的颜色。
4. 绘制描边轮廓并应用高斯模糊效果。
5. 添加文字效果。

最终文件： Chapter 15\15.1\拓展\3\艺术联盟POP宣传广告.ai

Chapter 16 插画设计

案例分析

本实例制作的是一个少儿秋游活动的插画。通过绘制卡通人物和秋季风格的景物，表现出秋高气爽的画面图形效果和色调效果，以突出体现秋游活动的主旨。

核心技能

通过本实例的制作展示，主要目的是让读者了解该插画制作的过程和绘制方法。通过使用绘制工具和填色工具的方式表现图形；在色调运用上，以淡蓝色为基调，并配以对比较强的暖色，以突出画面统一但又不失活泼的趣味。

16.1 行业介绍

插画是一种新兴的艺术创作形式，并在市场中占据了一定的地位。在现代艺术创作领域中，插画是最具表现力的艺术形式之一，通过借鉴绘画艺术的表现手法，并在此基础上运用现代化绘制手段，让插画表现的效果更加丰富而精彩。因此，绘画艺术是插画设计的奠基石，绘画是基础，插画是应用。

16.1.1 插画的分类

插画通过使用图案来表现其形象，在线条和形态的表现上清晰明快，结合统一了审美价值和实用价值。插画的制作较为方便，可直接进行手绘，也可通过电脑绘制。随着计算机 CG 技术的发展，这种高科技的手段被融入到插画设计领域，使更多的人青睐于这种创作形式，因此越来越多的插画创作风格和类型出现了。插画通过不同的应用可分为几类：

（1）根据商业应用分类，通常分为人物、动物、商品形象。
（2）根据插画市场定位分类，分为矢量时尚、卡通低幼、写实唯美、韩漫插画和概念设定等。
（3）根据插画制作方法分类，可分为手绘、矢量、商业、新锐（2D 平面、UI 设计、3D）和像素等。
（4）根据插画风格分类，可分为日式卡通和插画、欧美插画、香港插画、韩国游戏插画和台湾言情小说封面插画等。

16.1.2 插画的特征和表现形式

现代商业社会的艺术创作形式愈加丰富，插画设计即为其中之一。插画设计作为一种新兴的视觉艺术，有着自身独有的审美特征。其中最明显的是目的性与制作性、实用性与通俗性、形象性与直观性、审美性与趣味以及创造性与多元化等特征。

现代插画由于媒体、内容和诉求对象的不同，使得插画的表现形式多元化。在平面设计领域，与市场接触最多的是文学插图和商业插画。文学插图再现文章情节、体现文学与可视艺术相结合的创作精要；商业插画为企业或产品传递相关信息，集艺术性与商业性为一体。

1. 商业宣传

插画应用于商业宣传中，包括报纸广告、杂志广告、招牌、海报、宣传单和电视广告中所使用的插画。

2. 商业形象设计和包装设计

商业形象设计和包装设计包括商品标志与企业形象、吉祥物、包装设计及说明图解、消费指导、商品说明、图标和目录等插画。

3. 影视和网络媒介

插画与影视和网络媒介相结合，可体现在影视剧概念场景设计、广告片概念设计、游戏宣传插画、游戏人物设定、游戏场景设定、动画原画设定和漫画设计等形式中。

16.2 设计要点

本实例制作的是一个少儿秋游活动的插画。主要使用"绘制"工具和"填色"工具等绘制色彩丰富的图形元素，并通过强烈的对比色凸显画面清爽活泼的氛围。

原始文件：Chapter 16\16.1\太阳.ai、蜻蜓.ai、房屋.ai
最终文件：Chapter 16\16.1\插画设计.ai
注意事项：在设计制作过程中注意画面结构层次和色调对比效果
核心知识：使用绘制工具和填色工具等绘制插画
流程导引：①绘制背卡通人物　②绘制主体图形元素　③绘制天空区域　④绘制地面区域

16.3 制作步骤

本案例制作的是一个少儿秋游活动的插画，主要分为3个方面，分别为绘制主体人物、绘制主体装饰图形和绘制背景图形元素。通过绘制主体物和背景元素的方式制作出清新明朗的插画效果。以下分别从这3个方面对操作过程进行讲解和图例展示。

16.3.1 绘制主体人物

首先通过新建文件操作创建出新的图像文件，再使用钢笔工具绘制不同形状的图形。然后使用渐变工具和网格工具等填充图形相应的颜色，以制作背景部分中的基础图形效果，增强画面的层次感。

01 执行"文件>新建"命令,在弹出的"新建文档"对话框中设置文件名称为"插画设计",并设置其他相关参数。完成后单击"确定"按钮以新建一个空白图像文件。

02 单击钢笔工具,在画面中绘制一个脸型图形,再单击渐变工具,填充图形从淡黄色(C2、M18、Y40、K0)到浅棕黄色(C7、M39、Y53、K0)的径向渐变颜色,并调整颜色渐变区域。

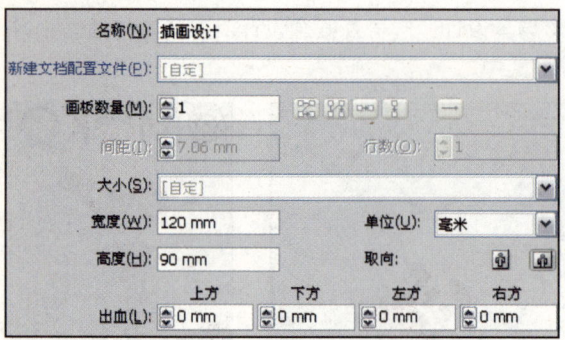

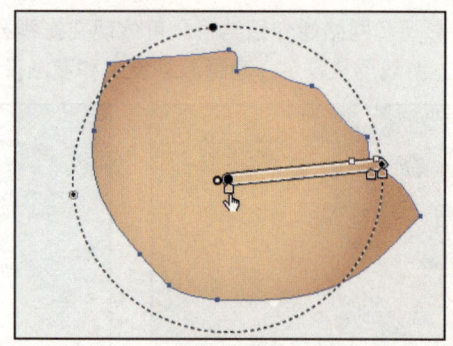

03 继续使用钢笔工具在脸型上方绘制一个图形,作为头型深色区域,并填充颜色为土黄色(C8、M52、Y68、K0)。

04 继续使用钢笔工具在脸部绘制眉毛和眼睛,并填充颜色为褐色(C55、M89、Y88、K38)。然后使用选择工具选择眼睛和眉毛图形,再按住 Alt 键拖动并复制。完成后使用镜像工具对其作镜像处理,以制作对称的效果。

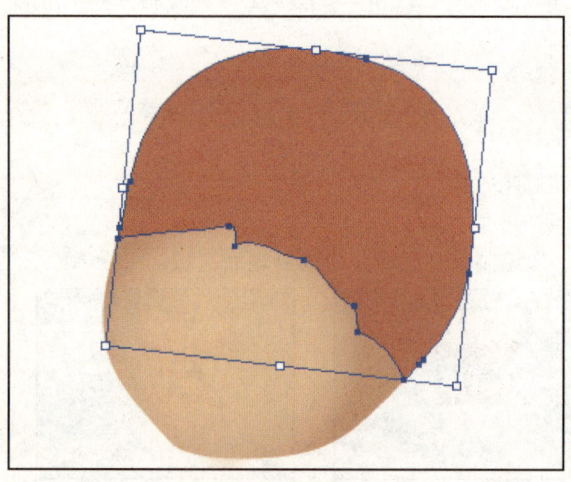

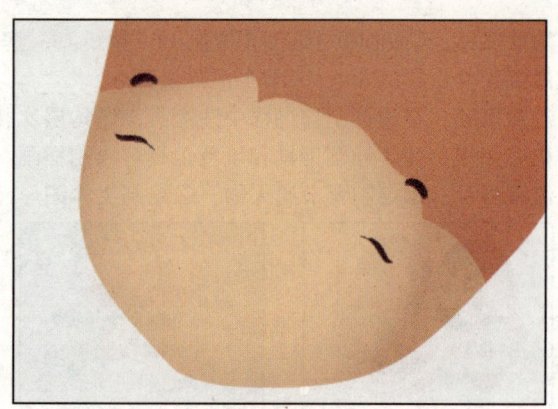

05 使用钢笔工具绘制鼻子和嘴巴图形,然后使用吸管工具单击头部深色区域,以复制该区域颜色并填充至鼻子和嘴巴图形。

06 单击椭圆工具,在脸部合适区域绘制两个一大一小的椭圆形,并分别填充颜色为粉棕黄色(C5、M29、Y39、K0)和粉红色(C5、M50、Y38、K0)。

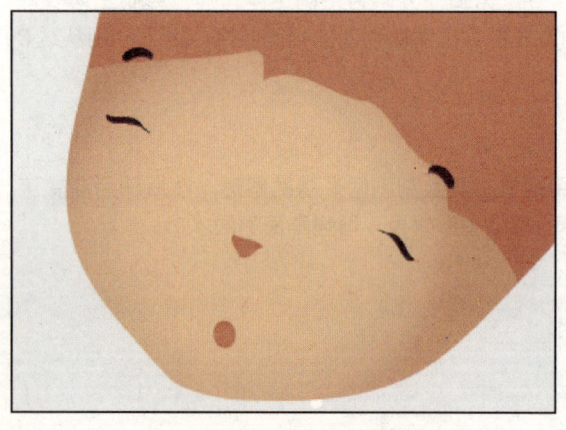

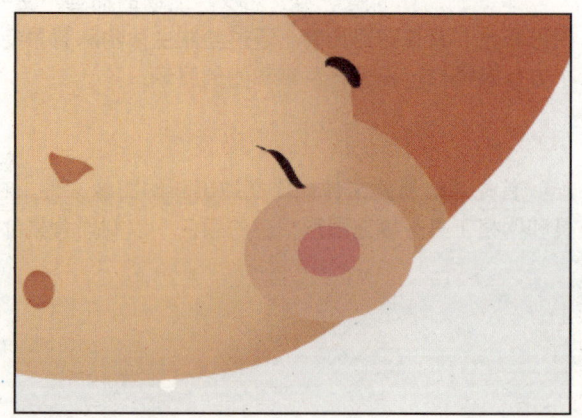

07 选择粉红色椭圆,并双击混合工具,在弹出的"混合选项"对话框中保持相应设置并单击"确定"按钮。完成后分别单击粉红色椭圆和粉棕黄色椭圆,以混合两者颜色。

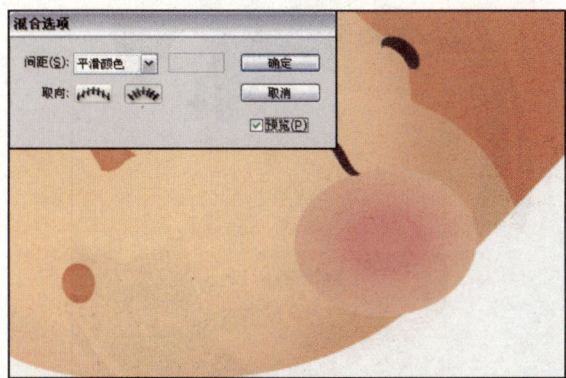

08 使用椭圆工具在混合颜色后的椭圆上绘制一个白色椭圆,以完成腮红图形的绘制。然后使用选择工具选择腮红并复制到脸部另一侧,并稍微对其进行旋转处理。

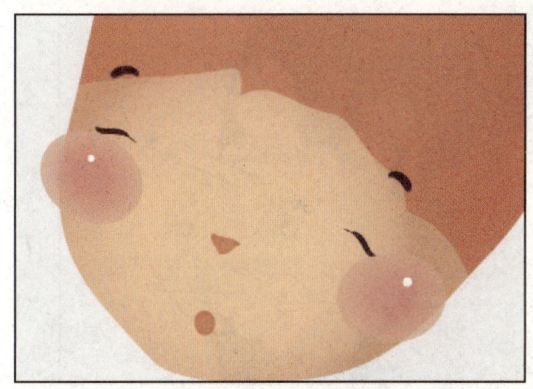

09 选择淡黄色脸型图形,并分别按下快捷键Ctrl+C和Shift+Ctrl+V原位粘贴至最顶层。然后选择腮红图形和复制的该脸型图形,右击并在弹出的菜单中选择"建立剪切蒙版",以隐藏脸部轮廓以外的腮红图形。

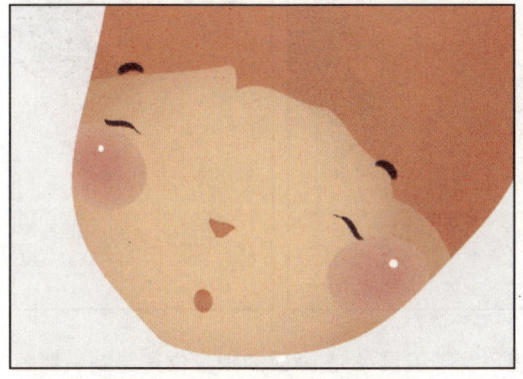

10 单击钢笔工具,沿头部外轮廓绘制头发,然后单击渐变工具,填充从褐色(C0、M67、Y70、K46)到深褐色(C0、M76、Y91、K65)的径向渐变颜色,并调整渐变批注者的角度等属性。

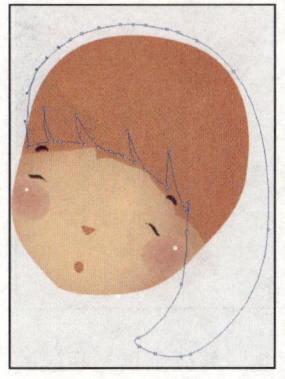 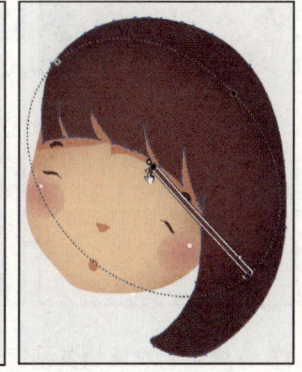

11 使用钢笔工具绘制其他区域的头发,并使用吸管工具取样已填充区域的头发颜色,以丰富该区域的效果。

12 继续使用钢笔工具在头发适当位置绘制一个轮廓弯曲的兔子形状路径。

13 单击渐变工具，填充图形从土黄色（C5、M29、Y40、K0）到白色的径向渐变颜色，并调整渐变角度等属性。

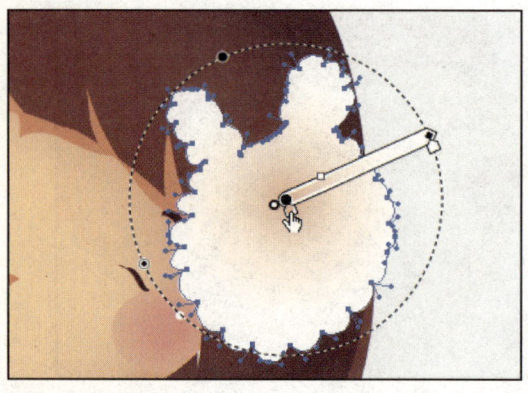

14 单击"背面绘图"按钮，再使用钢笔工具在人物脸部后方绘制围巾图形。然后填充从深红色（C15、M98、Y64、K0）到玫红色（C1、M91、Y45、K0）的径向渐变颜色。

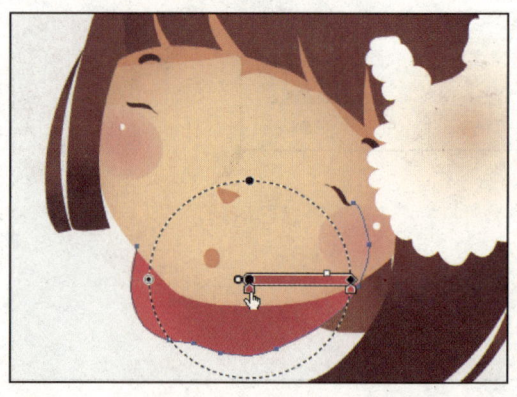

15 继续使用钢笔工具在围巾图形上方绘制另一部分围巾图形，并填充为同样的渐变颜色。

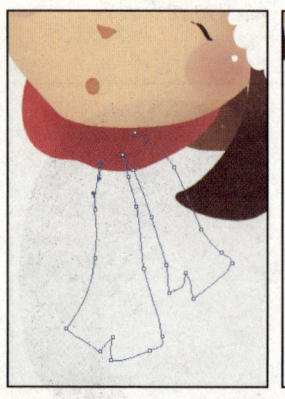

16 继续在围巾图形的下层绘制衣领部分，并分别填充颜色为粉绿色（C20、M0、Y25、K0）和粉红色（C0、M49、Y27、K0）。

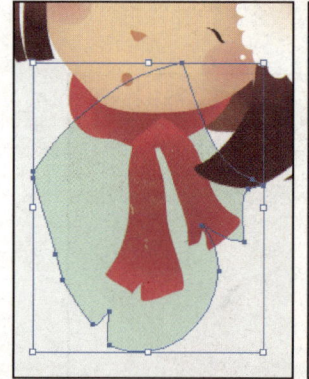
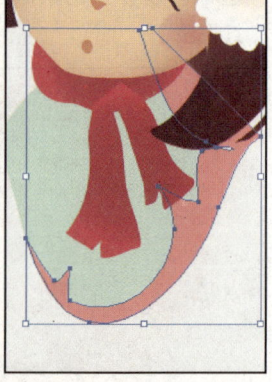

17 继续绘制衣服的其他区域，并分别填充相应的颜色，以丰富图形效果。

18 使用钢笔工具在画面的相应位置绘制手臂图形，填充从淡土黄色（C5、M19、Y40、K0）到土黄色（C7、M39、Y53、K0）的径向渐变颜色。

19 在手部图形下层沿手掌轮廓相应区域绘制图形，并填充从土黄色（C8、M48、Y69、K0）到赭石色（C9、M64、Y82、K0）的径向渐变颜色，作为手掌的阴影区域。

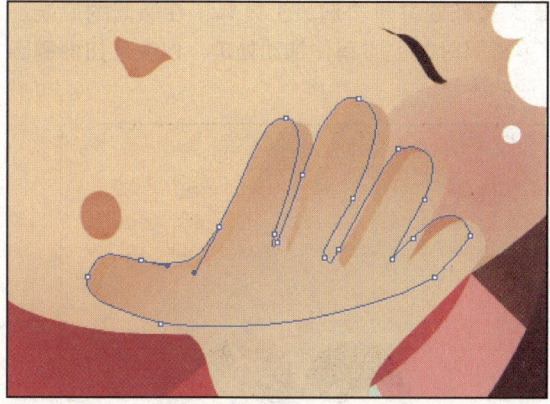

20 使用选择工具 选择绘制完成的手部图形，将其复制并放置在左端相应的区域。然后使用直接选择工具 调整复制的手部图形，使其呈现不同的状态。

21 在右端的手臂区域绘制衣袖，并填充颜色为粉红色（C0、M70、Y30、K0）。

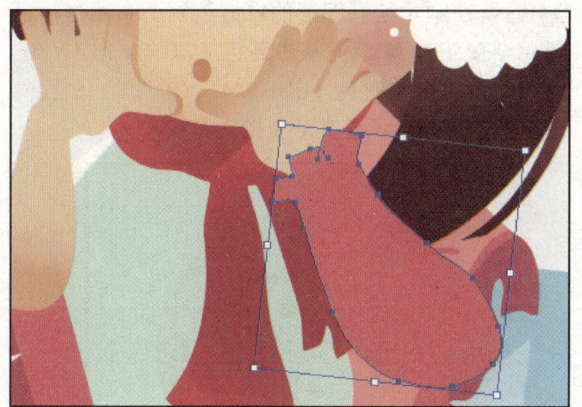

22 在衣袖图形的相应位置绘制阴影图形，并填充颜色为深土红色（C27、M87、Y46、K0）。

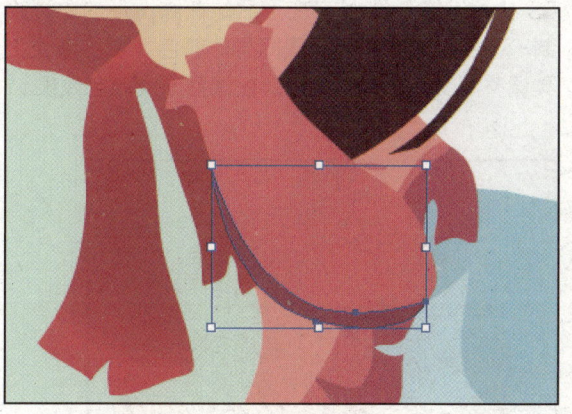

23 将绘制完成的衣袖图形复制并放置在左端手臂上，然后通过直接选择工具 调整其形状以适合该区域的手臂。

24 完成第一个卡通图形的绘制后，按照同样的方法绘制另一个卡通图形，以丰富画面效果。

16.3.2 绘制主体装饰图形

使用椭圆工具和扇贝工具绘制椭圆并作变形处理，再使用渐变工具填充渐变颜色；然后沿图形轮廓绘制图形并设置其混合模式以调整图形色调等方式绘制画面主体装饰物。

01 单击椭圆工具，在卡通人物上方绘制一个椭圆，并填充从中黄色（C0、M7、Y78、K0）到橙色（C0、M40、Y100、K0）的径向渐变颜色。

02 选择椭圆并单击扇贝工具，在椭圆的底端部分单击同时向上方稍作拖动处理，以变形扭曲椭圆图形的底端。

03 使用钢笔工具在变形后的椭圆图形的中端绘制一个图形。填充与椭圆同样的颜色并使用渐变工具调整渐变批注者的状态，以调整渐变颜色效果。

04 继续在刚才绘制图形的右方绘制一个图形，再使用渐变工具填充从中黄色（C0、M16、Y79、K0）到高亮的淡黄色（C0、M4、Y9、K0）的径向渐变颜色，然后调整其渐变批注者状态。

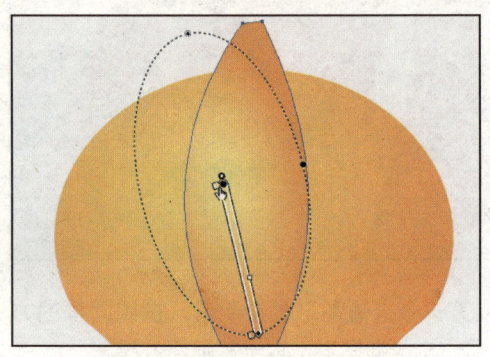
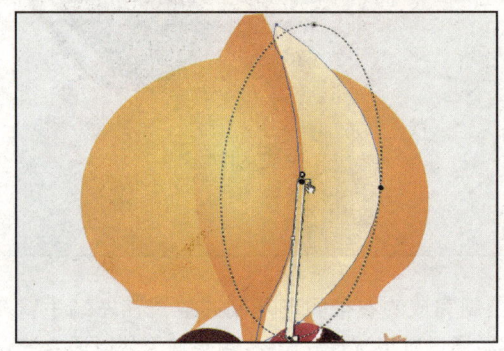

05 分别按下快捷键 Ctrl+C 和 Ctrl+B 原位粘贴白色渐变图形。然后使用镜像工具对其作镜像处理，并放置在椭圆的左端位置，作为气球的大体效果。

06 使用钢笔工具在气球图形的下端沿凸出的弧形边缘绘制曲线图形并填充颜色为橘黄色（C0、M25、Y94、K0）。然后设置其混合模式为"正片叠底"，以调整其色调。

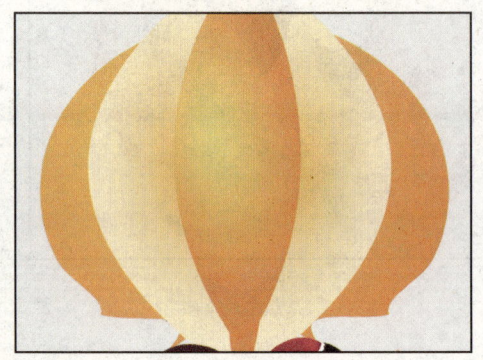
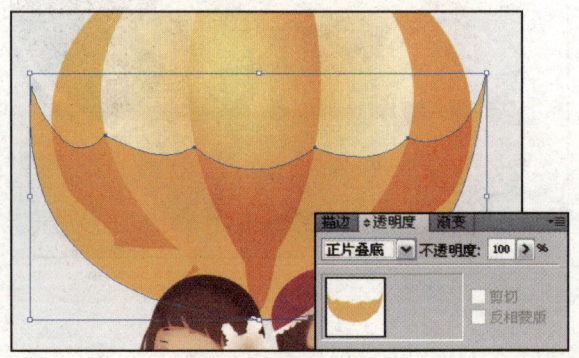

07 继续在气球下端绘制曲线图形并填充颜色为橙色（C0、M50、Y85、K0）。然后设置其混合模式为"正片叠底"，以增强其色调效果。

08 单击星形工具，在气球上方按住左键并在拖动的同时按下向上方向键以绘制一个多角点星形，填充颜色为绿色（C75、M21、Y70、K0）。然后使用膨胀工具在星形上单击以扭曲星形。

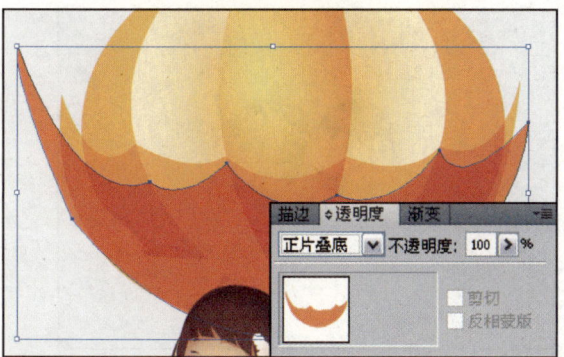
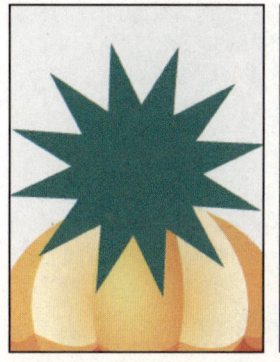

09 复制并原位粘贴星形两次，并使用选择工具稍微将其缩小，更改其填充颜色分别为草绿色（C50、M0、Y100、K0）和黄绿色（C20、M0、Y100、K0）。

10 使用选择工具选择位于最底端的椭圆气球图形，分别按下快捷键Ctrl+C和Shift+Ctrl+V原位粘贴至最顶层。然后框选除人物图形外的所有图形，右击并在弹出的快捷菜单中选择"建立剪切蒙版"命令，以隐藏气球轮廓外的区域。

11 单击钢笔工具，在气球底端的左侧绘制一个条状图形，并填充颜色为淡黄色（C0、M20、Y40、K0）。然后在之上绘制灰棕灰色阴影图形（C25、M40、Y65、K0）。

12 使用选择工具选择绘制的条状图形并编组。然后对其进行旋转并放置在气球图形底端的右侧区域。

13 单击矩形工具,沿画板绘制矩形,再使用渐变工具填充从浅蓝色(C47、M0、Y5、K0)到较亮的淡蓝色(C21、M0、Y0、K0)的线性渐变颜色,并调整其渐变方向。

14 单击钢笔工具,在人物图形的下端绘制云朵状的篮子图形,并填充为白蓝色(C4、M0、Y0、K0)。

15 继续在白蓝色图形的底端绘制云朵状图形,再使用吸管工具单击背景矩形以填充该图形为蓝色渐变颜色,并调整其渐变批注者状态。

16 继续在篮子图形的下端绘制云朵图形并填充为白蓝色,然后将其复制并放置在其他位置,以丰富篮子的图形效果。

16.3.3 绘制背景图形元素

使用钢笔工具、直接选择工具和渐变工具等绘制图形并进行编辑,以绘制丰富的图形效果。再结合使用不透明蒙版等功能应用调整图形丰富的效果。

01 复制刚才绘制的云朵图形,调整其大小并放置在画面相应位置。然后使用直接选择工具调整云朵的形状,并更改其颜色为较亮的淡蓝色(C18、M0、Y8、K0)。

02 使用选择工具选择云朵,并按住 Alt 键拖动至其他区域以复制多个云朵。调整云朵大小和颜色,以丰富画面效果。

03 打开本书配套光盘中的Chapter 16\16.1\太阳.ai 文件，将其复制并粘贴至当前图像文件后，调整其大小并放置在画面左上角的云朵区域。

04 打开本书配套光盘中的Chapter 15\15.1\鸟.ai，将其复制并粘贴至当前图像文件后，调整器大小并放置在气球右上角的云朵区域，并更改其颜色为与云朵相应的颜色。

05 单击钢笔工具，在画面右端的云朵区域绘制红色（C0、M100、Y60、K0）拱形图形，并调整其图层顺序。

06 继续按照同样的方法在该云朵区域绘制其他颜色的拱形图形，作为彩虹图形，完成后将其编组。

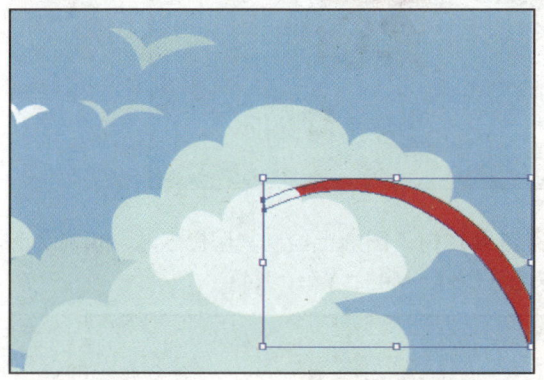

07 单击矩形工具，在彩虹图形上层绘制一个矩形，并填充为黑白渐变颜色。然后使用渐变工具调整渐变颜色的角度。

08 使用选择工具选择彩虹图形和黑白渐变矩形。单击"透明度"面板中右上角的扩展按钮，在弹出的菜单中选择"建立不透明蒙版"命令，以渐变透明彩虹左上角区域。

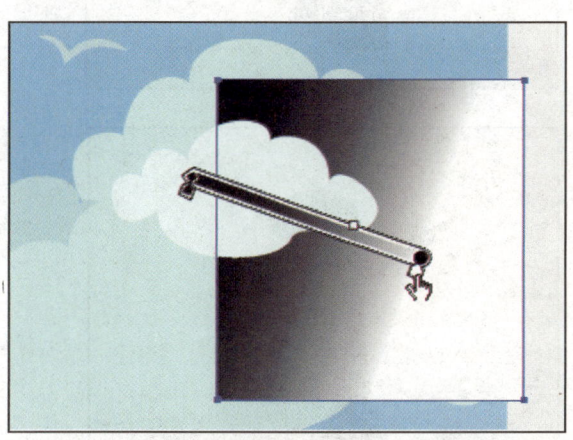

09 选择彩虹图形，并设置其"不透明度"为80%，以减淡彩虹图形的颜色。

10 单击钢笔工具，在画面底端绘制云朵状图形，并填充颜色为淡黄色（C5、M2、Y12、K0）。

11 继续在画面底端绘制一个图形作为山坡。然后填充从淡粉绿色（C25、M0、Y25、K0）到淡绿色（C58、M0、Y45、K0）的径向渐变颜色。

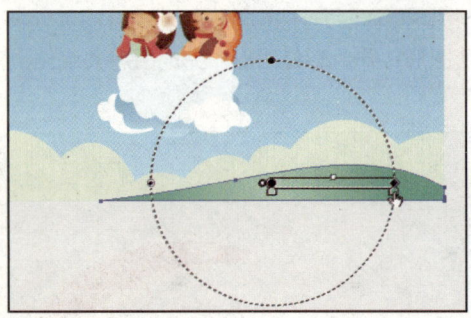

12 按照同样的方法在画面底端的左侧区域绘制山坡图形，并使用吸管工具单击已填充了颜色的山坡图形，以填充为同样的颜色。

13 使用钢笔工具在左端的山坡区域绘制树干图形，并填充为绿色（C69、M23、Y53、K0）。

14 继续在树干图形上绘制其阴影区域，填充为深绿色（C84、M44、Y71、K4）。

15 继续在树干图形上绘制其纹理图形，并填充为与阴影同样的颜色。

16 使用钢笔工具 在树干上方绘制树冠图形，并分别填充颜色为橙色（C10、M44、Y88、K0）和土黄色（C2、M30、Y62、K0）。

17 使用钢笔工具 在树干下方的山坡上绘制白色的野花图形。然后使用椭圆工具 在其中心位置绘制橘黄色（C0、M20、Y100、K0）椭圆。

18 使用选择工具 选择绘制完成的野花图形并将其复制多次，放置在相应位置并调整其大小，以增强该区域的效果。

19 打开本书配套光盘中的 Chapter 16\16.1\ 蜻蜓.ai 文件，将其复制并粘贴至当前图像文件后，调整其大小并放置在画面相应位置，以丰富画面效果。

20 单击钢笔工具，在山坡凹陷处绘制块状图形，并分别填充颜色为淡黄色（C0、M20、Y40、K0）和棕灰色（C25、M40、Y65、K0）。

21 继续在色块图形上绘制其他块状图形，并分别填充颜色为棕灰色（C25、M40、Y65、K0）和较深的棕褐色（C30、M50、Y75、K10）。

22 按照同样的方法在绘制完成的房屋大体轮廓上绘制烟囱图形和窗户图形，然后将房屋图形编组。

23 按照相同的方法在山坡上绘制其他房屋图形并填充相应的颜色，以丰富该区域的图形效果。

24 打开本书配套光盘中的 Chapter 16\16.1\ 房屋 .ai 文件，将其复制并粘贴至当前图像文件后，调整其大小并放置在画面相应位置，以丰富画面效果。

16.4 拓展项目实训

16.4.1 制作梦幻精灵插画

💬 设计点评：

本案例通过绘制图形的方式制作梦幻般的精灵插画效果。

💬 制作步骤：

1. 使用钢笔工具、椭圆工具、多边形工具和网格工具等绘制背景图形。
2. 应用滤镜以制作梦幻背景效果。
3. 绘制主体人物图形并填充颜色。
4. 绘制植物叶子图形并填充颜色。

最终文件：Chapter 16\16.1\拓展\1\梦幻精灵插画.ai

16.4.2 制作童话世界插画

💬 设计点评：

本实例以绘制的花朵图形为主要构成元素，并添加素材图形以丰富画面氛围。

💬 制作步骤：

1. 使用钢笔工具绘制图形轮廓。
2. 使用网格工具填充图形颜色以使其富有层次感。
3. 复制绘制完成的图形并进行排放。
4. 绘制背景图形并填充颜色。
5. 添加素材图形。

最终文件：Chapter 16\16.1\拓展\3\童话世界插画.ai

16.4.3 制作忧郁CG插画

💬 **设计点评：**
本实例通过绘制工具和相关的填色工具绘制效果自然且较为逼真的CG插画。

💬 **制作步骤：**
1. 使用钢笔工具绘制基本轮廓。
2. 使用网格工具添加人物五官等细节区域网格。
3. 填充网格指定区域的颜色以绘制人物图像。
4. 按照同样的方法绘制人物的头发和身体等区域。
5. 添加符号图案。
6. 添加素材图形元素并应用混合模式效果以丰富画面效果。

最终文件：Chapter 16\16.1\拓展\2\忧郁CG插画.ai

 读书笔记

Chapter 17　书籍装帧设计

案例分析

本实例制作的是一部文学著作的装帧封面。封面整体色调偏于暗沉、古典，以迎合书籍内容所具有的传统和深沉的精神内涵。画面色调为棕色系色调，并在此基础上配合其他较小范围的色系，以突出对比层次；在图形元素的应用上，以人物头像为主，并添加艺术化的文字效果，旨在体现书籍所具备的古典艺术内涵。

核心技能

通过本实例的制作展示，主要目的是让读者了解该书籍装帧封面的制作过程和制作形式。该书籍的装帧封面通过将位图图像转换为矢量图形，并对其进行色调调整的方式添加主体元素；再通过绘制图形羽化边缘、应用混合模式的方式调整局部色调，以制作特殊色效果。

17.1　行业介绍

　　书籍装帧是在书籍生产过程中进行的一项装潢设计，其设计是一种视觉传达活动。书籍装帧以图形、文字和色彩等视觉符号传达书籍内容或精神思想。

　　书籍装帧设计是书籍造型设计的总称，一般包括纸张、封面材料、确定开本、字体、字号、设计版式、装订方法和制作方法等。其涵盖了材料和工艺、思想和知识、外观和内容及局部和整体等方面的内容。随着时代的进步和印刷装订技术的发展，书籍装帧设计的质量将得到很大的改善。

17.1.1　书籍装帧设计封面的特点

　　书籍不是一般的商品，而是一种文化产物。书籍封面设计是书籍装帧设计中的一个重要组成部分。在书籍封面设计中，点、线、面、色彩及文字的表现均要体现出较高层次的设计思想，既要视觉美观，又要体现精神主旨。这里主要对书籍封面设计的特点进行讲解。

1. 文化类书籍

　　这类书籍较为庄重正式，在设计版式上也较为工整严谨。文字的运用上多以黑体或宋体为主，整体色彩色调偏于中性化，视觉效果沉稳以反映出深厚的文化特色。在材质的运用上以硬质木浆纸为主，并在适当的情况下，结合使用皮质或铜版装饰书籍封面的边角，彰显华贵质感。

2. 画册类书籍

　　画册类书籍的开本常采用接近正方形或长条形的形式，便于图片安排或突出表现画面的艺术感。通常会以具有代表性的图片配以文字的方式达到图文并茂的视觉效果。

3. 儿童类书籍

此类书籍装帧设计着重体现儿童天真烂漫、情感真挚且富于幻想的特点。在设计制作上通常会采用插画，并配以卡通或稚拙的文字构成。

4. 时尚杂志类书籍

此类书籍的封面设计在其整体设计中较为重要。封面一般包括全幅时尚摄影图像，并配以醒目的杂志名和其他文字，即期刊号、本期策划主题等文字。

5. 工具类图书

这类图书用于辅助学习，所包含的内容较大，整体较厚，且使用频率高。因此针对这些特点在设计中一般以防止磨损的硬书皮为封面，封面凸纹设计较为严谨、工整。若是以套书形式发行，则整套丛书设计手法需要保持一致。

   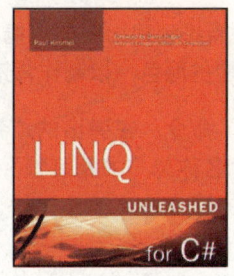 

17.1.2 装帧设计中的版式设计要素

书籍装帧设计从内容到整体都是高度统一的。除封面设计外，正文版式设计是书籍装帧的又一重点，设计时应掌握以下6大要素。

（1）正文字体的类别、大小、字距和行距的关系。
（2）字体、字号符合不同年龄层的要求。
（3）在文字版面四周适当留白，使其在外观空间上更透气。
（4）正文印刷色彩和纸张的颜色要符合阅读功能的需要。
（5）正文中插图的位置与正文、版面的关系要恰当。
（6）彩色插图和正文的穿插应符合内容的需要以增加阅读兴趣。

除了以上6大要素外，还应注意两个基本原则：即有效而恰当地反映书籍内容、特色和著译者的意图；适应读者不同年龄、职业和性别的要求及大众审美观。

17.2 设计要点

本实例制作的是一部文学著作的装帧封面。主要通过将位图图像转换为矢量图形，调整图形色调并绘制其他图形元素的方式，制作出传统复古色调的书籍装帧封面效果。

原始文件：Chapter 17\17.1\位图人物.JPEG、蝴蝶.ai、留声机.ai
最终文件：Chapter 17\17.1\书籍装帧.ai
注意事项：在设计制作过程中注意人物图形和整体色调的融合
核心知识：转换位图图像为矢量图形，并通过图形绘制编辑制作书籍装帧封面
流程导引：①转换位图并调整色调　②添加素材和背景色　③绘制模糊图形　④添加文字

17.3 制作步骤

本案例制作的是一部文学著作的装帧封面，主要分为两个方面，分别为编辑位图和绘制背景部分并添加文字。通过编辑位图图像为矢量图形，再调整画面色调的方式制作具有复古色彩的书籍装帧效果。以下分别从这两个方面对操作过程进行讲解和图例展示。

17.3.1 编辑位图

首先通过新建文件操作创建出新的图像文件，再使用钢笔工具绘制不同形状的图形，使用渐变工具和网格工具等填充图形相应的颜色，以制作背景部分中的基础图形效果，增强画面的层次感。

01 执行"文件>新建"命令，在弹出的"新建文档"对话框中设置文件名称为"书籍装帧"，并设置其他的相关参数。完成后单击"确定"按钮以新建一个空白图像文件。

02 执行"文件>置入"命令，弹出"置入"对话框。打开本书配套光盘中的 Chapter 17\17.1\位图人物 .JPEG 文件，将其导入至当前图像文件中。

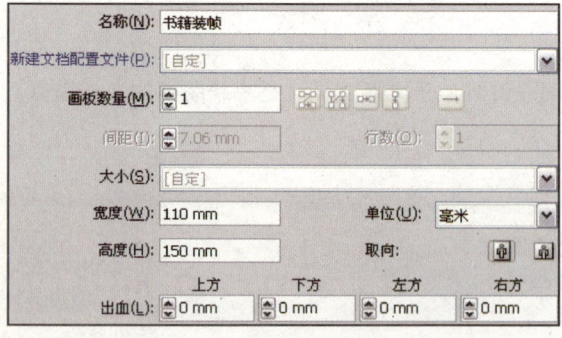

03 使用选择工具 ▶ 选择位图图形并执行"效果＞艺术效果＞木刻"命令，在弹出的"木刻"对话框中设置其参数并单击"确定"按钮，以调整图像色调。

04 选择位图图像并单击属性栏中的"描摹预设和选项"按钮，在弹出的菜单中选择"16 色"，以稍微调整图像颜色。

05 选择位图图像并单击属性栏中的"扩展"按钮 扩展 ，将位图图像扩展为矢量图形。

06 按下快捷键 Shift+Ctrl+G 取消转换后的图形编组。然后使用选择工具 ▶ 选择背景图形等并按下 Delete 键删除。

07 选择人物图形的不同色块区域，并分别填充颜色为较高亮红灰色（C4、M14、Y14、K0）、淡红灰色（C23、M33、Y32、K0）、棕灰色（C41、M49、Y53、K0）及深褐色（C0、M68、Y90、K79）。

08 使用钢笔工具 ◊ 在人物的头发下端绘制延伸的头发图形，并填充为同样的深褐色。

17.3.2 绘制背景部分并添加文字

使用矩形工具和钢笔工具等绘制图形并填充相应的颜色，结合应用"羽化"滤镜效果和混合模式的方式调整色调，再添加素材图形以丰富画面效果，然后使用画笔工具和文字工具添加文字。

01 单击矩形工具，沿画板大小绘制矩形，并填充从浅棕灰色（C0、M28、Y50、K25）到深棕灰色（C0、M36、Y54、K31）的径向渐变颜色。然后选择人物右端的衣袖部分，填充其颜色为蓝绿色（C80、M10、Y45、K0）。

02 打开本书配套光盘中的 Chapter17\17.1\蝴蝶.ai 文件，将其复制并粘贴至当前图像文件中。然后调整其大小并放置在人物嘴唇上。

03 单击钢笔工具，在画面相应位置绘制一个图形并填充颜色为红色（C0、M90、Y85、K0）。

04 执行"效果 > 风格化 > 羽化"命令，在弹出的"羽化"对话框中设置其参数并单击"确定"按钮，对红色图形边缘作羽化模糊处理。

05 设置红色图形的混合模式为"叠加"、"不透明度"为60%，以调整该区域的色调。

06 继续在相应的区域绘制一个蓝绿色（C80、M10、Y45、K0）图形，然后按下快捷键 Shift+Ctrl+E，再次应用图形的羽化滤镜。

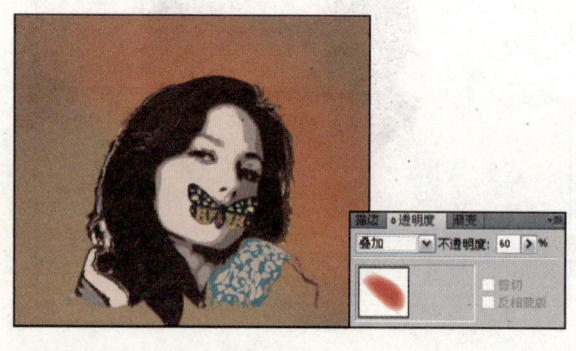

07 设置图形的混合模式为"正片叠底"、"不透明度"为85%，以调整该区域的色调。

08 按照同样的方法继续在画面其他区域绘制图形并填充相应的颜色，然后应用羽化滤镜和混合模式，以调整画面色调。

09 使用钢笔工具在画面中端绘制一个棕褐色的（C40、M65、Y90、K35）图形，并设置其混合模式为"滤色"、"不透明度"为20%。

10 按照同样的方法继续绘制更多的条状图形并应用混合模式，以调整该区域的色调质感。

11 打开本书配套光盘中的Chapter 17\17.1\花纹.ai文件，将其复制并粘贴至当前图像文件中，调整其图层顺序后设置其"不透明度"为25%。

12 打开本书配套光盘中的Chapter 17\17.1\留声机.ai文件，将其复制并粘贴至当前图像文件画面的左下角，调整其大小和图层顺序后设置其混合模式为"正片叠底"、"不透明度"为35%。

13 单击画笔工具 ✏️，在画面中绘制一些淡黄色（C1、M13、Y28、K0）和淡黄绿色（C14、M11、Y45、K0）的文字图形，并调整其描边宽度。

14 单击文字工具 T，在画面右下角和顶端分别输入一些亮灰色（C8、M11、Y16、K0）的文字并调整其属性，以丰富画面效果，完成本实例制作。

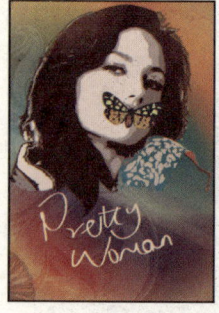

17.4 拓展项目实训

17.4.1 制作CG杂志装帧

最终文件：Chapter 17\17.1\拓展\1\CG杂志装帧.ai

💬 设计点评：

本实例使用位图图像作为主体元素，并通过添加细节图案元素的方式制作CG杂志装帧效果。

💬 制作步骤：

1. 绘制背景并置入主体人物元素。
2. 添加细节素材图形并调整局部颜色。
3. 添加文字。
4. 复制制作完成的图形并调整构图。
5. 绘制白色边缘图形并添加文字。
6. 添加投影效果以增强最终效果。

17.4.2 制作音乐书籍装帧

最终文件：Chapter 17\17.1\拓展\2\音乐书籍装帧.ai

💬 设计点评：

本实例通过运用位图图像为画面背景，并逐步添加素材图形等元素，调整画面色调再添加文字效果以制作音乐书籍装帧。

💬 制作步骤：

1. 添加位图背景并调整色调。
2. 使用钢笔工具绘制图形并进行重复再制。
3. 置入主体图形。
4. 绘制集合图形并填充图案效果。
5. 添加素材图形并设置图形属性以调整色调。
6. 添加文字效果。
7. 复制图形并制作封面效果。

17.4.3 制作文学书籍装帧

最终文件：Chapter 17\17.1\拓展\3\文学书籍装帧效果.ai

设计点评：
本实例通过使用绘制工具绘制主体图形，添加素材图形以丰富画面效果，再输入文字以突出主题。

制作步骤：
1. 以钢笔工具绘制人物图形。
2. 添加素材图形并复制多个图形。
3. 添加不透明蒙版以调整图形边缘。
4. 添加文字效果。

 读书笔记

Chapter 18 产品造型设计

案例分析

本实例制作的是一个MP3数码产品造型。在该产品造型上以圆角矩形为产品基本轮廓样式，玫红色和流线型设计，加上光滑的质感，凸显了产品大气而又前卫时尚的品质和魅力。

核心技能

通过本实例的制作展示，主要目的是让读者了解该产品造型的设计制作过程。通过使用相关绘制工具绘制图形并填充颜色，结合使用不透明蒙版等功能制作产品光滑柔和的质感外观，使其富有时尚感。

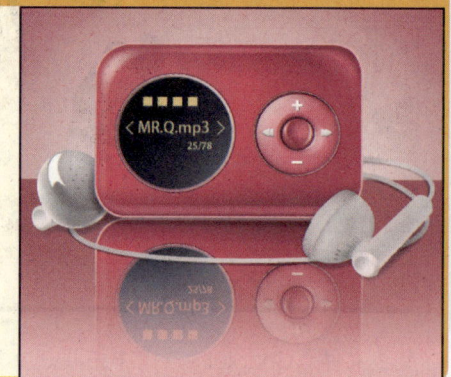

18.1 行业介绍

产品造型设计是产品设计的一个重要环节，而产品设计又属于工业设计，三者是逐次被包含的关系。产品造型设计即产品的外观设计，是一种与产品外观同步的包装设计，其造型直接决定了产品的直观效果。通过对目标消费群体的生理、心理和生活习惯等一切关于人的自然属性和社会属性的认知，对产品的功能、性能和使用环境进行定位，并结合材料、技术、结构、工艺、形态、色彩、表面处理和装饰等因素综合考虑，设计出个性独特的产品外观。

18.1.1 认识工业设计和产品设计

工业设计是指凭借训练、技术知识、经验及视觉感受而赋予材料、结构、形态、色彩、表面加工及装饰以新品质和资格的概念。工业设计是一种根据产品所属产业的整体状况来决定所制作的物品，使物品适用于其真实的运用环境的一种创造性活动。

产品设计是一个创造性的综合信息处理过程，通过线条、符号、数学和色彩把全新的产品显现在图纸和屏幕上。产品设计将人的某种目的或需要转换为一个具体的物理形式或工具，把一种计划、规划设想和问题解决的办法，通过具体的载体，以美好的形式表达出来，反映着一个时代的经济、技术和文化。

18.1.2 产品造型设计的要素

产品造型形态是产品信息传递的设计语言，包括产品的加工材质、产品的工艺装配和产品功能结构等几个方面。在产品造型设计中，尽量做到造型高度简洁、选用材质充分考虑环保要求、全面简化产品工艺装配过程、便于包装运输、且有同时具有自身个性而完美展现产品功能。

1. 造型简洁

产品的外观是产品内部功能结构的体现，直接影响人们对产品功能指令的理解和使用，以及与产品加工装配紧密联系。高度简洁的造型与一整套自然丰富的设计语言融合，使产品同自身所具有的技术和文化建立亲密的关系，使操作者快速领略产品的功能和应用。

2. 比例尺度适度

正确的比例和尺度是完美造型的基础和框架。在不违背产品功能和物质技术条件的前提下，产品比例的恰当运用可呈现多种变化组合形式，以展现造型整体与局部或局部与局部之间的量变关系。

3. 艺术的色彩

色彩是整个造型形态中最先作用于视觉的设计要素。根据产品的用途、功能、结构、时代性及使用者的好恶定位造型的色彩色调，以提升产品造型形象的感染力。

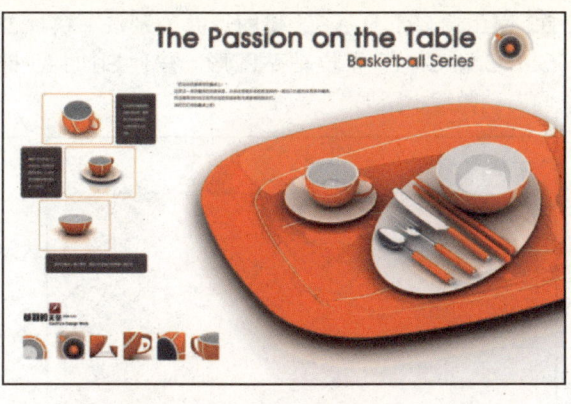 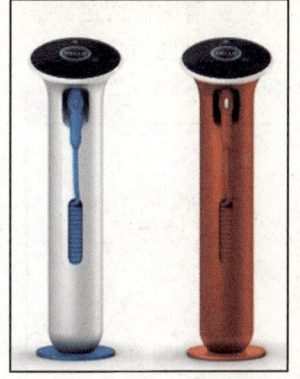 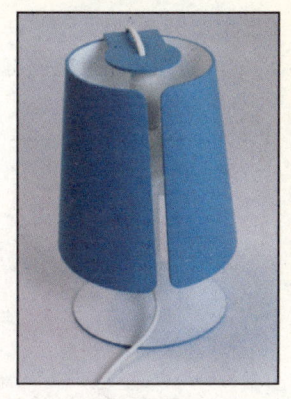

18.2 设计要点

本实例制作的是一个MP3数码产品的造型。在制作过程中首先使用绘制工具绘制图形轮廓及细节，再填充靓丽时尚的颜色作为主色调。然后结合使用不透明蒙版和羽化滤镜，制作产品造型的光滑柔和质感，彰显产品造型的潮流时尚气质。

原始文件：无
最终文件：Chapter 18\18.1\产品造型设计.ai
注意事项：在设计制作过程中表现出产品光滑的质感效果
核心知识：使用绘制工具和填充工具及不透明蒙版等设计制作数码产品的造型
流程导引：①绘制背景部分　②绘制屏幕和按钮部分　③添加细节按钮　④绘制耳塞和背景部分

   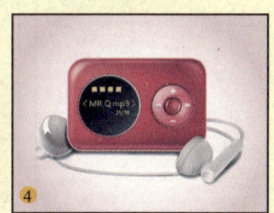

18.3 制作步骤

本案例制作的是一个MP3数码产品造型，主要分为3个方面，分别为绘制基本造型部分、绘制屏幕和按钮部分及绘制耳塞和背景部分。通过绘制图形并对图形细节进行编辑的方式可增强图形的光效质感。以下就分别从这3个方面入手对操作过程进行讲解和图例展示。

18.3.1 绘制背景部分

首先通过新建文件操作创建出新的图像文件，再使用钢笔工具绘制不同形状的图形，使用渐变工具和网格工具等填充图形相应的颜色，以制作背景部分中的基础图形效果，增强画面的层次感。

01 执行"文件>新建"命令，在弹出的"新建文档"对话框中设置文件名称为"插产品设计"，并设置其他相关参数。完成后单击"确定"按钮以新建一个空白的图像文件。

02 单击圆角矩形工具 ▭，并在画面中按住左键拖动的同时按下向上方向键，绘制一个圆角矩形，并填充颜色为粉红色（C0、M35、Y1、K0）。

03 使用选择工具 ▶ 选择图形并分别按下快捷键 Ctrl+C 和 Ctrl+F 原位粘贴图形。按住 Shift+Alt 键向内稍微缩小图形。

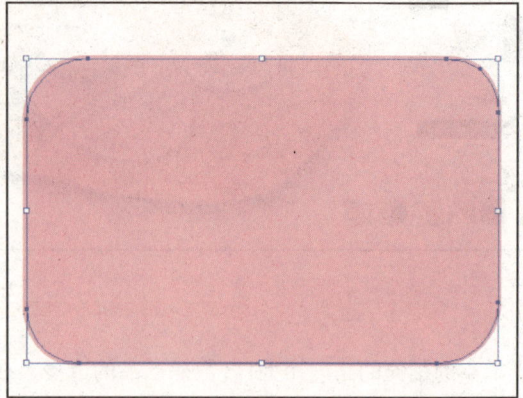

04 框选两个圆角矩形并单击"路径查找器"中的"减去顶层"按钮 ▫。然后继续按下快捷键 Ctrl+F 粘贴圆角矩形并稍微将其缩小。填充从粉红色（C0、M33、Y10、K0）到玫红色（C0、M100、Y14、K0）再到深红色（C8、M100、Y20、K34）的径向渐变颜色，并调整渐变区域。

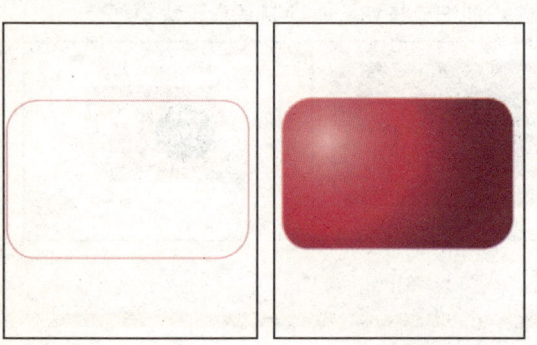

05 选择位于最顶层的圆角矩形，将其复制并原位粘贴。然后使用渐变工具 ▭ 填充从暗红色（C17、M100、Y23、K65）到粉红色（C0、M87、Y10、K0）的径向渐变颜色并调整渐变区域。

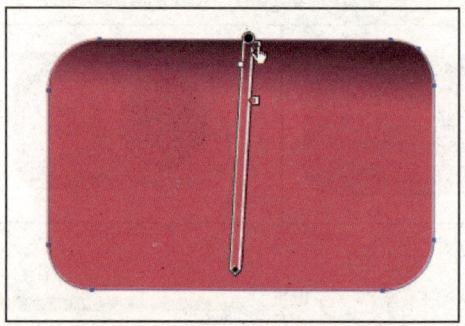

06 设置图形的"不透明度"为40%，减淡上端的暗红色图形并显示下层颜色效果。

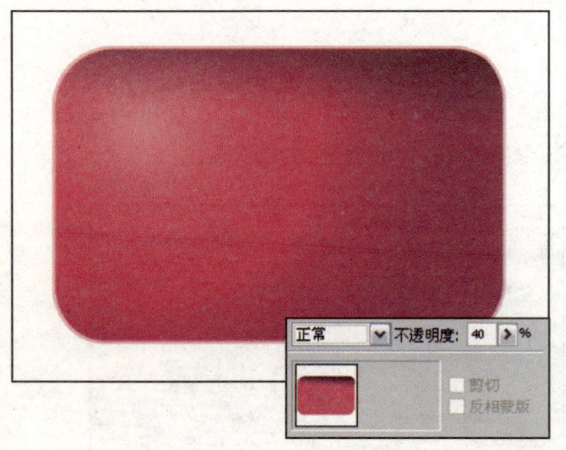

07 复制半透明圆角矩形，单击镜像工具 ◸，按住 Shift 键在矩形外右侧区域单击以垂直镜像图形。

08 单击钢笔工具,在圆角矩形底端绘制一个粉红色（C0、M70、Y0、K0）图形,作为反光区域。

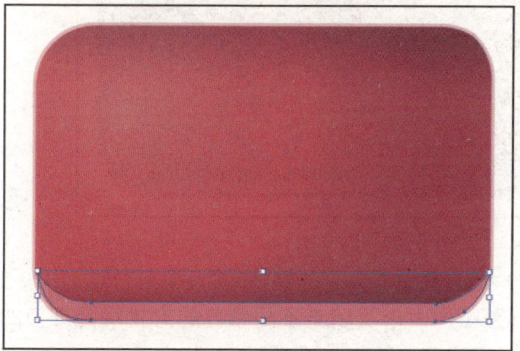

09 执行"效果 > 风格化 > 羽化"命令,在弹出的"羽化"对话框中设置其参数并单击"确定"按钮,以模糊图形的边缘区域。

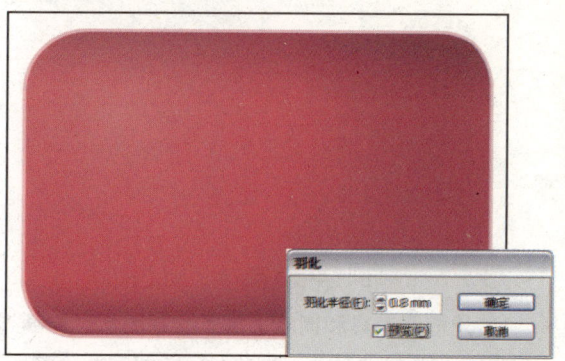

10 继续使用钢笔工具在图形右上角区域绘制一个图形,并填充为同样的粉红色。

11 执行"效果 > 风格化 > 羽化"命令,在弹出的"羽化"对话框中设置其参数并单击"确定"按钮,以模糊图形的边缘区域。

12 单击矩形工具,在右上角区域绘制一个矩形。再使用渐变工具填充为黑白渐变颜色并调整渐变角度。

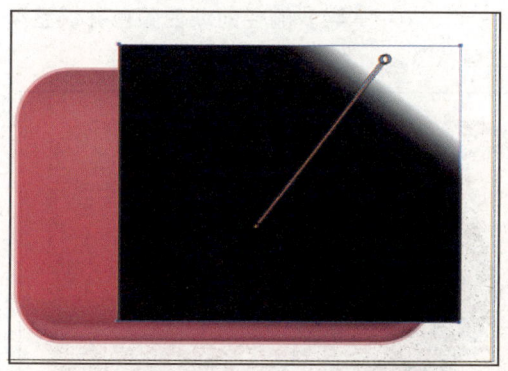

13 使用选择工具选择黑白渐变矩形及其下层的羽化图形。单击"透明度"面板右上角的扩展按钮,以添加不透明蒙版,然后设置图形的"不透明度"为80%,以剪切图形。

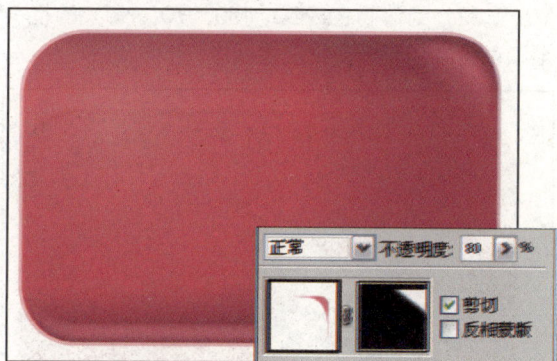

14 按照同样的方法绘制其他区域的反光图形，以丰富 MP3 基本图形的质感效果。

18.3.2 绘制屏幕和按钮部分

使用椭圆工具和钢笔工具等绘制图形，再通过复制并调整图形大小及填充不同颜色的方式增强细节凹凸效果。然后结合使用"羽化"滤镜效果和不透明蒙版等方式增强图形的光效质感。

01 单击椭圆工具，在图形左端绘制一个椭圆，并填充颜色为暗紫红色（C58、M100、Y56、K16）。

02 使用选择工具选择椭圆并分别按下快捷键 Ctrl+C 和 Ctrl+F 原位粘贴。然后按住 Shift+Alt 键向中心稍微缩小椭圆，再填充颜色为淡粉色（C1、M28、Y0、K0）。

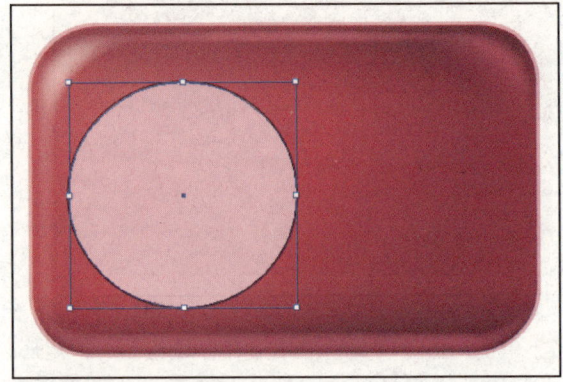

03 再次复制一个椭圆并将其稍微缩小，然后单击渐变工具，填充从较深的灰紫色（C0、M63、Y0、K32）到淡粉色（C0、M9、Y0、K0）的径向渐变颜色并调整渐变批注者状态。

04 继续复制并原位粘贴椭圆，再稍微将其缩小。填充从深灰蓝色（C58、M0、Y0、K91）到灰紫色（C0、M11、Y0、K44）的径向渐变颜色并调整渐变批注者状态。

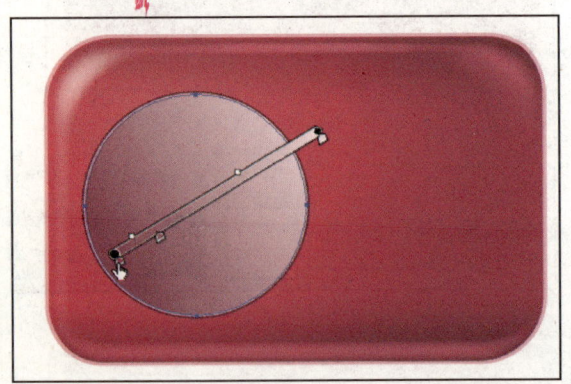
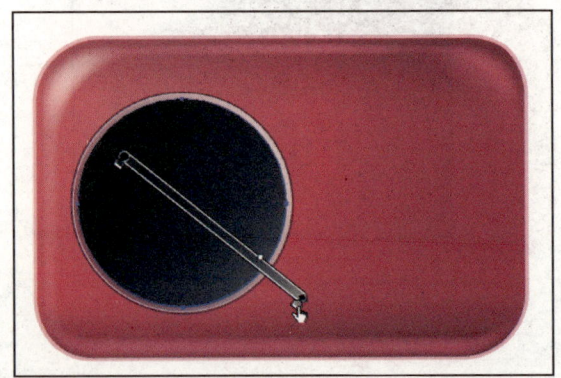

05 使用椭圆工具 ◎ 在 MP3 右端绘制一个椭圆并填充颜色为暗紫红色（C58、M100、Y56、K16）。

06 继续按照同样的方法复制并原位粘贴椭圆，再稍微将其缩小。然后更改其填充色为淡粉色（C1、M28、Y0、K0）。

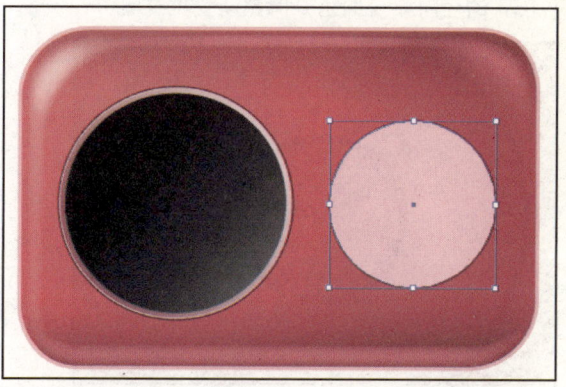

07 继续复制并原位粘贴椭圆后稍微将其缩小。然后使用渐变工具 ■ 填充从深紫红色（C0、M100、Y0、K76）到灰紫色（C0、M63、Y0、K30）的径向渐变颜色并调整渐变批注者角度。

08 继续复制并原位粘贴椭圆，再稍微调整其大小。然后填充该椭圆从深紫红色（C16、M97、Y10、K21）到粉紫色深（C0、M68、Y0、K0）再到深紫红色（C13、M100、Y31、K16）的径向渐变颜色。

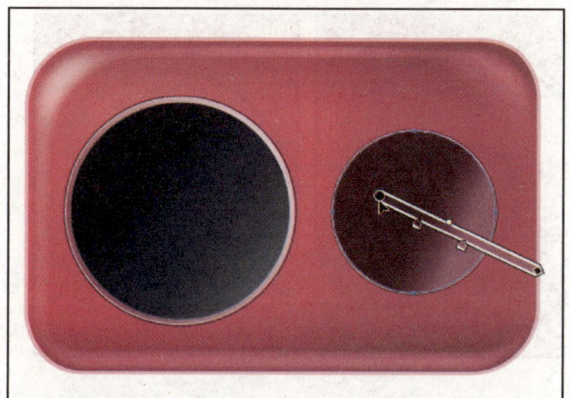

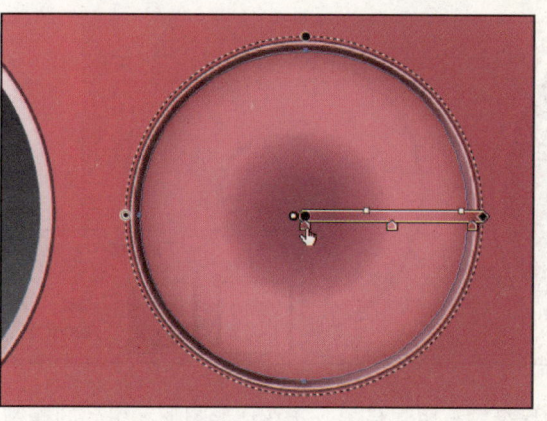

09 使用选择工具 ▶ 选择最顶层的椭圆，将其复制并按住 Shift+Alt 键等比例缩小至其中心一定程度。

10 选择较大的径向渐变椭圆和较小的径向渐变椭圆，单击"路径查找器"面板中的"减去顶层"按钮 ■，以修剪椭圆为环形状。

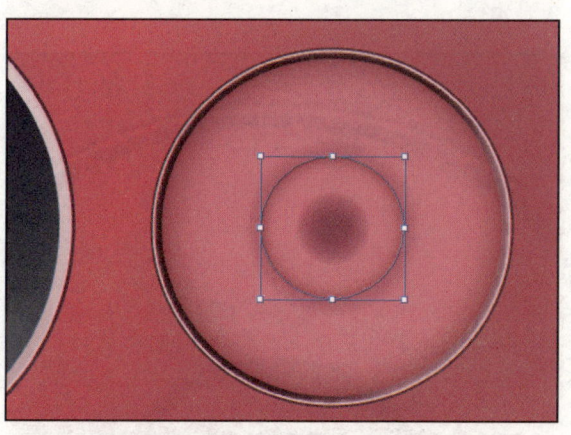

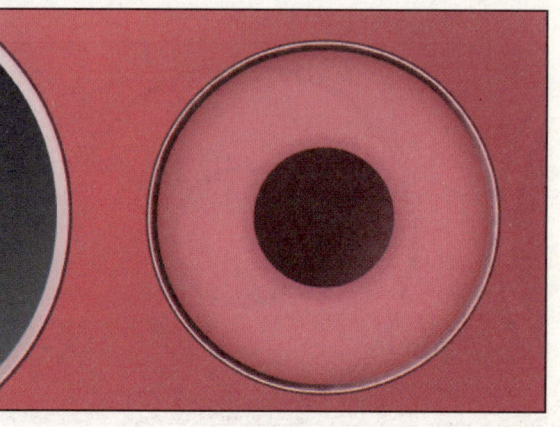

11 使用椭圆工具 在修剪后的环形中心绘制一个椭圆，并使用渐变工具 填充从粉紫色（C0、M68、Y0、K0）到深玫红色（C13、M100、Y31、K16）的径向渐变颜色并调整渐变批注者。

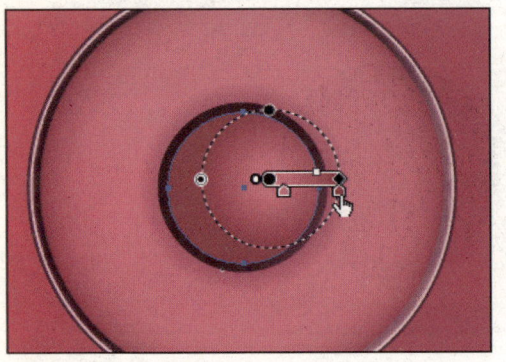

12 单击钢笔工具 ，在环形图形上绘制一个图形并填充为白色。然后使用矩形工具 在上层绘制一个矩形，填充为黑白渐变颜色并调整渐变角度。

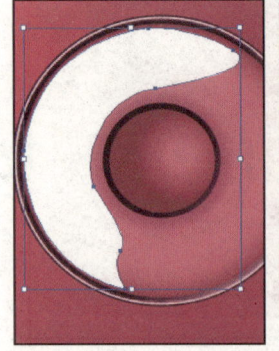 

13 使用选择工具 选择白色图形和黑白渐变矩形，再单击"透明度"面板右上角的扩展按钮，应用"建立不透明蒙版"命令，以调整图形的质感。

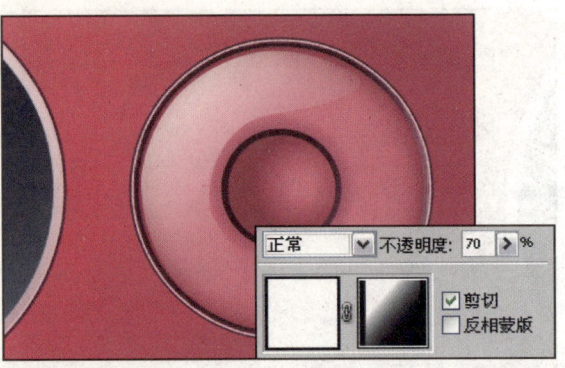

14 继续使用钢笔工具在环形图形的相应位置绘制一个白色图形。然后执行"效果 > 风格化 > 羽化"命令，在弹出的"羽化"对话框中设置其参数并单击"确定"按钮，以羽化图形的边缘。

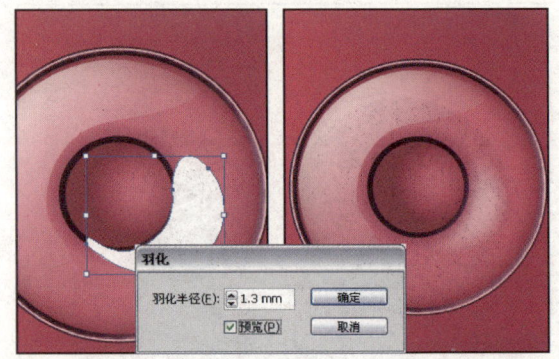

15 继续按照同样的方法在环形图形和中心的椭圆上绘制相应的白色图形并作调整，添加反光特效以增强图形的质感效果。

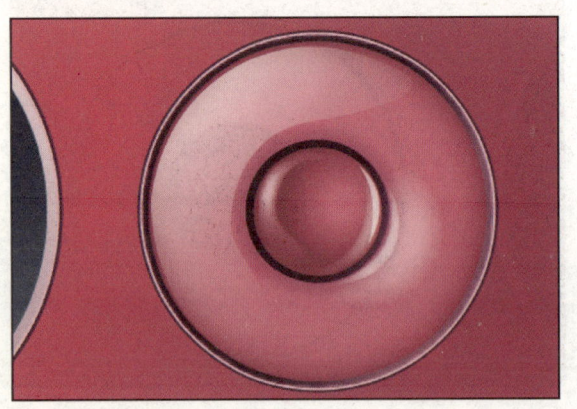

16 单击矩形工具 ，在环形上端区域绘制一个白色条状矩形并将其复制，再使用选择工具 选择矩形并作旋转处理以形成十字状。然后选择两个矩形并单击"路径查找器中"面板的"联集"按钮 将其焊接。

17 使用选择工具 ▶ 选择十字图形并执行"效果 > 风格化 > 投影"命令。在弹出的"投影"对话框中设置其参数并单击"确定"按钮,添加十字图形的阴影。

18 继续按照同样的方法在环形图形上绘制其他按钮并添加特殊效果,以丰富图形。

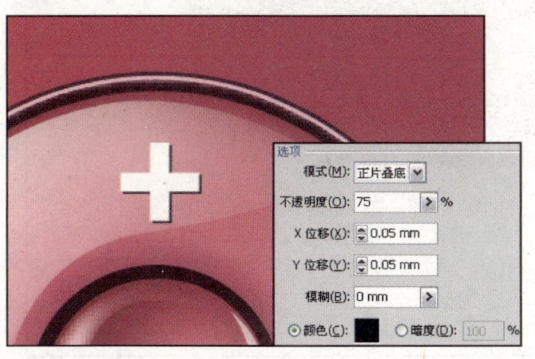

19 单击矩形工具 ▭,在 MP3 图形左端的椭圆中绘制一个矩形并填充颜色为淡黄色(C2、M17、Y50、K0)。然后按住 Alt 键并使用选择工具 ▶ 拖动矩形以复制多个矩形。

20 使用文字工具 T 添加相应的文字,以丰富该区域的效果,完成对 MP3 造型的绘制。

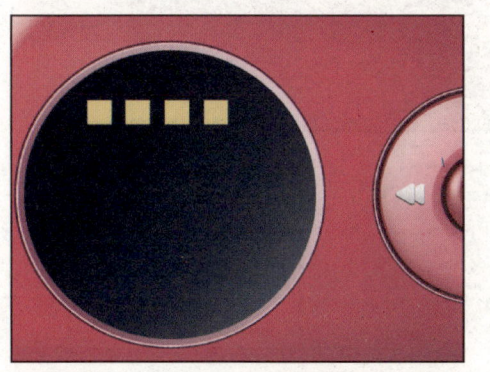

18.3.3 绘制耳塞和背景部分

使用钢笔工具绘制路径形状并使用渐变工具填充颜色,再结合使用"扩展"命令和"羽化"命令等添加图形的特殊效果,增强画面光影效果。

01 单击钢笔工具 ✎,在 MP3 图形的下方绘制一条曲线路径,并设置描边宽度为 2pt。

02 执行"对象 > 扩展"命令,在弹出的"扩展"对话框中保持相关设置并单击"确定"按钮以轮廓化路径。然后填充轮廓图形从高亮粉色(C0、M3、Y0、K5)到灰色(C0、M9、Y0、K22)的径向渐变颜色。

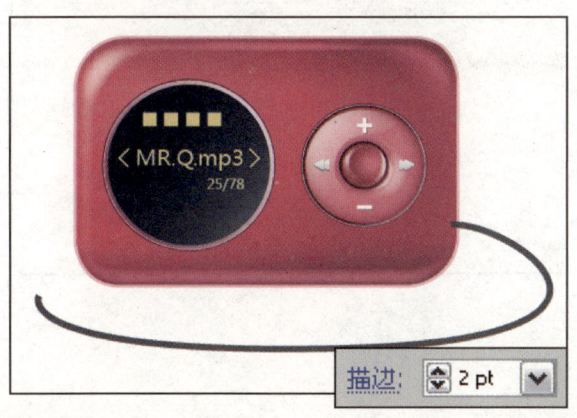
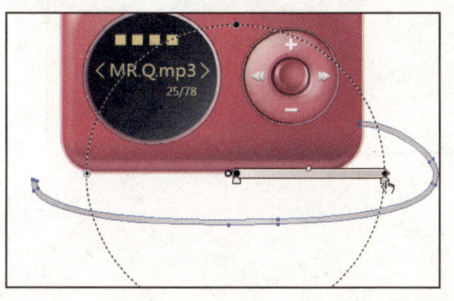

03 使用钢笔工具在 MP3 右下方处绘制一个图形并填充颜色为灰色（C0、M4、Y0、K16）。

04 单击网格工具，在图形上单击以添加网格，然后选择指定的网格点并填充颜色为中灰色（C0、M0、Y0、K54），以增强其阴影效果。

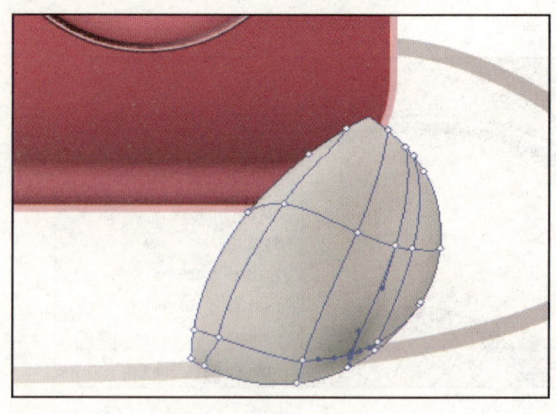

05 继续在网格图形的左上方绘制一个图形，并填充从浅灰色（C0、M4、Y0、K16）到中灰色（C0、M11、Y0、K44）的径向渐变颜色。

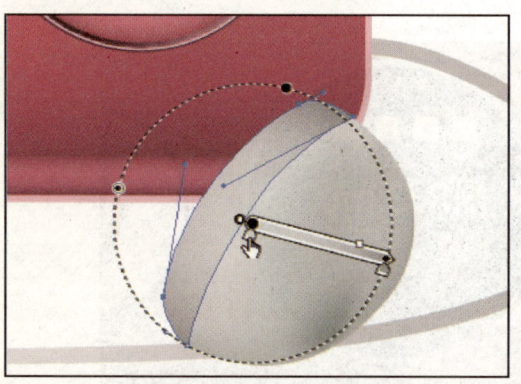

06 执行"效果 > 风格化 > 投影"命令，在弹出的"投影"对话框中设置其参数并单击"确定"按钮，以添加图形的投影效果。

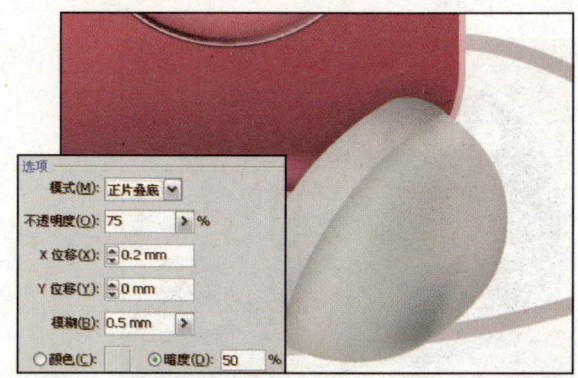

07 继续在绘制的耳塞基本造型图形右下方绘制一个图形并单击吸管工具，再单击添加了投影的渐变图形，以填充为同样的渐变颜色。

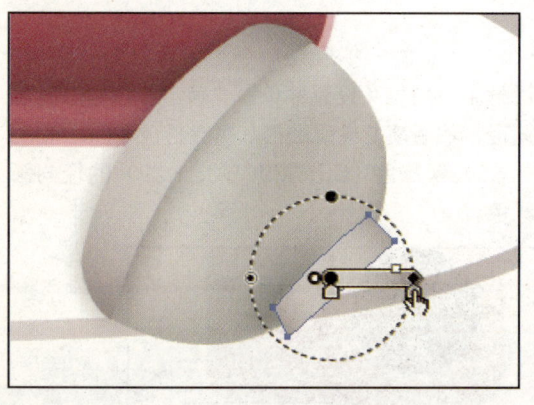

08 执行"效果 > 风格化 > 羽化"命令，在弹出的"羽化"对话框中设置其参数并单击"确定"按钮，对图形边缘作羽化处理。

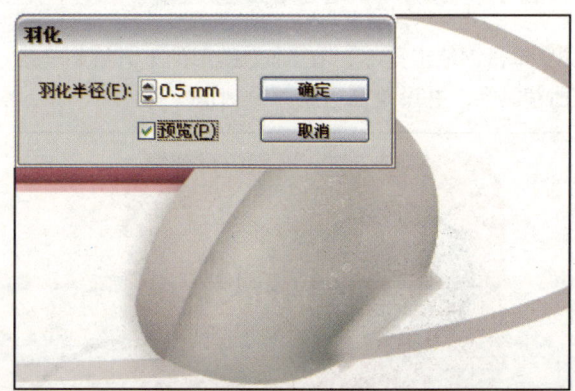

09 在羽化图形右方绘制一个较大的图形并填充从亮粉灰色（C0、M7、Y0、K14）到灰色（C0、M4、Y0、K24）再到亮粉灰色（C0、M8、Y0、K10）的径向渐变颜色，再调整渐变角度。

10 单击椭圆工具，在线性渐变色块的左下方绘制一个椭圆并填充从亮粉灰色（C0、M4、Y0、K11）到灰色（C0、M6、Y0、K28）的径向渐变颜色。

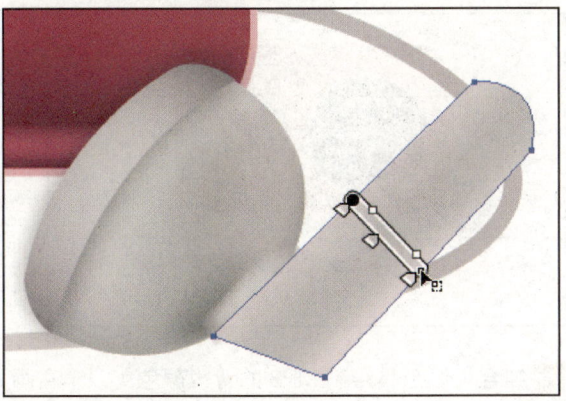

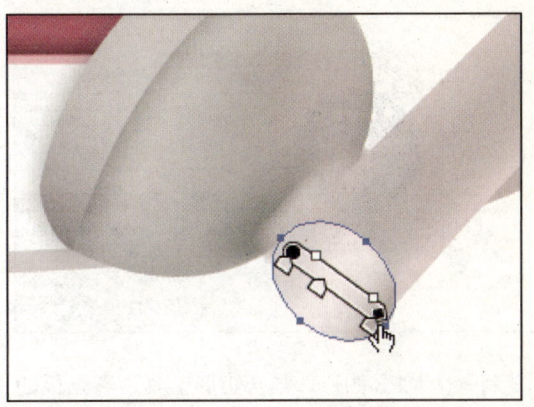

11 使用选择工具选择椭圆后复制并原位粘贴。然后按住 Shift+Alt 键向内拖动其定界框锚点以缩小椭圆，完成后填充从灰色（C0、M4、Y0、K26）到亮灰色（C0、M4、Y0、K5）的线性渐变颜色。

12 单击钢笔工具，在耳塞图形的相应位置绘制一个图形并填充从灰色（C0、M4、Y0、K34）到中灰色（C0、M11、Y0、K58）的径向渐变颜色。然后复制两个图形并排放在一起，完成该耳塞图形的绘制。

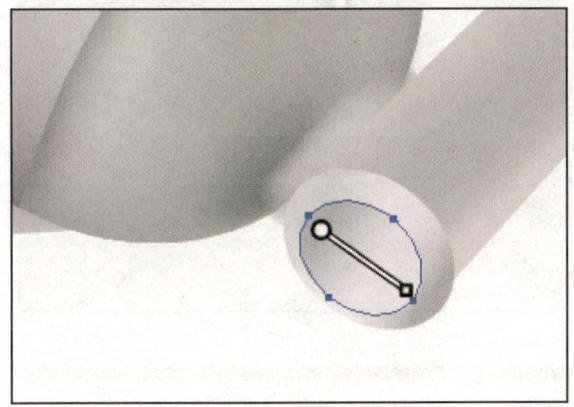

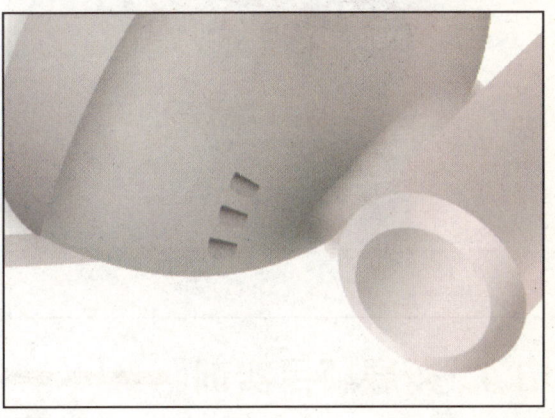

13 按照同样的方法绘制其他耳塞图形，以丰富画面的效果。

14 使用钢笔工具在 MP3 图形和耳塞图形的底端连续位置绘制一个灰色（C0、M0、Y0、K80）阴影图形，并将其放置在最底层。

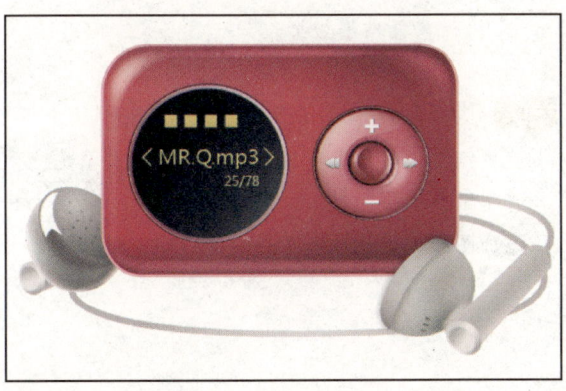

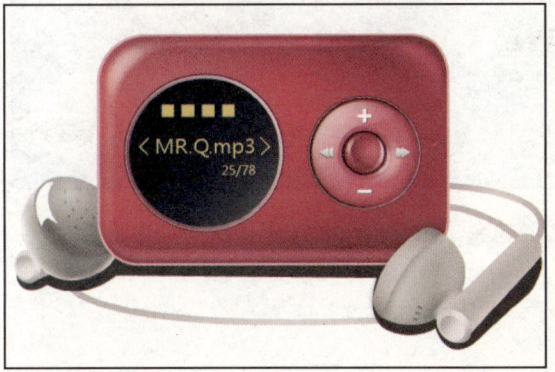

15 执行"效果 > 风格化 > 羽化"命令，在弹出的"羽化"对话框中设置其参数并单击"确定"按钮，对图形进行羽化处理，并设置其混合模式与不透明度。

16 按照同样的方法在耳塞线的底端绘制其阴影图形并作羽化处理。

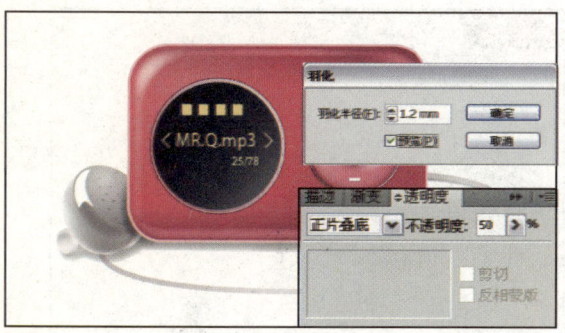
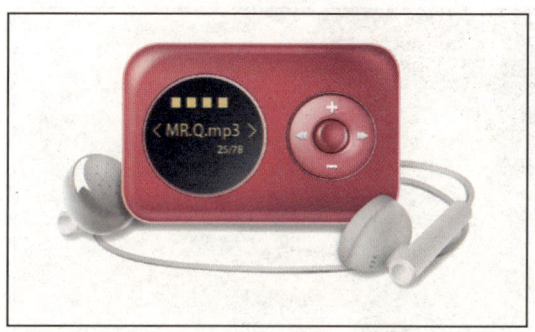

17 复制一个 MP3 图形，结合矩形工具沿着画板的大小绘制矩形选区，并结合"创建不透明度蒙版"命令，制作 MP3 的倒影效果。

18 结合矩形工具绘制 MP3 的背景颜色，以丰富画面效果，完成案例制作。

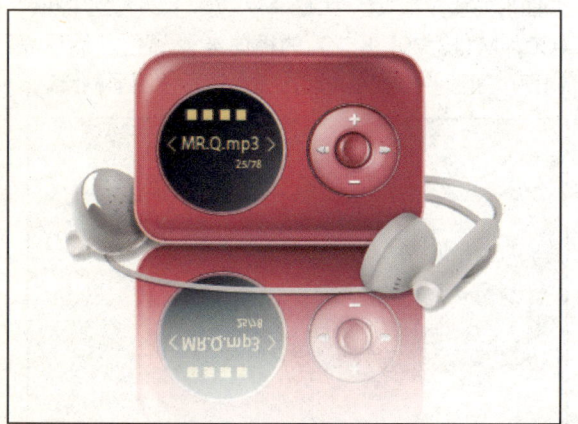

18.4　拓展项目实训

18.4.1　制作MP3产品造型

最终文件：Chapter 18\18.1\拓展\3\MP3造型.ai

设计点评：
本实例通过绘制图形轮廓和细节并填充颜色的方式制作MP3产品造型效果。

制作步骤：
1. 使用钢笔工具和渐变工具等绘制图形并填色。
2. 绘制细节图形区域。
3. 添加图案并使用倾斜工具调整透视。

18.4.2 制作极品跑车造型

最终文件：Chapter 18\18.1\拓展\2\极品跑车造型.ai

💬 设计点评：
本实例通过绘制产品造型轮廓和细节的方式制作极品跑车图形。

💬 制作步骤：
1. 使用钢笔工具和椭圆工具等绘制基本造型和细节造型。
2. 使用填色工具和模糊滤镜等填充图形的颜色并制作其边缘质感以增强光影质感。
3. 绘制背景区域。

18.4.3 制作迷人香水瓶造型

最终文件：Chapter 18\18.1\拓展\1\迷人香水瓶造型.ai

💬 设计点评：
本案例通过绘制图形并填充渐变颜色的方式制作产品造型轮廓。

💬 制作步骤：
1. 使用圆角矩形工具、椭圆工具等绘制基本图形。
2. 通过应用路径修整的方式制作路径形状。
3. 填充图形为相应的渐变颜色以增强光晕效果。
4. 绘制瓶身细节并填充颜色以增强质感。
5. 绘制背景矩形并填充渐变颜色。
6. 添加花纹素材并设置其属性以制作背景效果。
7. 使用铅笔工具绘制路径并轮廓化描边。
8. 应用"高斯模糊"滤镜以模糊图形。
9. 使用文字工具添加文字效果。

Chapter 19 包装设计

案例分析

本实例制作的是一个乳饮品牌的包装。通过不同的色调和图形元素表现不同口味的乳饮包装。以相对应的乳饮口味图形元素及其色彩色调着重表现包装系列效果，展示该品牌自然、活泼以及健康的特质。

核心技能

通过本实例的制作展示，主要为让读者了解该包装设计的制作过程和制作方式。在技法应用上，通过添加包装盒素材并调整其对应色调的方式制作包装的基本造型轮廓，再添加图形元素并编辑图形状态，以制作整套包装的不同系列效果。

19.1 行业介绍

包装是商品和艺术相结合的一种承载体，是品牌理念、产品特性、消费心理的综合反映，可直接刺激消费欲望。如今包装与商品间已然建立起一种不可剥离的关系，并成为商家商品计划的一个重要手段。在生产、流通、销售和消费领域中，包装扮演着不可或缺的角色。

19.1.1 包装设计分类

包装具有保护商品、传递商品信息的作用，同时起着便于运输、使用及促销商品的作用。包装作为商品的附加值，其功能作用、外观形态和品种都各有千秋，为区别商品与设计上的方便，可对其进行分类。

（1）按包装材料分类，可分为日用类、食品类、烟酒类、医药类、化妆品类、化学品类、五金家电类、纺织品类、工艺品类和儿童玩具类等。

（2）按包装材料分类，由于不同的包装在存储和运输过程及展示销售中起着不同的作用，可对其运用材质进行分类，包括纸包装、金属包装、玻璃包装、木质包装、陶瓷包装、塑料包装、棉麻包装和布包装等。

（3）按产品性质分类，可分为销售包装和储运包装。销售包装直接面向消费，在设计时要有一个准确的定位以符合商品的诉求对象；储运包装是以商品的储存和运输为目的的包装，主要流通于厂家和卖场等区域。

19.1.2 包装设计的基本准则

包装设计的基本准则主要包括简洁实用的结构形态、合理美观的色彩搭配和商标文字的恰当表现等3个方面。包装的结构形式既要具备实用性，同时也要适应产品的造型变化，而创新的结构设计则为商品增添艺术色彩；包装的色彩既要突出醒目，又要使整体色调和谐统一，靓丽而和谐的色调可刺激消费者的购买欲望；商标文字是构成包装的重要元素，是对商品的说明和辨识，同时文字的设计和版式的编排也是包装设计表现的一个重要来源。

19.2 设计要点

本实例制作的是一个乳饮品牌的包装。该乳饮品牌包装在制作上主要通过在已有包装盒的基础上进行色调调整，并添加或绘制一些图形元素作为凸显产品所对应的内容，制作色调明快、图形丰富的包装效果。

原始文件：Chapter 19\19.1\包装盒.ai、卡通水果.ai
最终文件：Chapter 19\19.1\包装设计.ai
注意事项：在设计制作过程中统一整套包装设计的风格
核心知识：使用绘制工具、填色工具和文字工具及滤镜效果等制作产品的包装
流程导引：①调整盒体并绘制瓶盖　②制作图形元素等　③制作其他包装盒　④添加背景

19.3 制作步骤

本案例制作的是主题音乐会的 POP 宣传广告，主要分为三个方面，分别为调整盒体并绘制瓶盖、制作图形元素和制作其他包装效果及背景。通过使用包装盒素材并在之上制作图形等元素，制作出一套包装效果果。以下就分别从这 3 个方面入手对操作过程进行讲解和图例展示。

19.3.1 调整盒体并绘制瓶盖

首先打开包装盒素材文件并对包装盒的颜色进行调整，以制作包装盒的基本效果。然后使用钢笔工具、直线段工具、椭圆工具等、渐变工具以及应用"扩展"命令等方式绘制包装盒上的瓶盖。

01 执行"文件 > 打开"命令，打开本书配套光盘中的Chapter 19\19.1\包装盒.ai文件。

02 单击直接选择工具 选择包装盒图形左端的灰色图形，并更改其颜色为亮灰色（C0、M0、Y0、K10）。

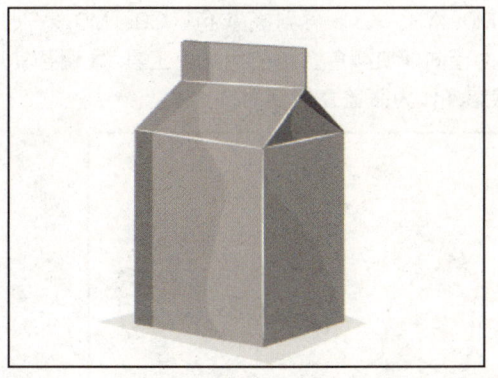
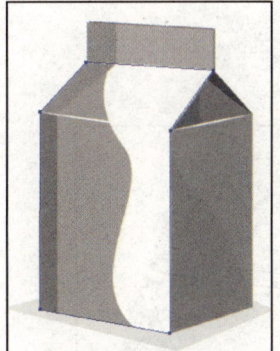
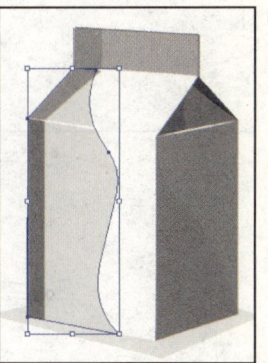

03 继续选择包装盒中的其他灰色图形并分别填充为较亮的灰色效果。然后选择位于顶端相应的图形并填充为橙色（C0、M35、Y85、K0）。

04 继续选择橙色图形左端的灰色图形并更改其颜色为棕黄色（C17、M45、Y89、K0）。然后按照同样的方法填充包装盒侧面凹陷处的颜色，以调整包装盒的主体色调。

05 单击椭圆工具，在包装盒上端的白色区域内绘制一个椭圆并填充颜色为灰色（C29、M25、Y25、K0）。

06 使用选择工具选择椭圆并按住 Alt 键向上拖动以复制椭圆。然后使用直接选择工具调整该椭圆的锚点，以稍作变形处理。

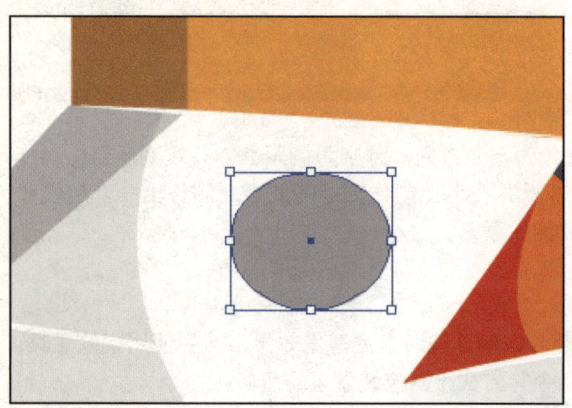 

07 填充复制的椭圆图形从白色到亮灰色（C0、M2、Y5、K8）再到亮灰色（C29、M25、Y25、K4）的径向渐变颜色并调整渐变区域，以增强瓶盖边缘的厚度感。

08 使用钢笔工具在两个椭圆的中间区域绘制一个相应的图形并将其下移一层顺序。然后填充该图形从黄灰色（C0、M7、Y18、K41）到高亮灰色（C0、M0、Y3、K5）再到亮灰色（C0、M0、Y7、K10）的径向渐变颜色。再使用渐变工具调整其渐变状态，作为瓶盖立体侧面。

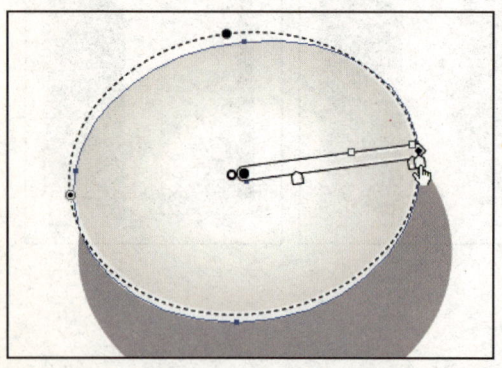 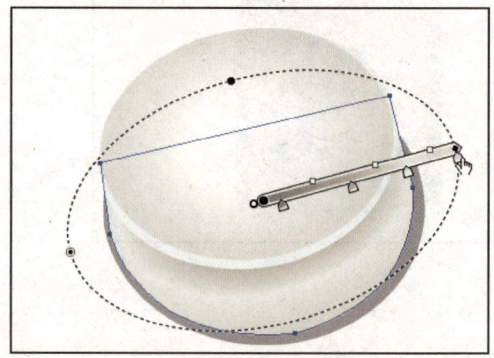

09 使用直线段工具 在瓶盖左端相应区域绘制一个线段，并设置其描边宽度为 0.25pt，设置其描边颜色为灰色（C0、M3、Y5、K25）。

10 使用选择工具 选择线段并按住 Alt 键向右拖动以复制线段，然后沿瓶盖的相应区域多次复制线段。

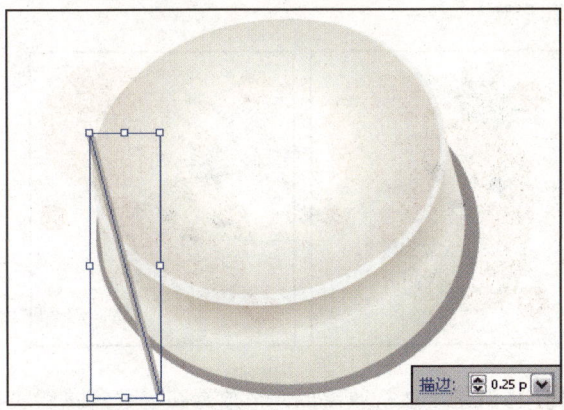
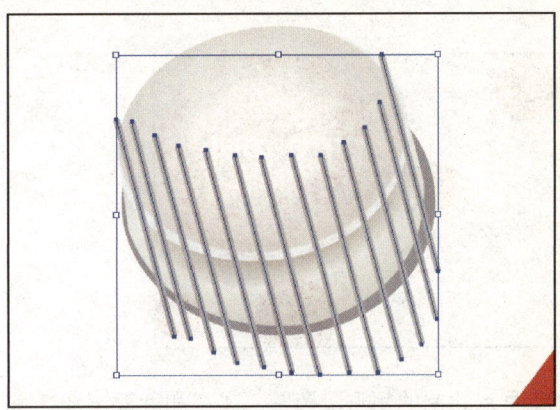

11 选择所有线段并执行"对象>扩展"命令，在弹出的"扩展"对话框中保持相应设置并单击"确定"按钮。然后填充图形从黄灰色（C0、M7、Y18、K29）到亮灰色（C0、M0、Y7、K10）的径向渐变颜色。

12 选择瓶盖立体侧面图形并分别按下快捷键 Ctrl+C 和 Shift+Ctrl+V 原位粘贴至最顶层。然后选择该图形和线段图形，右击并在弹出的菜单中选择"建立剪切蒙版"命令以隐藏多余线段。完成后向下调整图层的顺序。

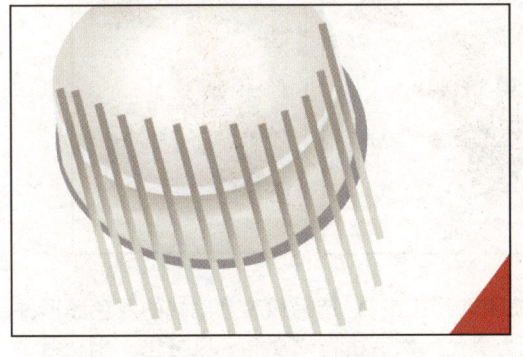

19.3.2 制作图形元素等

通过使用矩形工具和椭圆工具绘制图形并填充颜色以丰富画面效果，再添加素材图形以增添画面的氛围。然后使用文字工具添加文字，并将所有图形应用扭曲变换效果以制作透视感。

01 单击矩形工具 ，在画板中绘制一个淡灰色（C0、M0、Y0、K10）图形。然后使用椭圆工具 在上方绘制一个橙色（C0、M35、Y85、K0）椭圆。

02 使用选择工具 选择椭圆并按住 Alt 键拖动以复制椭圆，再调整复制椭圆的大小和颜色。然后按照同样的方法分别复制多个椭圆并调整其大小和颜色，以丰富画面效果。

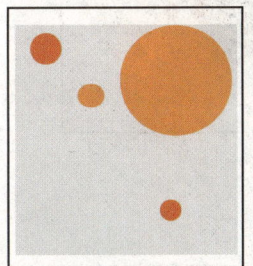
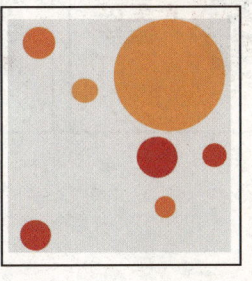

03 单击文字工具，在较大的橙色椭圆上添加相应的白色和红色（C0、M90、Y85、K0）文字。

04 打开本书配套光盘中的 Chapter 19\19.1\卡通水果 .ai 文件。使用选择工具选择卡通菠萝图形，将其复制并粘贴至当前图像文件中，再调整其大小和形状。

05 框选绘制的矩形、椭圆、文字和菠萝图形，将其编组并执行"效果 > 扭曲和变换 > 自由扭曲"命令，在弹出的"自由扭曲"对话框中调整锚点以调整透视效果，完成后单击"确定"按钮。

06 将调整了透视效果的图形放置在包装盒左侧块面区域。然后使用椭圆工具在包装盒右立面区域绘制一些椭圆并调整其透明度以丰富效果。

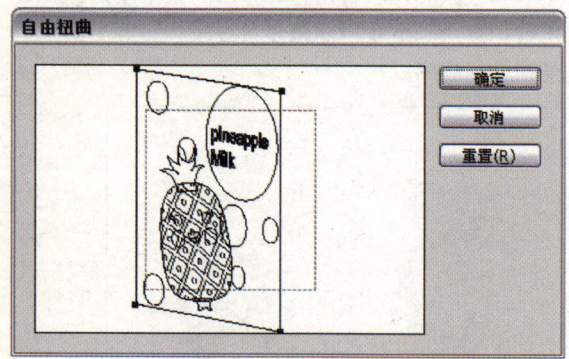

07 单击文字工具，在包装盒的右立面区域输入相应的文字并设置文字属性。然后按照同样的方法应用文字扭曲效果，沿该立面添加其透视效果。

08 使用选择工具选择包装盒底端的灰色图形并填充为黑色。然后执行"效果 > 风格化 > 羽化"命令，在弹出的"羽化"对话框中设置其参数并单击"确定"按钮，以制作阴影效果。

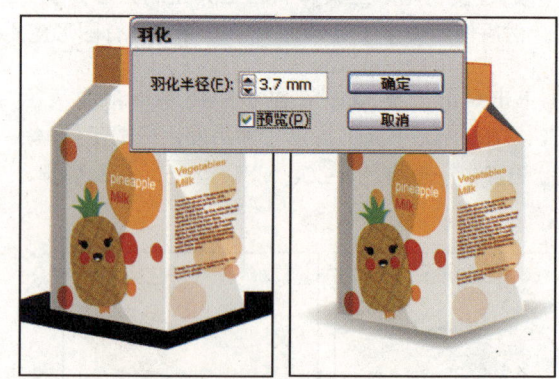

09 使用钢笔工具 在制作的阴影区域绘制一个图形并填充为灰色（C53、M50、Y47、K0）。

10 执行"效果 > 风格化 > 羽化"命令，在弹出的"羽化"对话框中设置其参数并单击"确定"按钮，以调整该图形边缘的模糊效果。

19.3.3 制作其他包装盒并添加背景

编组并复制制作完成的包装，通过在隔离模式下编辑指定图形的方式更改包装效果，以丰富画面效果。完成后绘制背景图形。

01 使用选择工具 框选所有图形并将其编组，然后按住 Alt 键向左拖动包装盒以将其复制。

02 双击包装盒左立面区域的图形两次，以进入该图形区域的隔离模式。然后选择菠萝图形并将其删除。

03 在打开的卡通水果.ai文件中选择卡通青菜图形，将其复制并粘贴至当前的图像文件中，再调整其大小和形状。

04 选择隔离模式中较大的橙色椭圆，并更改其颜色为淡绿色（C32、M0、Y59、K0）。然后使用文字工具 更改相应的文字再更改相应文字的颜色为绿色（C79、M36、Y96、K0）。

05 继续按照同样的方法更改其他图形和文字的颜色，再稍微调整局部图形的大小和位置。完成后双击空白区域以退出隔离模式并调整其他区域。然后按照同样的方法制作其他包装盒。

06 使用矩形工具 沿画板大小绘制一个矩形，并填充从白色到黄灰色（C0、M7、Y18、K13）的径向渐变颜色，完成本案例的制作。

19.4 拓展项目实训

19.4.1 制作CD包装

最终文件：Chapter 19\19.1\拓展\2\CD包装.ai

设计点评：
本案例通过绘制矢量人物图形和几何图形并排版文字的方式制作CD包装。

制作步骤：
1.使用钢笔工具绘制矢量人物图形。
2.绘制集合图形元素并填充颜色。
3.添加文字效果并排版画面。
4.应用蒙版制作外轮廓。
5.应用修整轮廓的方式调整造型。
6.制作封底和CD盒效果。
7.复制图形并添加不透明蒙版以添加倒影效果。

19.4.2 制作个性饮料包装

最终文件：Chapter 19\19.1\拓展\3\个性饮料包装.ai

设计点评：
本实例通过绘制包装造型设计制作包装基本轮廓，再绘制图形元素调整整体风格。

制作步骤：
1.借助辅助线使用钢笔工具绘制饮料和包装造型。
2.绘制包装盒正面的渐变颜色图形。
3.绘制渐变图形并调整其混合模式以调整正面图形的色调。
4.添加素材图形并结合使用扭曲变换效果。